畜禽养殖减抗
技术丛书
Chuqin Yangzhi Jiankang
Jishu Congshu

生猪养殖减抗
技术指南
Shengzhu Yangzhi Jiankang
Jishu Zhinan

国家动物健康与食品安全创新联盟　组编

刘作华　主编

中国农业出版社
北　京

图书在版编目（CIP）数据

生猪养殖减抗技术指南／国家动物健康与食品安全创新联盟组编；刘作华主编 . —北京：中国农业出版社，2022.1

（畜禽养殖减抗技术丛书）

ISBN 978-7-109-29013-6

Ⅰ.①生… Ⅱ.①国… ②刘… Ⅲ.①养猪学－指南②猪病－防治－指南 Ⅳ.①S828-62②S858.28-62

中国版本图书馆 CIP 数据核字（2022）第 007865 号

中国农业出版社出版

地址：北京市朝阳区麦子店街 18 号楼

邮编：100125

责任编辑：刘　伟　尹　杭

版式设计：刘亚宁　　责任校对：刘丽香

印刷：北京通州皇家印刷厂

版次：2022 年 1 月第 1 版

印次：2022 年 1 月北京第 1 次印刷

发行：新华书店北京发行所

开本：880mm×1230mm　1/32

印张：10.75

字数：260 千字

定价：38.00 元

丛书编委会

本书编者名单

主　　编　　刘作华

副 主 编　　白小青　　付文贵　　刘业兵　　刘志云
　　　　　　蒲施桦

编　　者　　白小青　　曹　政　　付文贵　　官小凤
　　　　　　黄　健　　黄金秀　　刘作华　　刘业兵
　　　　　　刘志云　　蒲施桦　　唐　达　　王　浩
　　　　　　王　琪　　许国洋　　余远迪　　翟少钦
　　　　　　范学政　　田春利　　李晓静　　李守军
　　　　　　李建丽　　吴鹏飞　　李定刚　　王　琦
　　　　　　位景香　　文爱玲　　沈江华　　韩俊国
　　　　　　张　灵　　谭　涛　　张　璇　　李红娇
　　　　　　邱瑾丽

支持单位　　天津瑞普生物技术股份有限公司
　　　　　　保定冀中药业有限公司
　　　　　　牧原食品股份有限公司
　　　　　　鹤鸣（上海）环境科技有限公司
　　　　　　北京生泰尔科技股份有限公司
　　　　　　世界动物保护协会
　　　　　　礼蓝（上海）动物保健有限公司
　　　　　　赛默飞世尔科技（中国）有限公司
　　　　　　郑州福源动物药业有限公司

总序 Preface

　　改革开放以来，我国畜禽养殖业取得了长足的进步与突出的成就，生猪、蛋鸡、肉鸡、水产养殖数量已位居全球第一，肉牛和奶牛养殖数量分别位居全球第二和第五，这些成就的取得离不开兽用抗菌药物的保驾护航。兽用抗菌药物在防治动物疾病、提高养殖效益中发挥着极其重要的作用。国内外生产实践表明，现代养殖业要保障动物健康，抗菌药物的合理使用必不可少。然而，兽用抗菌药物的过度使用，尤其是长期作为抗菌药物促生长剂的使用，会导致药物残留与细菌耐药性的产生，并通过食品与环境传播给人，严重威胁人类健康。因此，欧盟于 2006 年全面禁用饲料药物添加剂，我国也于 2020 年全面退出除中药外的所有促生长类药物饲料添加剂品种。特别是，2018 年以来，农业农村部推进实施兽用抗菌药使用减量化行动，2021 年 10 月印发了"十四五"时期行动方案促进养殖业绿色发展。目前，我国正处在由传统养殖业向现代养殖业转型的关键时期，抗菌药物促生长剂的退出将给现代养殖业的发展带来严峻挑战，主要表现在动物发病率上升、死亡率升高、治疗用药大幅增加、饲养成本上升、动物源性产品品质下降等。如何科学合理地减量使用抗菌药物，已经成为一个迫切需要解决的问题。

　　《畜禽养殖减抗技术丛书》的编写出版，正是适应我国现代养殖业发展和广大养殖户的需要，针对兽用抗菌药物减量使用后出现的问题，系统介绍了生猪、奶牛、蛋鸡、肉鸡、水禽等畜禽养殖减抗技术。畜禽减抗养殖是一项系统性工程，其核心不是单纯减少抗菌药物使用量或者不用任何抗菌药物，需要掌握几个原则：一是要按照国家兽药使用安全规定规范使用兽用抗菌药，严格执行兽用处方药制度和休药期制度，坚决杜绝使用违禁药物；二是树立科学审慎使用兽用抗菌药的理念，建立并实施科学合理用药管理制度；三是加强养殖环境、种苗选择和动物疫病防控管理，提高健康养殖水平；四是积极发展替抗技术、研发替抗产品，综合疾病防控和相关管理措施，逐步减少兽用抗菌药的使用量。

本套丛书具有鲜明的特点：一是顺应"十四五"规划要求，紧紧围绕实施乡村振兴战略和党中央、国务院关于农业绿色发展的总体要求，引领养殖业绿色产业发展。二是组织了实力雄厚的编写队伍，既有大专院校和科研院所的专家教授，也有养殖企业的技术骨干，他们长期在教学和畜禽养殖一线工作，具有扎实的专业理论知识和实践经验。三是内容丰富实用，以国内外畜禽养殖减抗新技术新方法为着力点，对促进我国养殖业生产方式的转变，加快构建现代养殖产业体系，推动产业转型升级，促进养殖业规模化、产业化发展具有重要意义。

本套丛书内容丰富，涵盖了畜禽养殖场的选址与建筑布局、生产设施与设备、饲养管理、环境卫生与控制、饲料使用、兽药使用、疫病防控等内容，适合养殖企业和相关技术人员培训、学习和参考使用。

中国工程院院士
中国农业大学动物医学院院长
国家动物健康与食品安全创新联盟理事长

生猪养殖减抗 Shengzhu Yangzhi Jiankang
技术指南 Jishu Zhinan

前言 Foreword

世界动物卫生组织（OIE）、联合国粮农组织（FAO）、世界卫生组织（WHO）共同倡导的"同一个世界，同一个健康"的理念正在成为引领兽医事业发展的主流思想，有效保障食品安全、养殖业安全、公共卫生安全和生态环境安全已经成为新时期兽医工作的首要任务。

当前，细菌耐药、兽药残留问题深受百姓关注，党中央、国务院对此同样非常重视。2019年7月，农业农村部发布了第194号公告，明确规定2020年7月1日起，饲料生产企业停止生产含有促生长类药物饲料添加剂（中药类除外）的商品饲料，开启了我国无抗饲料的新时代。为持续推动畜牧业绿色循环发展、提升畜禽产品质量安全水平，2020年国务院办公厅发布了《国务院办公厅关于促进畜牧业高质量发展的意见》（国办发〔2020〕31号），强调要加强兽用抗菌药综合治理，实施动物源细菌耐药性监测、药物饲料添加剂退出和兽用抗菌药使用减量化行动，推广绿色发展配套技术，全面提升绿色养殖水平。同时，农业农村部印发《全国兽用抗菌药使用减量化行动方案（2021—2025年）》，明确要稳步推进兽用抗菌药使用减量化行动，切实提高畜禽养殖环节兽用抗菌药安全、规范、科学使用的能力和水平；到2025年末，50%以上的规模养殖场实施养殖减抗行动。

生猪产业是我国畜牧业乃至农业的支柱产业，关系到我国农业长期稳定发展和"肉盘子"工程。为进一步做好生猪养殖环节的减抗行动和药物规范高效使用，服务并指导实际生产，国家动物健康与食品安全创新联盟组织编写了本书。本书属于《畜禽养殖减抗技术丛书》之一，从生猪养殖关键环节入手，主要围绕减抗养殖场建筑与设计、种猪减抗繁殖管理、营养调控、常见疫病预防与管理、用药规范、生物安全、舒适环境营造技术等方面内容展开，综合介绍了目前所掌握和应用的生猪养殖减抗策略和措施。本书适合生猪企业的技术和管理人员在减量化养殖实践中参考。

在本书的编写过程中，得到了保定冀中药业有限公司、牧原食品股份有限公司、鹤鸣（上海）环境科技有限公司、北京生泰尔科技股份有限公司、世界动物保护协会、礼蓝（上海）动物保健有限公司、赛默飞世尔科技（中国）有限公司、郑州福源动物药业有限公司等单位的支持，一并表示感谢！

由于作者水平的限制，本书难免会有错误和不妥之处，敬请读者批评指正，以便日后修订完善。

目录 Contents

生猪养殖减抗
技术指南
Shengzhu Yangzhi Jiankang
Jishu Zhinan

第三章　生猪减抗营养调控与健康管理 /76

第一节　减抗养殖中饲料配方设计技术 /76

第七章　猪舍舒适环境营造技术要点 /292

第一章
生猪减抗养殖场建筑与设计

第一节　生猪养殖场选址

一、选址的基本原则

（一）符合国家法律法规的有关规定

生猪养殖场选址应遵循《中华人民共和国畜牧法》《中华人民共和国动物防疫法》《畜禽规模养殖污染防治条例》《动物防疫条件审查办法》等国家法律法规的相关规定。主要包括两个方面：一是选址应规避生活饮用水的水源保护区，风景名胜区，自然保护区的核心区和缓冲区，城镇居民区、文化教育科学研究区等人口集中区域，法律、法规规定的其他禁养区域等五类区域。二是选址场所的位置与居民生活区、生活饮用水源地、学校、医院等公共场所的距离符合国务院兽医主管部门规定的标准，且满足动物防疫条件（选址场所距离生活饮用水源地、动物屠宰加工场所、动物和动物产品集贸市场 500 米以上；距离种畜禽场 1 000 米以上；距离动物诊疗场所 200 米以上；与其他动物饲养场、养殖小区之间距离不少于500 米；距离动物隔离场所、无害化处理场所 3 000 米以上；距离城镇居民区、文化教育科研等人口集中区域及公路、铁路等主要交通干线 500 米以上）。对于种猪场而言，选址场所还需要满足距离生活饮用水源地、动物饲养场、养殖小区和城镇居民区、文化教育科研等人口集中区域及公路、铁路等主要交通干线 1 000 米以上；距离动物隔离场所、无害化处理场所、动物屠宰加工场所、动物和动物产品集贸市场、动物诊疗场所 3 000 米以上。

（二）符合当地土地利用及产业发展等相关政策

目前，我国实行土地用途管理制度。国家编制土地利用总体规划，规定土地用途，将土地分为农用地、建设用地和未利用地。依照现行政策，生猪养殖用地作为设施农用地，按农用地管理。生猪养殖场选址应在明确土地用途、土地所有权和使用权的基础上，结合当地城镇规划、产业规划和土地利用规划，禁止在依法划定的禁养区、限养区选址，仅在允许养殖用地的范围内选址。同时，本着保护耕地和节约用地的原则，选址不占用永久基本农田，不占或少占耕地，在依法取得许可的前提下，优先开发荒山、荒沟、荒丘、荒滩等未利用土地从事生猪养殖。

（三）符合相关标准的技术要求

为规范生猪养猪场建设，农业部等部门发布了《规模猪场建设》（GB/T 17824.1—2008）、《标准化规模养猪场建设规范》（NY/T 1568—2007）、《标准化养猪小区项目建设标准》（NY/T 2078—2011）、《种猪场建设标准》（NY/T 2968—2016）等国家或行业推荐性标准，许多地方部门也发布了相似或相关的地方推荐性标准。尽管这些标准并非强制性，但其在生猪养殖场选址方面的技术要求值得参考借鉴。概括起来，主要包括：一是选址场所的位置应位于居民区（点）、公共建筑群常年主导风向的下风向或侧风向；二是禁止在自然环境污染严重地区、受洪水或山洪威胁及泥石流、滑坡等自然灾害多发地带选址建场。

（四）满足生产实际需要且经济合理的原则

选址地及周边环境的自然条件（如地形、地势、土壤、水源、面积、工程地质等）、社会条件（水电气供应、道路交通情况、饲料等必需品供给、产品的销售渠道和市场状况等）能满足养殖场设计的规模及生产工艺、项目的施工建设及投产后正常生产的需要，且经济合理。

二、选址的技术要求

（一）地形地势

猪场选址，地形上要求尽可能平整、开阔、地物少，形状规整。地势上要求高燥、平坦、背风、向阳，通风良好。选择丘陵山地建场，应尽量选择阳坡，坡度不宜超过20°。

（二）土壤土质

土壤可以分为砂质土、黏质土、壤土三类。从保障猪舍建筑的安全性和稳定性角度，猪场宜建在通气性能好、渗水速度快、抗压性强的土壤上，一般以砂质土和壤土为宜。另外，为保障养殖人员和生猪产品健康，猪场选址场地的土壤环境质量应满足：土壤中不含有对生猪或人具有致命危险的传染病原，土壤主要污染物含量不超过农用地土壤污染风险管控标准（GB 15618—2018）中的有关规定。

（三）水源水质

水是动物机体的重要组成部分，是动物不可缺少且不可替代的营养物质。同时，水也是猪场正常生产的必需物质。猪场选址时，需要对水量的充裕性、水质的合格性、供水方式的稳定性和可靠性进行评估。

猪场水源的总体要求是：水量充足，水质良好，便于取用、净化、消毒和卫生防护。按用途划分，猪场用水包括生活饮用水、生产用水、消防用水、绿化灌溉用水等。生活饮用水是猪场职工的饮用和生活用水。生产用水包括猪饮用水、冲洗用水、消毒用水、降温用水、保健用水等。

水量充足即供水在数量上能满足猪场的生活饮用、生产、消防、绿化灌溉等用水的需求。猪场对水的需求量，受猪场规模、猪场类型、生产工艺等因素的影响。猪场用水是非均衡的，即同一猪场在不同季节、不同时间段的用水量有一定的波动性和偏好。如夏季用水量比冬季多，白天用水量比夜间多。因此，猪场的需水量通常按单位时间内最大用水量来计算。生活饮用水用量可按职工人数及每人每天 40～60 升的标准来估算；生产用水用量可按猪场猪群结构及不同猪群头均日耗水量来估算（表 1-1）。干清粪生产工艺下，猪场总的需水量不应低于表 1-2 中供水量。对于炎热和干燥地区而言，可根据猪场实际情况在表 1-2 数据基础上增加 25%。

表 1-1　不同猪群每天每头平均日需水量（升）

猪群类别	总需要量	其中饮用水量
种公猪	40	10
空怀及妊娠母猪	40	12
哺乳母猪	75	20
保育猪	5	2
生长猪	15	6
肥育猪	25	6

资料来源：林保忠等（2000）。

表 1-2　不同规模猪场的供水量（吨/天）

供水量	基础母猪					
	100 头	200 头	300 头	400 头	500 头	600 头
供水总量	20	40	60	80	100	120
猪群饮水总量	5	10	15	20	25	30

注：基础母猪为 100 头、300 头、600 头的供水量数据引自《规模猪场建设》（GB/T 17824.1—2008），其他规模的供水量数据按比例推算所得。

猪场生活饮用水的水质应达到《生活饮用水卫生标准》（GB 5749—2006）要求，猪饮用水的水质应满足《无公害食品　畜禽饮用水水质》（NY 5027—2008）要求，绿色生猪产品养殖用水可参考《绿色食品　产地环境质量》（NY/T 391—2021）的有关要求，详见表 1-3。

表 1-3　猪场用水的质量指标

项目	GB 5749—2006	NY 5027—2008	NY/T 391—2021
1. 微生物指标			
总大肠菌群（MPN/100 毫升或 CFU/100 毫升）	不得检出	成年猪100，幼猪10	不得检出
耐热大肠杆菌群（MPN/100 毫升或 CFU/100 毫升）	不得检出		
大肠杆菌群（MPN/100 毫升或 CFU/100 毫升）	不得检出		
菌落群数（CFU/毫升）	100		≤100
2. 毒理指标			
砷（毫克/升）	0.01	≤0.20	≤0.05
镉（毫克/升）	0.005	≤0.05	≤0.01
铬（六价）（毫克/升）	0.05	≤0.10	≤0.05
铅（毫克/升）	0.01	≤0.10	≤0.05
汞（毫克/升）	0.001	≤0.01	≤0.001
硒（毫克/升）	0.01		

项目	GB 5749—2006	NY 5027—2008	NY/T 391—2021
氰化物（毫克/升）	0.05	≤0.20	≤0.05
氟化物（毫克/升）	1.0	≤2.00	≤1.0
硝酸盐（以氮计）（毫克/升）	10，地下水 20	≤10.0	
三氯甲烷（毫克/升）	0.06		
四氯化碳（毫克/升）	0.002		
溴酸盐（使用臭氧时）（毫克/升）	0.01		
甲醛（使用臭氧时）（毫克/升）	0.9		
亚氯酸盐（使用二氧化氯消毒时）（毫克/升）	0.7		
氯酸盐（使用复合二氧化氯消毒时）（毫克/升）	0.7		
3. 感官性状和一般化学指标			
色度（铂钴色度单位，NTU）	15°	≤30°	≤15°，并不应呈现其他异色
浑浊度（散射浑浊度单位，NTU）	1NTU，水源与净水技术条件限制时为 3NTU	≤20NTU	≤3NTU
臭和味	无异臭、异味	不得有异臭、异味	不应有异臭、异味
肉眼可见物	无		不应含有
pH	不小于 6.5，不大于 8.5	5.5～9.0	6.5～8.5
铝（毫克/升）	0.2		
铁（毫克/升）	0.3		
锰（毫克/升）	0.1		
铜（毫克/升）	1.0		
锌（毫克/升）	1.0		

生猪养殖减抗 Shengzhu Yangzhi Jiankang
技术指南 Jishu Zhinan

项目	GB 5749—2006	NY 5027—2008	NY/T 391—2021
氯化物（毫克/升）	250		
硫酸盐（毫克/升）	250	≤500	
溶解性总固体（毫克/升）	1 000	≤4 000	
总硬度（毫克/升）	450	≤1 500	
耗氧量（毫克/升）	3，水源限制，原水耗氧量大于 6 时为 5		
挥发性酚类（毫克/升）	0.002		
阴离子合成洗涤剂（毫克/升）	0.3		
4. 放射性指标			
总 α 放射性（Bq/升）	0.5		
总 β 放射性（Bq/升）	1		

注：GB 5749—2006 列仅为常规指标的限量值；NY 5027—2008 列为包括猪在内的家畜各种指标的标准。

作为猪场用水的主要来源方式，自来水、地下水和地表水在水量供应上的稳定性、水质上的安全性及使用上的经济性是不同的。自来水，多为外部集中供应，数量上相对稳定，质量上安全卫生，但使用成本较高。地下水多为利用深井抽取地层深部的水，在猪场选址地水文条件好且通过自打水井取水的方式下，数量和质量较稳定、使用成本较低。地表水主要为水库、湖泊、河流和池塘水，在供给上受气候等自然条件及其他社会环境污染的影响，数量和质量的稳定性差，成本低。无论是何种水源，都需要进行水质抽样检查，以确保水质符合要求。

（四）场地面积

选址场地的面积不仅要满足当前猪场设计规模及生产工艺的

需求，还需要为日后猪场扩建等留有一定的发展空间。同时，本着无害化处理猪场粪污和就地资源化利用的原则，场址周围应有足够的土地来消纳处理后的粪便和污水。猪场生产区的面积可按基础母猪每头 45~50 米^2 或出栏商品猪每头 3~4 米^2 来估算。场地面积应与猪场规模相匹配，可参考表 1-4 至表 1-6。

表 1-4　不同规模猪场用地面积

占地面积	基础母猪		
	100 头	300 头	600 头
建设用地面积（米^2）	533.3	1 333.3	2 666.7

资料来源：《规模猪场建设》GB/T 17824.1—2008。

表 1-5　不同规模猪场占地及建筑面积（米^2）

面积	生猪年出栏						
	3 000 头	5 000 头	10 000 头	15 000 头	20 000 头	25 000 头	30 000 头
建筑面积	4 000	5 000	10 000	15 000	20 000	25 000	30 000
占地面积	10 000~15 000	18 000~23 000	41 000~48 000	62 000	85 000	101 900	121 000

注：占地面积不包括饲料加工厂的占地面积。资料来源：王林云（2007）。

表 1-6　种猪场占地及建筑面积参数（米^2）

面积	基础母猪				
	300 头	600 头	1 200 头	2 400 头	4 800 头
建筑面积	4 900~5 300	9 300~9 800	17 000~18 000	32 300~35 000	61 500~66 000
占地面积	25 000~28 000	46 000~50 000	86 000~90 000	18 0000~190 000	350 000~370 000

注：数据引自《种猪场建设标准》（NY/T 2968—2016）。

（五）工程地质

猪场选址应考虑选址地的工程地质条件，避免在可能滑坡、沉降、变形的地质区域或受洪水或山洪威胁、地震、泥石流等自然灾害多发带建设猪场。

（六）其他社会条件

猪场选址重点考虑防疫要求、水电气的供应、道路交通状况等社会条件。防疫方面，选址场地与城镇居民区等人口集中的区域或公共场所保持一定距离且处于下风向，避免给居民生活和社会安全造成不利影响。同时，选址场地与其他畜禽场等保持适当的防疫距离，避免猪只本身受外界环境影响。在非洲猪瘟常态化防控技术中，猪场选址要综合考虑各类生物安全因素（表 1-7）并进行赋值评估，综合评分 80 分以上才可建场。在满足防疫要求的前提下，道路交通条件好，方便猪场生产物资、猪场产品及猪场废弃物的运输。电力供应充足且稳定，距离电源近。

表 1-7　猪场选址的生物安全风险评估

生物安全因素	参考值	分值
场区位于山区/丘陵/平原		1~5
半径 3 千米内其他猪场数量	无	1~5
半径 3 千米内猪只数量		1~5
半径 5 千米内其他猪场数量	5 个以内	1~5
半径 5 千米内猪只数量		1~5
主要公共交通道路距离猪场的最近距离	>1 千米	1~5
每天场周边公共交通道路车流量	<5 辆/天	1~5
靠近猪场的路上，是否每天都有其他猪场的生猪运输车辆	无	1~5
农场周边 10 千米范围内是否有野猪	无	1~5
猪场周围的其他动物养殖场（绵羊、山羊、牛）数量	0	1~5
最近屠宰场的距离	>10 千米	1~5
最近垃圾处理场的距离	>5 千米	1~5
最近动物无害化处理场所的距离	>10 千米	1~5
最近活畜交易市场的距离	>10 千米	1~5
最近河流（溪流）的距离	>1 千米	1~5
饮水来源	深井水	1~5

		(续)
生物安全因素	参考值	分值
水源地周围3千米内的养殖场数量	低密度	1～5
风向上游区域的最近猪场距离	3千米	1～5
场区周围是否有树木隔离带	有	1～5
场区周围最近村庄的距离	＞1千米	1～5

三、选址的综合评价

在土地资源紧缺的形势下，选择一个能完全满足上述选址原则和选址技术要求且经济的生猪养殖场所，会变得越来越难。将所有选址原则和选址技术要求分解成小点并逐一赋值评估，汇总成综合的分值以确认是否具备建场条件。然而，现实中通常对多个遴选场地进行综合评估，多中选优是一个切实可行的方法。选址场地的综合评估，可以借助千点评分系统来实现。

第二节　生猪养殖场布局

一、猪场规划布局的内容与原则

猪场的规划布局包括场区规划和建筑物布局两个方面：场区规

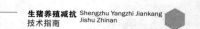

划即在选定场地上规划不同功能区、建筑群，进行人流、物流、道路、绿化等设置。建筑物布局即根据场区规划方案和工艺设计要求，合理安排各类建筑物和设施的位置和朝向。

猪场规划布局应当遵循下列原则。

（一）防疫优先，注重环保

良好的卫生防疫条件是猪场安全生产的前提。猪场规划布局应贯彻工程防疫理念，合理划分场区功能分区，排布好建筑布局，设置完备的防疫设施，规划好人流、物流通道，布置适当的场区绿化，设计好粪污和病死猪无害化处理设施，为猪场安全生产提供保障。同时，猪场规划布局应考虑猪场粪尿、污水及其他废弃物的处理和利用，做到清洁生产，不得污染周围环境。

（二）功能分区，科学布局

猪场的功能分区是否合理，各区建筑物排布是否得当，会给猪场建设期间的基建投资，投产后猪场的经营管理、生产效率、经济效益等方面及场区的环境状况和卫生防疫产生重要影响。因此，猪场规划布局应合理划分场区功能分区、科学布局猪场各类建筑，确保养猪生产的高效组织与有序运转。

（三）因地制宜，经济实用

充分利用场地的自然地形、地势，合理选择当地的建筑材料，尽量减少土石方工程量和基础设施费用，最大化地减少基本建设费用。在满足生产要求的前提下，做到经济上合理，又便于生产组织与管理。

二、功能区划分与布局

依照场区内全年主导风向自上而下及地势走向由高至低，依次划分为生活管理区、生产辅助区、生产区和隔离区共4个功能区。每个功能区之间设立围墙或绿化带进行有效隔离，使各功能区相对独立，又相互联系。场区四周建设实体围墙或双层围栏并深挖防疫沟，确保猪场与周围环境能有效隔离。

生活管理区是猪场人员日常办公生活的区域，也是猪场对外联络交流和外来人员进入场区的地方。生活管理区内设置办公室、接待室、会议室、职工宿舍、食堂、文化娱乐室、厕所、门卫值班室、大门等办公管理用房和生活娱乐设施。生活管理区适宜设置在大门内侧附近，方便与外界联系。

生产辅助区主要布置供料、供水、供热、供电、维修、仓储等设施，包括饲料原料库、饲料加工配制车间、饲料成品仓库、水泵房、水塔、锅炉房、变电所、修理车间、其他物料仓库等。生产辅助区设在生活管理区和生产区之间，并紧邻生产区。生产辅助区的各类设施按照利于防疫和便与生产区联系的原则来布局。

生产区是整个猪场的核心区，包括生产区大门、消毒室（更衣室、洗澡间、紫外线消毒通道）、值班室、消毒池、各类猪舍、人工授精室、出猪台等。一般情况下，该区建筑物布局为：种猪舍与其他猪舍隔开，形成种猪区。种公猪舍设置于母猪舍上风方向、较偏僻的地方，防止母猪气味对公猪造成不良刺激，同时利用公猪气味刺激母猪发情。保育舍置于分娩舍、生长育肥舍之间，方便转群。

隔离区主要布置兽医解剖室、隔离舍、病死猪处理设施、粪污贮存及处理设施等，应处于场区全年主导风向的下风向处和地势最低处，用围墙或绿化带与生产区隔离。隔离区与生产区有专用道路相通，与场外有专用大门相通。隔离区内病死猪及粪污处理设施应布置在距生产区最远处，并与兽医解剖室、隔离舍保持防疫距离。

三、猪场建筑设施布局

根据选址场地的实际情况，对猪场大门、围墙、场区各功能分区内各类建筑设施的位置、朝向、面积、间距等进行合理的设计布局，同时满足正常生产、科学管理、良好防疫的要求。

（一）猪舍的排列布局

猪舍是猪场的主要建筑设施，也是猪场建筑规划的重点。根据生产规模、生产管理工艺流程确定猪群的结构与数量，再确定各种猪栏的数量，最终确定各类猪舍的建筑尺寸、面积和数量。

猪舍的朝向与舍内的通风、采光密切相关。猪舍朝向设置需要考虑两个主要因素：当地常年主导风向和日照变化情况。一般要求猪舍在夏季少接受太阳照射，舍内通风量大而均匀，冬季应多接受太阳照射，减少冷风渗透。因此，在我国炎热地区，应根据当地夏季主风向安排猪舍朝向，以加强通风效果，避免太阳照射。在我国寒冷地区，应根据当地冬季主导风向确定朝向，减少冷风渗透量，增加热辐射。一般以主导风向与猪舍长轴成30°～60°夹角为宜。考虑夏季防暑、冬季防寒，猪舍的朝向以坐北朝南或南偏东、南偏西45°以内为宜。

现代养猪生产实行流水线生产工艺，即配种-怀孕-分娩-哺乳-保育-育肥-销售，形成一条连续的、流水式的生产线，有计划、有节奏地安排全年生产。因此，各类猪舍的排列顺序依次为：种公猪舍、空怀配种舍、后备猪舍、妊娠母猪舍、分娩猪舍、保育舍、生长育肥舍。

在考虑通风、采光、卫生、防火等因素的情况下，各栋猪舍之间应保持一定的距离，一般以猪舍檐高的 3～5 倍为宜。

（二）其他建筑设施的布局

猪场内的其他建筑设施以满足其功能为原则，在充分考虑建筑物间功能关系的基础上，做到位置适当，间距符合防疫和消防要求，排布紧凑，经济实用。

四、场内道路规划

作为猪场重要设施之一，道路与生产、防疫、消防等关系密切。猪场道路的主要要求：一是净道、污道严格分开，专用，互不交叉，净道用于健康猪群、饲料等洁净物品转运，而污道用于粪便、病猪、死猪等非洁净物品转运；二是道路路面应做硬化处理，结实、防滑；三是路面沿一侧或两侧有 $1\%～3\%$ 的坡度，确保排水通畅；四是生产区不宜设直通场外的道路，而生活管理区、隔离区应分别设置通向场外的道路。根据当地条件，因地制宜选择修路材料，猪场道路可修成柏油路、混凝土路、石板路等。

五、供水与排水设计

供水系统是由水源、水过滤、水提取、水输送、贮水、配水、用水等组成的系统集合体。猪场供水通常以地下水为供水水源，主要设施设备包括取水的管井、水泵，贮水的水塔（或压力罐）、输配水管网、饮水器等。输配水管包括由水源至水泵的吸水管、水泵至水塔的扬水管、水塔至各用水点的配水管等。输配水管的布置原则：一是选择短、直、顺的布管线路，节省投资，少占土地；二是与道路规划配套，减少与道路的交叉，沿道路两边布置，方便检修与维护。配水管网宜采用环状管网形式布置，确保各栋猪舍用水量。室外管线铺埋深度不小于 0.7 米，且应在当地冰冻层以下。

按雨水、污水相分离，独立排水的原则设计猪场的排水管道、沟渠。在道路一侧或两侧设明沟、暗沟排水，明沟排雨水，暗沟排污水。场区排水管道不宜与舍内排水系统的管道通用，防止雨水流入污水池，增大污水处理压力。在干清粪工艺下，粪便由机械或人工收集、清扫、运走，污水（包括尿液、冲洗水、少量的粪便等）经舍内排污沟流入舍外的沉淀井，再经舍外的排污管道汇集于隔离区的集污池，按既定的污水处理工艺进行后续处理。在水泡粪工艺下，猪舍的粪便、尿液、冲洗水一并通过漏缝地板流入粪沟中。粪便在粪沟内浸泡稀释成粪液，贮存一定时间后排出。粪水顺粪沟流入粪便主干沟，进入贮粪池。在原位发酵床工艺下，猪舍地面铺设微生物垫料，粪便、尿液留在垫料中，通过定期翻抛垫料，垫料发酵成有机肥料（半成品）。另外，在高床发酵型生态养猪模式下，高床生猪生产与粪污处理结合在一栋上下层结构的猪舍内，上层养猪下层处理粪污。新模式通过全漏缝地板猪舍加垫料动态发酵的方式，全部粪污不用运出猪舍，从养殖面直落到发酵中的垫料收纳层内，利用微生物好氧发酵原理，原位转化为固体有机肥料（半成品）。

六、场内绿化

猪场绿化具有美化环境、净化空气、改善场区小气候、降低噪声、杀菌除尘、隔离防疫等作用。猪场绿化应根据不同功能区域、不同目的进行分类布置。绿化植物以适宜于当地气候条件，易成活、抗病虫害能力强、管理简单的植物为宜。

猪场外围、场区不同功能区间可选择种植乔木类或灌木类树种，形成防护隔离林带。生活管理区宜进行园林式规划，以提升企业形象和美化生活环境。在场区道路两侧选择四季常青的树种，组合搭配一些观赏类的花卉。在车间及仓库周围，选择一些能吸附粉尘、净化有害气体、有效降低噪声的树种。在猪舍纵墙的旁边、运动场周围，选择种植一些树干高大、枝叶开阔、生长力强、冬季落叶后枝条稀疏的树种，从而实现夏季遮阳的目的。在各猪舍之间，种植一些低矮的花卉和草坪，利于通风和气体扩散。在场区其他空地上，可种植适宜当地生长的草坪，也可种植饲料作物。

第三节　生猪养殖场猪舍建设

一、猪舍的建筑形式及特点

猪舍的建筑形式多样，划分依据不同，形式各异。猪舍的建筑形式往往存在交叉性和复合性，即同一猪舍兼有不同划分依据下的多种形式。猪舍建筑形式的划分依据主要有屋顶形式、猪栏排列方式、墙体结构和有无窗户、猪舍层数、清粪工艺等几种。

（一）按屋顶形式划分

按照屋顶的形式，猪舍可以分为单坡式、双坡式、联合式、平

16

生猪养殖减抗技术指南　Shengzhu Yangzhi Jiankang Jishu Zhinan

顶式、拱顶式、钟楼式和半钟楼式等多种形式。

1. 单坡式　屋顶仅由一面斜坡构成，一般跨度较小，猪栏常采用单列式排布。其优点是构造简单，屋顶排水好，舍内通风、采光性较好，造价低。缺点是冬季保暖性差、土地的综合利用率低。单坡式猪舍一般适合小规模猪场。

2. 双坡式　屋顶由两面长度近乎相等的斜坡构成，一般跨度较大，猪栏常采用双列式或多列式排布。其优点是保温性能好，节省土地面积。若舍内设吊顶，保温性能会更好。缺点是对于建筑材料的要求较高，投资略大。我国规模较大的猪场多采用此类猪舍形式。

3. 联合式　屋顶由两个不等长的斜坡构成，一般前坡短，后坡长，又称作不等坡式或道士帽式。其优点与单坡式相同，但保温性能较单坡式好，造价比单坡式高。联合式猪舍一般适合小规模猪场。

4. 平顶式　屋顶近乎水平，多为预制板或现浇钢筋混凝土楼板。此式猪舍适宜各种跨度，在做好保温和防水的条件下，保温隔热性能好，使用年限长。缺点是造价高，屋面防水问题难以解决。

5. 拱顶式　屋顶用砖拱或用钢筋混凝土薄壳拱形成圆拱形，又称圆顶坡式。此式猪舍适宜各种跨度，小跨度猪舍可做筒拱，大跨度猪舍可做双曲拱。其优点是节省木料、造价较低、坚固耐用。其缺点是屋顶本身保温隔热性能差、不便于安装天窗和其他设施、对施工技术要求较高、建造难度大。

6. 钟楼式和半钟楼式　在双坡式屋顶上安装天窗，在两面安装天窗为钟楼式，仅在阳坡安装天窗为半钟楼式。其优点是有了天窗通风换气好、利于采光、夏季凉爽、防暑效果好。其缺点是不利于保温和防寒、屋架结构复杂、投资大。此式猪舍适宜于炎热地区和跨度较大的猪舍。

（二）按猪栏排列方式划分

按照猪栏排列方式，猪舍可以分为单列式、双列式和多列式三种形式。

1. 单列式　猪栏顺着猪舍长度排成一列，靠一边墙设饲喂通道，靠另一墙可设清粪通道也可不设。舍外可设运动场或不设运动场。此式猪舍结构简单，跨度较小，对建筑材料要求较低，通风采光良好，但冬季保温性能差，土地利用率低，多用于农村小规模养殖户。另外，种公猪舍也常采用此种形式。

2. 双列式　猪栏顺着猪舍长度排成两列，中间一般设置饲喂通道，两侧可布置通道也可不布置通道。此式猪舍跨度大、土地利用率高、保温性能好、管理方便，但建造较复杂、一侧猪栏采光性较差。双列式多用于规模化猪场和大跨度的猪舍。

3. 多列式　猪栏排布两列以上，一般跨度超过 10 米。此式猪舍跨度比双列式更大、土地利用率更高、猪栏更集中、保温性能好、管理方便，但建造复杂、采光性差、猪舍潮湿、通风差、造价更高。多列式多用于育肥猪舍建造。

（三）按墙体的结构和有无窗户划分

按照墙体的结构和有无窗户，猪舍可以分为开放式、半开放式和密闭式三种形式。

1. 开放式　四面仅靠柱体支撑屋顶的猪舍或三面有墙一面无墙的猪舍。此式猪舍建筑简单、节省材料、通风采光好、造价低，但受外界气候影响大，尤其是冬季保温性能差。

2. 半开放式　三面有墙一面半墙的猪舍。此式猪舍与开放式猪舍使用效果相当，仅保温性能略好。

3. 密闭式　四面有墙，墙上有窗或无窗的猪舍。依据窗户有无，可细分为有窗密闭式和无窗密闭式。此式猪舍主要依靠自动化控制系统来调节猪舍的通风量、温度、湿度等参数，受外界影响小、防寒和降温效果好，但造价高，常用于机械化程度高的大型种猪场分娩舍和保育舍的设计建造。此式猪舍猪栏排布可分为单列式、双列式和多列式。

（四）按猪舍层数划分

按照猪舍层数，猪舍可以分为单层式、双层式等。

1. 单层式　建造呈单层形式的猪舍。此式猪舍建筑结构简单，土地利用率低。目前我国绝大多数猪舍均为此种形式。在清粪工艺上，此式猪舍以干清粪为主，水冲粪及生物发酵床的比例低。

2. 双层式　建造呈双层形式的猪舍。一般上面一层为生猪饲养层，下面一层为粪污处理层。一般粪污处理层采用水泡粪工艺或生物发酵床工艺。此式猪舍建筑结构较单层式复杂、土地利用率较高、造价也高，适于机械化操作，节省人力。

（五）按清粪工艺划分

按照清粪工艺，猪舍可以分为干清粪式、水冲粪式、水泡粪式和生物发酵床式四种形式。

1. 干清粪式　此式猪舍按照干湿分离原则，粪便一经产生便由机械或人工收集并运至专门的堆积场所，而尿及冲洗水经漏缝地板流入舍内的排污沟，再汇入舍外的沉淀井，经舍外的排污管道汇集于隔离区的集污池。该工艺的最大优点是节省用水，后期污水处理量小。其缺点是劳动量大，生产率低。

2. 水冲粪式　此式猪舍依靠高压喷枪流水将粪、尿、污水混合冲入漏缝地板下的粪沟，粪水顺粪沟流入舍外主干沟，经自流作用或用泵抽吸进入贮粪池。该工艺人工花费低，但耗水量大，粪污后期处理的基建和运行费用高，污水量大。一般水冲粪式的污水量可达干清粪式的2～3倍。

3. 水泡粪式　此式猪舍在设计时将生猪饲养与粪污收集隔离开来，上层为饲养层，下层为粪污收集层。下层粪池预先贮存了一定深度的水，上层的粪、尿、污水经漏缝地板落入粪池，粪沉淀在粪池的底部，因水的隔绝而发生厌氧发酵。粪水贮存一定时间后达到粪池容量警戒线，打开出口闸门，粪水流出舍内进入外粪便主干沟，从而进入地下贮粪池或用泵抽吸到地面贮粪池。粪污在猪舍内停留时间的长短与粪池的容量、饲养的数量等因素相关。该工艺节省人力，比水冲粪工艺节省用水量，但存在舍内空气质量差、粪污后期处理的基建和动力消耗较高等缺点。

4. 生物发酵床式　此式猪舍依靠以锯末、稻壳等垫料的吸附及垫料中微生物的降解作用来处理猪排泄的粪尿，达到粪污资源利用的目的。该工艺具有不用每日清理粪污、不必单独建立粪污处理设施、减少用水量、降低舍内臭气等优点，适用于平原地区、高密度养殖地区、土地有限无法建设粪污处理设施的地方。该工艺常用于保育猪、育成猪、育肥猪等猪群，一般不用于种公猪、分娩母猪及妊娠母猪。但是，该工艺存在舍内不能使用化学消毒药品，传染病预防不易控制；夏季舍内温度过高，影响猪的生长发育；垫料需要人工或机械定期翻抛，人力或机械动力成本高等缺点。目前，生物发酵床有两种应用模式，一种是原位生物发酵床，即生猪直接饲养在生物发酵床上；另一种是异位生物发酵床。异位生物发酵床又分两种情形：一种是生物发酵床位于舍内，但与生猪不直接接触，即上层为生猪饲养层，下层为生物发酵床粪污处理层，这种工艺避免了垫料与生猪的接触，具有一定的优势；另外一种情形是生物发酵床位于舍外的粪污处理区，该情形仅适用于粪污后期处理，对粪污的前期收集没有作用。

二、猪舍的基本结构及要求

猪舍的基本结构包括地面、墙体、门窗、屋顶等，其保温隔热性能会对猪舍的微环境产生重要影响。

（一）地面

猪舍的地面是猪活动、躺卧、休息和排粪尿的地方。地面的材料组成影响猪舍的保温性能，进而影响猪的生产性能。猪舍地面要求保温、坚实、不透水、平整、不滑，便于清扫和清洗消毒。地面一般应保持2%～3%的坡度，以利于保持地面干燥。目前，猪舍的地面除了在猪的排污区和饮水区设置漏缝地板外，其他区域多采用水泥地面。为增强地面的保温性能，可在地表下层用空心砖等孔隙较大的材料铺设保温层。

（二）墙体

墙体具有承载传递屋顶重量、分割空间、隔离舍外环境、维护猪舍小气候等作用，是猪舍外围护结构的主体之一。猪舍的墙体既要求坚固耐用，又要求隔热保温性能良好。墙体的内面要求不渗水、便于清洗和消毒。根据材料的不同，墙体可分为砖墙、砌块墙和混凝土墙等，墙体的材料及厚度要根据是否承重来设计。

（三）门窗

猪舍门是饲养人员出入、物资流入、猪群进出等的主要门户，也是猪舍通风散热的重要渠道。猪舍门一般不设门槛，也不设台阶。门的设计要密实且保温，在形式上可选择平开门、卷帘门和推拉门等。一般情况下，猪场多采用平开门和卷帘门。

窗户是自然采光和通风的主要设施。因此选型上需要考虑透光系数高的类型，且易于开启、有效通风面积大。窗户一般设置在横墙上，需根据太阳高度角、当地纬度和赤纬等精确计算，保证入射角和透光角，确定窗户的位置、大小、数量和采光面积，保证光照强度和时间达到养猪要求。

（四）屋顶

作为猪舍顶部的覆盖构件，屋顶具有遮挡风雨、保温隔热、遮挡太阳辐射等重要作用。屋顶要求坚固，有一定的承重能力，能够承受风、雨、雪、冰雹的压力，不漏水，不透风，且保温隔热性能好。

三、猪舍设计的原则

猪舍设计应当遵循以下原则。

（一）猪舍环境条件符合猪的生物学特性和生理特点

猪舍是猪生活的主要场所，创造符合猪生物学特性的生长环境条件，对于保障猪只的健康，最大化发挥猪的生长潜能至关重要。另外，不同生长阶段的猪生理特点各异，对猪舍的温度、通风量、风速、光照等环境的要求也各不相同。因此，需要针对不同生理阶段的猪设计专门化的猪舍，并为其创造最适宜的环境。如大猪汗腺退化，皮下脂肪沉积多，散热难、不耐热；小猪皮下脂肪沉积少，散热快、怕冷。因此，设计保育舍要重点关注冬季的保温措施，设计种公猪舍、妊娠母猪舍时重点关注夏季的降温措施。而设计分娩哺乳舍时，则需要同时兼顾小猪和母猪对环境温度的要求。

（二）适应当地的气候及地理条件

我国幅员辽阔，各地的自然气候及地理条件不同，对猪舍的建筑要求也有差异。参照我国七大建筑气候区域对建筑的基本要求 [《民用建筑设计统一标准》（GB 50352—2019）]，从猪舍建筑选材、猪舍建筑形式选择、猪舍环境控制等方面，因地制宜做好猪舍的冬季保温、防寒、防冻，夏季防热、遮阳、通风降温等设计。

（三）安全卫生舒适环保

猪舍设计要求结构上牢固安全且实用，舍内环境冬暖夏凉、通风透光、干燥卫生。同时，舍内饮水和饲料供给设备配置合理充足，排水排污设施设计得当。

（四）方便科学管理与新技术应用

猪舍设计符合养猪生产工艺要求，便于生产操作及提高劳动效率，利于集约化经营管理，满足机械化、自动化所需的条件并留有发展余地。

（五）经济实用

猪舍的设计及施工不盲目追求先进，应结合当地实际情况，就近选择经济实用的材料，在满足正常生产的前提下，尽量做到节省劳动力，节约建筑材料，减少基建投资和建筑造价。

四、不同类型猪舍的设计

不同生理阶段的猪对环境及设备的要求也不同，设计猪舍内部结构时应根据猪只的生理特点和生物学习性，布置猪栏、走道，组织饲料、粪便运送路线，采用先进的生产工艺和自动化、精准化的饲养管理方式，以充分发挥猪只的生产潜力，提高生产性能和劳动管理效率。

（一）种公猪舍

饲养种公猪的主要作用是提供量大质优的精液，以确保猪场的配种任务。增强体质，提高配种能力是种公猪管理的主要目标。种公猪背膘厚，耐冷怕热，对高温敏感。而且，高温会对其精液品质造成不良影响。种公猪理想的舍内环境参数为：温度 15～20℃，相对湿度 60%～70%。

公猪舍多采用带运动场的开放式或半开放式猪舍，也可采用密闭舍。高温高湿地区，公猪舍如果采用开放式，屋顶应考虑采用好的隔热材料；如果采用全封闭式，应考虑通风换气和采用水帘风机降温。

公猪舍的栏位多为单列式或双列式排布。公猪一般采用单圈饲养，栏位面积为 9～12 米^2。设置运动场，让公猪有充足的运动，防止其过肥，对增强体质、提高精液品质、延长公猪使用年限等均有一定益处。公猪栏多采用金属栏或者金属和砖砌结合的混合栏。地面需做防滑处理，地面坡度一般不大于 3%。

大中型猪场应建立专门的公猪舍，而小型猪场公猪数量少，通常将公猪、空怀母猪、后备母猪及妊娠母猪饲养在一个舍内，单独设公猪饲养区。

（二）空怀配种舍

空怀配种舍主要用于饲养空怀母猪、后备母猪和少量诱情公猪，并完成配种及妊娠鉴定。空怀配种舍通常设置公猪栏、配种栏和母猪栏三种栏位。配种栏一般规格：长为 4.3 米，宽为 3 米，高为 1.2 米。母猪常用小群饲养或者限位栏单体饲养两种模式。小群饲养，一般每栏 4～6 头，每头占栏 1.8～2.5 米^2；限位栏单体饲养，限位栏的规格：长为 2.0～2.3 米，宽为 0.5～0.7 米，高为 1 米。

（三）妊娠舍

经妊娠鉴定的母猪转入妊娠舍饲养 12 周左右。妊娠母猪通常有三种饲养方式：定位栏饲养、群养单饲、小群饲养。定位栏饲养为单养单饲，每个栏位是由金属钢管制作成长为 2.1～2.2 米，宽为 0.5～0.65 米，高为 1 米的定位栏，定位栏前面安有食槽，后面地面采用漏缝地板，漏缝地板下为粪沟。定位栏采用双列式或多列式布局，而饲料供给多为自动料线将舍外料仓中输送到舍内定量杯中，自动定量落料于食槽中。群养单饲是将妊娠母猪饲养在一个大栏内，而大栏前部安装长 50 厘米、宽 50～55 厘米的单饲栏。每头母猪采食时单独占一个饲喂栏位，其他时间在大栏内活动和休息。小群饲养是按每栏 4～5 头的规模群养。

（四）分娩哺乳舍

妊娠母猪在产前 1 周转入分娩哺乳舍饲养 5～6 周。分娩哺乳舍是母猪分娩产仔和仔猪哺乳的共同场所，要同时兼顾母猪和仔猪的需要，分别装备母猪降温和仔猪保暖设备。分娩哺乳舍多采用小单元式设计，即沿猪舍长轴用隔墙将整栋猪舍分割成大小相等的若干单元，每个单元沿猪舍横轴排布猪栏，猪舍横轴的两端分别开门，便于母猪和仔猪的转群。分娩哺乳母猪常采用产床离地饲养方式。产床离地饲养是由分娩栏、仔猪围栏、漏缝地板网、保温箱、支架等部分组成。仔猪设仔猪保温箱，采用加热地板、红外线灯给仔猪局部供暖。

（五）保育舍

仔猪断奶后转入保育舍饲养 5～6 周。断奶仔猪身体各项功能发育不完全，体温调节能力差，怕冷，抵抗力差，易感染疾病。保育舍设计应着重为断奶仔猪提供一个温暖舒适的舍内环境。保育舍多采用小单元式设计，单列或双列排布栏位，每单元根据每周产仔母猪和每窝断奶的仔猪数量来设计栏位数。保育仔猪可采取漏粪地板平养或保育床饲养，单头饲养面积为 0.3～0.4 米²。通常在仔猪躺卧区加设地暖，以提高仔猪成活率。

（六）生长育肥舍

生长猪是第 10～18 周龄的猪，育肥猪指第 18 周龄至出栏上市的猪。生长育肥舍地面通常采用混凝土地面铺设部分或全部漏粪地板，猪栏通常采用双列式或多列式布置，可分别设置生长栏和育肥栏。生长猪、育肥猪一均采用大栏群养模式。群养的数量取决于栏位大小，生长猪按每头活动空间不低于 0.5 米²，育肥猪按每头活动空间不低于 0.7 米²来确定。

第四节　猪场饲料加工与贮存设施

一、猪场饲料消耗量的估算

（一）猪群类别的划分与全价配合饲料种类的确定

现代养猪生产要求采取分类别、分阶段精细化饲养管理，以期满足不同猪群的营养需求，从而提高猪场的整体养殖效益。对于一个自繁自养的商品猪场而言，一般将猪群分为种公猪群、种母猪群、后备猪群、仔猪群和生长育肥猪群五大群体。种母猪群可细分为哺

生猪养殖减抗　*Shengzhu Yangzhi Jiankang*
技术指南　*Jishu Zhinan*

乳母猪群、空怀母猪群、妊娠期母猪群；仔猪群可细分为哺乳仔猪群和保育仔猪群；生长肥育猪群可细分为小猪群、中猪群和大猪群。因此，猪场需要供应的全价配合饲料种类包括公猪料、哺乳母猪料、空怀母猪料、妊娠期母猪料、后备猪料、哺乳仔猪料、保育仔猪料、小猪料、中猪料和大猪料等。不同猪场的饲养工艺流程和饲养管理方式不同，饲养管理水平也各有差异，对猪群类别的划分和实际采用全价配合饲料的种类也各不相同。

（二）猪场饲料消耗量参数选择与估算方法

猪场饲料消耗量估算是依据猪场不同猪群类别头均日耗料量参数、饲养的日期和猪群的数量来分别计算不同猪群的年耗料量，再汇总得出猪场年总耗料量，然后根据猪场的生产节律确定每周饲料消耗种类及数量，以实现猪场全年饲料的均衡供给和生猪饲养的均衡生产。

具体计算公式为：

①公猪耗料量＝公猪头均日耗料量×饲养的日期×公猪数；

②哺乳母猪耗料量＝基础母猪哺乳期头均日耗料量×饲养的日期×基础母猪数；

③空怀母猪耗料量＝基础母猪空怀期头均日耗料量×饲养的日期×基础母猪数；

④妊娠母猪耗料量＝基础母猪妊娠期头均日耗料量×饲养的日期×基础母猪数；

⑤后备猪耗料量＝后备猪头均日耗料量×饲养的日期×后备猪数；

⑥哺乳仔猪耗料量＝哺乳仔猪头均日耗料量×饲养的日期×哺乳仔猪数；

⑦保育仔猪耗料量＝保育仔猪头均日耗料量×饲养的日期×保育仔猪数；

⑧小猪耗料量＝小猪头均日耗料量×饲养的日期×小猪数；

⑨中猪耗料量＝中猪头均日耗料量×饲养的日期×中猪数；

⑩大猪耗料量＝大猪头均日耗料量×饲养的日期×大猪数。

再将①至⑩的计算结果累加即获得猪场的年总耗料量。其中，不同猪群类别头均日耗料量参数、饲养日期和猪群的数量主要根据猪场采取的生产工艺流程和主要工艺参数来确定。其中，公猪的饲养日期以365天计算，空怀母猪、妊娠母猪、哺乳母猪的饲养日期分别按每胎次饲养的日期乘以年分娩胎次来计算。

二、猪场饲料供应体系方案设计

猪场饲料供应体系方案设计属于猪场总体规划的一部分，即为满足猪场生产目标和产品指标，在明确猪场需要饲料的种类及各类饲料消耗量的基础上，确定猪场饲料中通过自加工方式提供的饲料种类与数量，以及通过外购方式提供的饲料种类与数量。同种类型的饲料，可全部通过自加工方式或外购方式提供，也可由自加工方式和外购方式两种方式共同提供。

不同猪场的饲料供应体系方案各异。同一猪场的饲料供应体系方案并非一成不变。受生猪产品价格、饲料原料及成品料的价格等多种因素的影响，同一猪场不同时期的饲料供应体系方案可以不尽相同，甚至完全不同。一般而言，全产业链一体化经营的大型养猪企业都有自建的饲料加工厂，多采用先进的饲料加工工艺和设备自加工全部或大部分种类多样的饲料，以确保稳定的饲料供应，进而降低生产成本和减少经营风险。然而，小规模养殖户和散养户投资能力弱，饲喂的饲料种类单一，多采用简单的饲料加工工艺和设备自加工简单的饲料。

生猪养殖减抗
技术指南
Shengzhu Yangzhi Jiankang
Jishu Zhinan

三、猪场的饲料加工工艺

完整的饲料加工工艺包括原料接收、原料清理、粉碎、配料、混合、饲料成型、饲料包装、成品发放等系列工艺。配合饲料生产工艺流程一般为：原料接收→清理→粉碎→配料→混合→制粒→成品打包→贮藏。

（一）原料接收工艺

针对接收原料的种类、包装形式和运输工具的不同，采取不同的原料接收工艺。原料接收一般包括散装车、气力输送、袋装和液态 4 种原料接收工艺。无论何种接收工艺，都需要对原料进行质量检验和计量称重。

采用散装卡车和罐车运输的谷物籽实类、饼粕类等原料，经地中衡称重后自动卸入接料地坑，再经水平输送机、斗提机、初清筛磁选器和自动秤计量后送入待粉碎仓或配料仓。袋装原料接收是经人力或机械将袋装原料从输送工具移入仓库堆垛。油脂等液态原料经检验合格，通过接收泵抽送至贮存罐，再移入仓库。

（二）原料清理工艺

原料清理包括进仓前清理和进仓后清理。原料清理工艺是根据原料的品种、粒度和含杂情况，选用适合的清理筛初筛除杂后经磁选器再次除杂的操作流程。

（三）粉碎工艺

依据粉碎与配料工序先后，粉碎工艺可分为先粉碎后配料工艺和先配料后粉碎工艺。依据粉碎的次数，粉碎工艺可分为一次粉碎工艺和二次粉碎工艺。一次粉碎工艺可细分为一次单一粉碎工艺（即先粉碎后配料工艺）和一次混合粉碎工艺（即先配料后粉碎工艺）。二次粉碎工艺可细分为循环粉碎工艺、组合二次粉碎工艺和阶段二次粉碎工艺。不同类型的粉碎工艺具有各自的优点和缺点，其适用的企业类型也不同。不同猪场应根据企业的实际情况选择合适的粉碎工艺。

（四）配料工艺

配料工艺流程组成的关键是配料装置与配料仓、混合机的组织协调。常见的配料工艺包括多仓一秤配料工艺、一仓一秤配料工艺和多仓数秤配料工艺。

（五）混合工艺

混合工艺分为分批混合和连续混合两种。分批混合时将各种混合组根据配方的比例配合在一起，并将其送入周期性工作的批量混合机分批次进行混合。混合一个周期生产一批混合好的饲料。连续混合工艺是将各种饲料组分同时分别连续计量，并按比例配合成一股含有各种组分的料流，当料流进入连续混合机后，连续混合而成一股均匀的料流。

（六）饲料成型工艺

饲料成型工艺包括普通颗粒饲料制粒工艺和膨化饲料制粒工艺。普通颗粒饲料制粒工艺流程为：待制粒仓原料经供料器供料进入调制器，经蒸汽调质后进入制粒机制粒，压制的颗粒饲料经冷却器冷却，再经分级筛分级，不合格的颗粒重新制粒，合格颗粒进入成品仓。膨化饲料制粒工艺流程为：调质→膨化→干燥→冷却→碎粒→分级→喷涂。

（七）饲料包装工艺

包装工艺分为人工包装和自动包装两种。配合饲料包装工艺流程为：料仓接口→自动定量秤定量→人工套装→气动夹袋→放料→入口引袋→缝口→割线→输送。

（八）成品发放工艺

饲料的成品有粉状饲料和颗粒饲料两种，按包装形式分为袋装饲料和散装饲料。散装成品发放工艺为：散装成品库→散装车→称重→发放。袋装成品发放工艺为：袋装成品库→发放。

四、猪场饲料加工及贮存设施设备

猪场饲料加工及贮存设施主要包括原料库房、饲料加工调制车间、饲料成品库。原料库房和饲料成品库的基本要求是不漏雨、不潮湿、门窗齐全、防晒、防热、通风良好、干净、卫生。原料库房一般根据原料的种类分区存放。粒状原料常采用立筒仓存放，立筒仓多以钢筋水泥或钢板制作为圆筒形。袋装原料采用房式仓存放。原料在原料库房存贮的时间一般为 10～20 天。饲料成品库的高度应在 4 米以上，以利于卡车进入。各种成品应分别占用 1～2 个明确的位置，码放整齐，地面有托架。各种成品件预留足够距离，防止发生混料或发错料。

饲料加工调制车间设计的基本程序为：①根据猪场规模和供料体系等确定饲料加工工艺流程；②根据所选工艺，选择配置专业和辅助型设备（型号、规格和数量）；③根据设备配置，计算生产车间或仓库的面积、楼层数和高度；④将所有设备联系成一个生产系统；⑤选择适合的建筑形式，一般有钢结构、钢筋混凝土结构和砖混结构等；⑥合理布置设备，绘制车间平面图和纵横剖视图、设备布置平面图和纵横剖视图、通风除尘系统图等。

猪场饲料加工的设备包括：①原料接收与储运设备（刮板输送机、带式输送机、螺旋输送机、斗式提升机、气力输送机等输送设备；地中衡、下料坑、台秤等计量设备；料仓、房式仓等原料贮存设备）；②原料清理与干燥设备（清理筛、磁选器、螺旋闪蒸干燥机等干燥设备）；③粉碎设备（待粉碎仓、缓冲仓、磁选装置、供料器、粉碎机、分级筛等）；④配料设备（电动机负荷自动控制仪、供料器等供料设备，电子配料秤等）；⑤混合设备（包括卧式螺带混合机、双轴桨叶混合机等各类混合机）；⑥制粒设备（饲料制粒机、冷却器、粉碎机、分级筛和喷涂设备等，用于膨化和膨胀的膨化机、膨胀器）；⑦包装与码垛设备（机械定量包装秤、电脑定量包装秤、缝口机、袋包输送机、码垛机等）；⑧其他设备（用于吸尘和除尘的吸尘器、除尘器，用于自动化控制的开环控制系统、闭环控制系统等）。

第五节　猪场粪污处理设施

一、猪场粪污产量的估算

猪场粪污（主要包括粪便、尿液）的产生量通常以年为单位，依据猪的产污系数、饲养量和饲养天数这三个参数计算公式来估算。计算公式为：粪污产生量＝产污系数×饲养量×饲养周期。其中，产污系数是指在典型的正常生产和管理条件下，一定时间内（一般为每天），单个生猪所产生的原始粪尿量以及粪尿中各种污染物的产生量。它与猪的品种、体重、生理状态、饲料组成和饲喂方式等因素密切相关。产污系数是一个综合参数，不仅包括单个生猪所产生的原始粪尿量，还包括粪尿中各种组分中各种污染物的产生量。在计算粪污产生量时，产污系数仅引用单个生猪所产生的原始粪尿量。对一个自繁自养的规模猪场而言，猪场的粪污产生量理论上应是所有猪群粪污产生量之和。猪群通常可划分为种猪群（包括种母猪、种公猪和后备猪）和商品猪群（包括哺乳期、保育期、生长育肥期在内的全程各阶段商品猪）。粪污产生量计算公式中，产污系数是最易变化的参数，在不同研究中差别很大。不同猪场可参考表1-8至表1-14中给出的产污系数参考值，结合猪场实际情况选用或调整后应用。种猪群的饲养量常以猪场基础母猪、种公猪、后备猪的存栏量计算，商品猪群常以猪场哺乳期、保育期、生长育肥期的生猪出栏量计算。种公（母）猪的饲养周期按365天计算，而后备猪和商品猪的饲养周期与猪场采取的生产工艺有关，通常后备猪的饲养周期设定为180天。

表1-8 不同猪的产污系数1

猪群类别	饲养时间（天）	头均日产粪便量（千克）	头均日产尿液量（千克）
种公猪	365	2.0～3.0	4.0～7.0
种母猪	365	2.5～4.2	4.0～7.0
后备母猪	180	2.1～2.8	3.0～6.0
育肥大猪	180	2.17	3.5
育肥中猪	90	1.3	2.0

资料来源：王新谋等（1997）。

表 1-9　不同猪的产污系数 2

地区	项目	保育猪	育肥猪	妊娠母猪
华北	体重（千克）	27	70	210
	头均日产粪便量（千克）	1.04	1.81	2.04
	头均日产尿液量（升）	1.23	2.14	3.58
东北	体重（千克）	23	74	175
	头均日产粪便量（千克）	0.58	1.44	2.11
	头均日产尿液量（升）	1.57	3.62	6.00
华东	体重（千克）	32	72	232
	头均日产粪便量（千克）	0.54	1.12	1.58
	头均日产尿液量（升）	1.02	2.55	2.55
中南	体重（千克）	27	74	218
	头均日产粪便量（千克）	0.61	1.18	1.68
	头均日产尿液量（升）	1.88	3.18	5.65
西南	体重（千克）	21	71	238
	头均日产粪便量（千克）	0.47	1.34	1.41
	头均日产尿液量（升）	1.36	3.08	4.48
西北	体重（千克）	30	65	195
	头均日产粪便量（千克）	0.77	1.56	1.47
	头均日产尿液量（升）	1.84	2.44	4.06

表 1-10　不同猪的产污系数 3

猪群类别	饲养时间（天）	头均日产粪便量（千克）	头均日产尿液量（千克）
种公猪	365	1.7	3.3
种母猪	365	1.7	3.3
哺乳仔猪	28	0.5	2
保育仔猪	35	0.7	2.5
育成猪	35	1	2.7

生猪养殖减抗
技术指南
Shengzhu Yangzhi Jiankang
Jishu Zhinan

猪群类别	饲养时间 （天）	头均日产粪便量 （千克）	头均日产尿液量 （千克）
小肉猪	45	1	2.7
大肉猪	35	1.7	3.3

资料来源：王林云等（2007）。

表 1-11   不同猪的产污系数 4

猪群类别	测定猪说明	头均日产粪便量 （千克）	头均日产尿液量 （千克）
繁殖母猪	妊娠 2 个月	1.01	5.60
保育仔猪	体重 20 千克	0.45	1.65
育成猪	体重 70 千克	0.79	3.47

资料来源：何志平等（2010）。

表 1-12   不同猪的产污系数 5

猪群类别	测定猪说明	头均日产粪便量 （千克）	头均日产尿液量 （千克）
种公猪	生长周期 3 年，平均体重 250 千克	2.53	8.32
种母猪	生长周期 3 年，平均体重 175 千克	1.42	6.40
哺乳仔猪	生长周期 0～5 周，平均体 重 10 千克	0.88	1.45
保育仔猪	生长周期 5～6 周，平均体 重 20 千克	1.04	3.41
育成猪	生长周期 6 周～3 月，平 均体重 50 千克	1.54	3.85
育肥猪	生长周期 3 个月以上，平 均体重 70 千克	1.72	4.20

资料来源：郭德杰等（2011）。

表 1-13　不同猪的产污系数 6

猪群类别	参考体重 （千克）	头均日产粪便量 （千克）	头均日产尿液量 （升）
保育仔猪	30	0.67	1.48
育肥猪	70	1.41	2.84
妊娠母猪	200	1.71	4.8

资料来源：董红敏等（2011）。

表 1-14　不同猪的产污系数 7

猪群类别	平均体重 （千克）	头均日产粪便量 （千克）	头均日产尿液及污水量 （千克）
妊娠母猪	208	1.53	34.81（自由饮水，不冲圈） 7.22（限制饮水，不冲圈）
哺乳母猪	216	2.32	22.68（鸭嘴式饮水器，自由饮水，不冲圈） 36.48（鸭嘴式饮水器，自由饮水，每天冲圈1次）
保育仔猪	20.5	0.78	3.58
育肥猪	125	2.34	10.72

资料来源：岳虹等（2019）。

二、猪场粪污达标排放标准

　　我国将猪场污染物分废渣、水污染物和恶臭污染物三类，经处理后排放的标准也依次分为三类。目前，我国现行有效的猪场粪污达标排放标准为：《畜禽养殖业污染物排放标准》（GB 18596—2001）。该标准依据 25 千克以上生猪存栏量将生猪养殖场和养殖小区划分为 I 级（生猪存栏量≥3 000 头的养殖场；生猪存栏量≥6 000 头的养殖小区）和 II 级（500 头≤生猪存栏量＜3 000 头的养殖场；3 000 头≤生猪存栏量＜6 000 头的养殖小区）。该标准适用于Ⅰ级规模的生猪养殖场和养殖小区,同时也适用于地处国家环境保护重点城市、重点流域和污染严重河网地区的Ⅱ级规模的生猪养殖场和养殖小区。

(一)废渣排放标准

废渣是养猪场外排的生猪粪便、垫料、废饲料等固体废物。废渣经无害化处理后需达到表1-15的规定后排放。

表1-15　养猪场废渣无害化处理环境标准

控制项目	指标
蛔虫卵死亡率	≥95%
粪大肠杆菌群数(个/千克)	≤10^5

资料来源:《畜禽养殖业污染物排放标准》GB 18596—2001。

(二)水污染物排放标准

水污染物排放标准包含最高允许排水量和水污染物最高允许日均排放浓度。最高允许排水量不得超过表1-16的规定,水污染物最高允许日均排放浓度不得超过表1-17的规定。

表1-16　养猪场最高允许排水量

清粪工艺	冬季 [米^3/(万头·天)]	夏季 [米^3/(万头·天)]
水冲粪工艺	2.5	3.5
干清粪工艺	1.2	1.8

表1-17　养猪场水污染物最高允许日均排放浓度

控制项目	五日生化需氧量(毫克/升)	化学需氧量(毫克/升)	悬浮物(毫克/升)	氨氮(毫克/升)	总磷(毫克/升)	粪大肠杆菌群数(个/100毫升)	蛔虫卵(个/升)
标准值	150	400	200	80	8.0	1 000	2.0

（三）恶臭污染物排放标准

恶臭污染物是指养猪场外排的一切刺激嗅觉器官，引起人们不愉快及损害生活环境的气体物质。恶臭污染物排放按表 1-18 的规定执行。

表 1-18　养猪场废渣无害化处理环境标准

控制项目	标准值（千克）
臭气浓度（无量纲）	70

资料来源：《畜禽养殖业污染物排放标准》GB 18596—2001。

三、猪场粪污处理工艺

猪场粪污处理工艺主要包括能源生态型、能源环保型和堆肥 3 种处理工艺。

能源生态型处理利用工艺是养殖场的粪污经过厌氧消化处理后，以生产沼气等清洁能源为主要目标，发酵剩余物作为农田固肥、水肥利用的处理利用工艺。该工艺需要有足够的农田或市场能够消纳厌氧发酵后的沼液和沼渣，适用于周边环境容量大、排水要求不高的地区。其中，厌氧消化部分工艺包括完全混合式厌氧消化工艺（CSTR）等多种传统型工艺即一体化两相厌氧消化工艺（CTP）等多种新型工艺。能源生态型处理利用工艺流程如图 1-1 所示。

能源环保型处理利用工艺是养殖场的粪污经过厌氧消化处理后，以处理废水为主要目标，并生产沼气利用，发酵后的污水经好氧消化处理后达标排放，或以回用为最终目标的处理工艺。该工艺适用于规模化养殖场。同时，其周边排水要求高。其中，厌氧消化

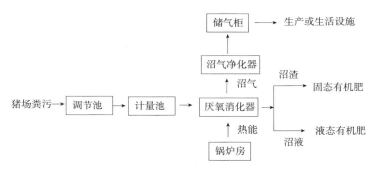

图 1-1　能源生态型处理利用工艺流程

部分工艺主要有升流式厌氧污泥床（UASB）、膨胀颗粒污泥床（EGSB）、内循环厌氧反应器（IC）等。厌氧消化处理的废水经好氧工艺处理后达标排放。常用的好氧处理工艺主要有序批式活性污泥法（SBR）、膜生物反应器（MBR）、氧化沟、生物接触氧化法、厌氧缺氧好氧活性污泥法等。能源环保型处理利用工艺流程如图 1-2 所示。

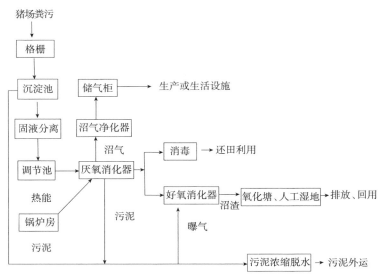

图 1-2　能源环保型处理利用工艺流程

堆肥处理利用工艺是养殖场的粪污经过腐熟处理后作为固体肥料利用的处理利用工艺。按照有无发酵装置，堆肥处理利用工艺可分为开放式堆肥和发酵仓堆肥。开放式堆肥又可分为被动通风条垛式堆肥、条垛式堆肥和强制通风静态垛式堆肥。按物料的流向，发酵仓堆肥可分为水平流向反应器和垂直流向反应器；水平流向反应器包括旋仓式和搅动式；垂直流向反应器包括搅动固定床式和包裹仓式。堆肥处理利用工艺流程如图1-3所示。

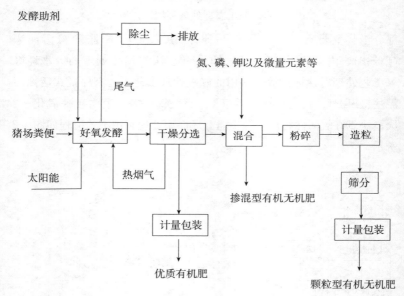

图1-3 堆肥处理利用工艺流程

四、猪场粪污处理设施设备

猪场粪污处理设施设备取决于粪污处理工艺，不同的粪污处理工艺所需的设施设备不完全相同。但总体上均可分为生产设备设施、配套设施和管理设施三类。

（一）能源生态型处理利用工艺的设施设备

能源生态型处理利用工艺的生产设备设施主要包括：①原料收集与贮存设备设施（运粪车、原料贮存池等）；②预处理设备设施（格栅、沉淀池、调节池、集料池、粉碎设备、搅拌设备、进料设备和配套厂房等）；③沼气生产设备设施（厌氧消化器、进出料设备、搅拌设备、回流设备和控制设备等）；④沼气净化与利用设备设施（脱水装置、脱硫装置等沼气净化设施，储气柜、沼气灶具、沼气发电机组、沼气锅炉等沼气利用设施）；⑤沼渣沼液利用设备（固液分离设备、沼渣晾晒场、有机肥加工设备、沼液贮存池、沼液输配管网、沼液运输车等）。

能源生态型处理利用工艺的配套设施主要包括：供电设施、消防设施、给排水设施、采暖通风设施、防火设施、防雷设施、防爆与安全防护设施、应急燃烧器等。

能源生态型处理利用工艺的管理设施主要包括：锅炉房、化验室、配电室等辅助用房，办公室等管理用房及其他生活设施用房。

（二）能源环保型处理利用工艺的设施设备

能源环保型处理利用工艺的生产设备设施除包括能源生态型处理利用工艺的生产设备设施外，还包括沼液及污水处理设施（好氧反应池、氧化塘、人工湿地等）。

能源环保型处理利用工艺的配套设施和管理设施与能源生态型处理利用工艺相同。

（三）堆肥处理利用工艺的设施设备

堆肥处理利用工艺的生产设备设施主要包括：①前处理设备设施（用于计量、破碎、筛分、混合和运输等的设备设施）；②发酵设备设施（堆肥车间或发酵槽、翻搅设备、强制通风设施、废气收集与处理设施、渗滤液收集设施等）；③后处理设备设施（包括筛选、粉碎、造粒和计量包装等设备设施）。

堆肥处理利用工艺的配套设施主要包括：供电设施、消防设施、给排水设施、采暖通风设施、防火设施、防雷设施、防爆与安全防护设施、道路、围墙等。

堆肥处理利用工艺的管理设施与前两种工艺的相同。

第六节　猪场进场消毒区和隔离区建设

一、进场消毒区

猪场大门是人员、车辆、生产生活物资等进入猪场的唯一通道，也是进场消毒设施布置的关键区域，承担着猪场对外防疫的主要门户。猪场大门以封闭式为宜，防止鼠等小动物进入。大门加施"限制进入"等警示标识，严格控制人员、车辆等进入。进场消毒区的主要设施包括人员消毒通道、小型物品消毒传递窗、物品物资消毒间及车辆洗消中心等。

人员消毒通道从外至内依次一般设置为消毒间、更衣间、淋浴间、更衣间、消毒间。人员消毒通道的入口和出口分别设消毒间、内部布置基本相同：消毒间地面设置消毒池，消毒池放置消毒液或被消毒液浸泡的消毒垫；消毒间墙壁安装喷雾消毒设备，消毒间屋顶可安装紫外灯。更衣间设有衣物存储柜，有供进场人员更换的衣

生猪养殖减抗 Shengzhu Yangzhi Jiankang
技术指南 Jishu Zhinan

物、鞋袜等。淋浴间配置人员淋浴设备，供进场人员洗澡。人员消毒通道从外至内只允许单向流动。

针对手机、眼镜等需要进入场区的小件物品进行紫外线照射、消毒液擦拭等消毒后，经消毒传递窗传入猪场。

物品物资由场外进入消毒间，经臭氧熏蒸或其他方式消毒后转移至场内。疫苗及有温度要求的药品，需先拆掉外层纸质包装，使用消毒剂擦拭保温箱后再转入场内贮存。其他常规药品，拆掉外层包装，经臭氧熏蒸或其他方式消毒后，转入场内贮存。袋装饲料转运到消毒间经臭氧熏蒸或其他方式消毒后，由场内转运车转至仓库贮存。散装饲料，首先对车体表面、轮胎及驾驶舱等进行全面消毒，再打料入料仓。

猪场大门可设置车辆消毒池，有条件的可建设三级车辆洗消中心。车辆洗消中心一般配置检查区、清洗消毒区、烘房和净区停车场，每个区域有明显的标识划分。其中，清洗消毒区、烘房应盖有防雨、防晒顶棚，配备高压清洗机等清洗设备及高温烘干设备。清洗消毒区和烘房的空间大小应至少满足一辆卡车的清洗消毒及烘干。进入洗消中心的车辆应按分区顺序单向流动。

车辆洗消程序：进入待处理停车区准备→进入清洗房→初次清洗→泡沫浸润（15分钟）→二次清洗→喷消毒剂（作用30~45分钟）→三次清洗→沥水干燥→进入烘干→烘干（70 ℃，30分钟）→停放净区。

二、隔离区建设

隔离区承担着猪场引进猪的隔离饲养、病猪隔离饲养、尸体解剖、病死猪无害化处理、粪污处理及贮存等功能，是猪场卫生防疫和环境保护的重点区域之一。在猪场总体布局中，隔离区应设置在猪场的下风或偏风方向、地势低处，以避免疾病传播和环境污染。

隔离区的主要设施包括隔离猪舍、兽医室、化尸池等病死猪处理设施、干粪堆放间、污水处理池、沼气池等粪污处理设施。

隔离猪舍是为防止引进种猪将传染病传入猪场，并防止本场猪群相互接触传染而设立的引进猪的隔离饲养或病猪隔离饲养场所。隔离猪舍的饲养容量可按猪场母猪总数的5%设计。与其他猪舍类似，隔离猪舍应排布猪栏、通道、饮水与饲喂、粪污收集等设施设备。另外，各栏位的食槽和粪尿沟应该彼此独立，相邻栏位间的隔栏应为实体隔栏，以防止交叉感染。

兽医室可以承担的工作包括病死猪尸体解剖、病原的分离与鉴定、血清免疫抗体水平监测与疾病血清学诊断、药敏实验、简单生物制品制作等。不同规模猪场，应根据实际情况增加或减少部分工作，做好兽医室规划与功能定位。兽医室可划分为解剖间、病原分离培养鉴定间、耗材试剂及药品贮存间等不同的小间，并配备解剖台、超净工作台或生物安全柜、恒温培养箱、高压灭菌锅、电热水浴锅、酶标仪、光学显微镜、离心机、冰箱等必要的设备。

病死猪无害化处理的方法有高温法、焚烧法、掩埋法、化尸池（坑）法等，其中化尸池法具有销毁快捷简便、费用低廉等优点。化尸池一般在深挖的坑中采用砖砌和混凝土抹面等方式建筑成方形等形状，池顶略高于地面，池顶上具有斜式投料口，投料口上有密封盖。化尸池底部和侧壁要做好防水处理，防止液体外渗。降雨量大的地区应在化尸池上方搭建顶棚，防止雨水倒灌。化尸池的容量应根据猪场死亡猪只数量、化尸的速度等因素综合考虑。一般可按每出栏一头生猪预留 $0.005 \sim 0.01$ 米^3 的化尸池空间来推算。

猪场粪污处理，主要分为粪便等固体废弃物处理和污水处理两部分。发酵舍是猪粪便堆积和发酵的场所。发酵舍的基本结构为：采用钢混结构、透明屋顶、顶棚设置通风换气装置，两侧设立对流通风系统。发酵舍内建有发酵槽和污水槽。发酵槽底部预埋通风管道，配置鼓风机输送氧气，并控制发酵温度。污水槽配置污水泵，可抽取污水喷淋以调节湿度。发酵舍配置搅拌大车，并预建有大车轨道。污水处理采用沼气池结合分级处理池综合处理后，实现沼液还田。污水处理设施包括水解集污池、沼气池、净化池、贮存池等。

参考文献

陈主平，等，2015. 适度规模猪场高效生产技术［M］. 北京：中国农业科学技术出版社．

董红敏，朱志平，黄宏坤，等，2011. 畜禽养殖业产污系数和排污系数计算方法［J］. 农业工程学报，27（1）：303-308.

方希修，尤明珍，2005. 饲料加工工艺与设备［M］. 北京：中国农业出版社．

郭德杰，吴华山，马艳，等，2011. 不同猪群粪尿产生量的监测［J］. 江苏农业学报，27（3）：516-522.

郭宗义，王金勇，2010. 现代实用养猪技术大全［M］. 北京：化学工业出版社．

何志平，曾凯，李正确，等，2010. 四川规模猪场产排污系数测定［J］. 中国沼气，28（4）：10-14.

李保明，施正香，2005. 设施农业工程工艺及建筑设计［M］. 北京：中国农业出版社．

林保忠，刘作华，范首君，等，2000. 科学养猪全集［M］. 成都：四川科学技术出版社．

刘晓永，李书田，2018. 中国畜禽粪尿养分资源及其还田的时空分布特征［J］. 农业工程学报，34（4）：1-14.

王方浩，马文奇，窦争霞，等，2006. 中国畜禽粪便产生量估算及环境效应［J］. 中国环境科学，26（5）：614-617.

王林云，2007. 现代中国养猪［M］. 北京：金盾出版社．

王伟国，2006. 规模猪场的设计与管理 ［M］. 北京：中国农业科学技术
　出版社.

王新谋，1997. 家畜粪便学 ［M］. 上海：上海交通大学出版社.

岳虹，杨聪，孔赛连，等，2019. 不同饲养方式各阶段生猪粪污产生量测
　定试验报告 ［J］. 云南畜牧兽医，4：1-4.

中国农业科学院农业环境与可持续发展研究所，环境保护部南京环境科学
　研究所，2009. 第一次全国污染源普查畜禽养殖业源产排污系数手册
　［Z］.

生猪养殖减抗 Shengzhu Yangzhi Jiankang
技术指南 Jishu Zhinan

第二章
种猪减抗繁殖管理

第一节　种猪引进管理

一、制定引种计划

（一）引种计划书的主要内容

引种计划书的主要内容包含引种的目的及可行性、引种的内容及要求、供种地区及供种场评价、引种方式与时间安排、经费预算与筹措方式、引种的风险与预防管控、种猪利用方式与预期效益、技术支撑、人员及组织保障措施等。

1. 引种的目的及可行性　从本场自身发展的需求、行业发展现状与趋势等角度阐明引种的必要性及目的意义。

从拟引进的品种能否适应本地自然生态条件、是否有成功引进的案例、本场是否具备引进及后期利用该品种的条件等方面阐明引种的可行性。

2. 引种的内容及要求　引种的品种、级别、数量、体重及生产性能水平等质量要求。

3. 供种地区及供种场评价　介绍供种地区种猪生产与供应现状、主要疫病发生情况、采取的隔离、扑杀、封群及疫病净化措施等信息，以评价从该供种地区引种的可行性和经济性。

介绍供种场资质情况、种猪生产与供应情况、种猪销售管理办法、种猪主要生产性能及质量水平、猪群健康状况、技术力量及服务能力、社会信誉等信息，以评价从该供种场引种的可行性和经济性。

4. 引种方式与时间安排　包括引种的批次、运输方式及引种的具体时间安排。

5. 经费预算与筹措方式　引种所需经费总预算、各支出科目预算及经费筹措方式。

6. 引种的风险与预防管控　分析市场、技术、管理等方面风险因素并制定相应的管控措施。

7. 种猪利用方式与预期效益　结合本场的实际条件，明确种猪引进后的利用方式与途径，分析引种后经利用所产生的经济效益及为本场长远发展带来的其他效益。

8. 技术支撑、人员及组织保障措施　为引种所储备的技术、人员安排及组织领导保障措施。

（二）引种计划制定的程序

1. 确定引种的品种、数量及主要性能指标　猪场应根据本场的市场定位、生产目的、利用方式、设施设备、饲养工艺、技术水平等实际情况，确定需要引进的品种、数量及主要性能指标。以血缘更新为目的、正常生产的猪场，引进的品种一般与本场现有品种相同，引种的数量依据本场的年更新率来确定，引进种猪的生产性能水平应不低于本场猪群的现有水平。新建猪场应综合考虑设计的生产能力、拟定的生产工艺和参数、阶段性的生产计划、种猪市场的供给现状等实际情况，确定所引进种猪的品种、数量及主要性能指标。对于改扩建猪场，引种可以结合新建和正常生产两个方面情况确定引种品种、数量及主要性能指标。以新品种（配套系）培育为目标需要引进种猪的，按新品种（配套系）培育方案确定所引

生猪养殖减抗技术指南　Shengzhu Yangzhi Jiankang Jishu Zhinan

进种猪的品种、数量及主要性能指标。

2. 供种地区猪群健康状况调查与评价　通过向供种地区畜牧兽医主管部门咨询等方式，调查了解供种地区的主要疫病发生情况，采取的隔离、扑杀、封群及疫病净化措施等信息。供种地区不应是依法划定的疫区（由疫点边缘外延 3 千米范围内的区域称为疫区）和受威胁区（疫区外延 10 千米范围内的区域称为受威胁区）。

3. 供种猪场资质与能力评价及供种猪场遴选

（1）供种猪场资质与能力评价　①资质评估：供种场具备《种畜禽生产经营许可证》，所引的种猪具备《种畜禽合格证》《动物检疫合格证明》及《种猪系谱证》；由国外引进种猪须具备国务院畜牧兽医行政管理部门的审批意见和出入境检验检疫部门的检测报告。②健康度评估：引种前评估供种场猪群健康状态，供种场猪群健康度需高于引种场。评估内容包括猪群临床表现，口蹄疫、猪瘟、非洲猪瘟等重要传染性疾病病原学和血清学检测结果，死淘记录、生长速度、生产成绩及饲料转化率等生产记录。③供种能力评价：供种场建场时间最好不超过 5 年，所引品种规模数量应越大越好，便于挑选，供应种猪的数量及质量水平满足引种要求；供种场销售种猪的方式与价格符合预期；供种场兽医防疫制度健全完善，动物卫生行为操作规范，管理严格，生产水平高，技术力量及配套服务质量高，社会信誉良好。

（2）供种猪场遴选　综合比较多家供种场的各种信息，从中选择供种能力强、社会信誉好、种猪健康水平高、种猪数量和质量满足要求、引种方便、价格公道、售后服务能力强的作为最终的供种场。

4. 引种合同签订

（1）种猪购销合同主要内容概述　种猪购销合同除了包括一般合同文本所含的共性内容外，还要包括：①购销种猪的品种、数量、体重及价格；②购销时间；③交货时间与地点；④付款方式及金额；⑤种猪质量要求；⑥违约责任；⑦争议解决方式；⑧其他约定。

（2）种猪购销合同主要关键点　①购销种猪应注明品种、性别、约定的体重、数量、单价及总价。同时，应注明超过体重种猪的价格计算方式。②在充分考虑天气状况及运输时间等因素下，协商确定购销时间范围。③选择由供种场送货到指定地点交货或由引种场派人到供种场提货交货，并约定运输费用由哪方承担。④约定在签订合同后指定日期前是否预付定金，约定何时并以何种方式交付结算款及金额。⑤在种猪质量要求上，一般约定品种纯正、健康无遗传缺陷，要求供种场提供本场免疫程序并承诺按程序进行了免疫接种。另外，双方可就运输途中死亡、到场后数日因传染病死亡及种猪长成后因遗传缺陷不能作为种用等问题协商一致。⑥双方就违约事项承担违约责任划分协商一致并注明承担的违约金金额。⑦双方应就种猪售后服务事项等其他事项达成一致。

二、引种前准备

（一）隔离舍准备

主要包括：①根据引种的时间和数量，提前准备好饲料、兽药及疫苗等生产物资；②检查维修好水电线路，确保食槽、饮水器、猪栏及通风、降温及保温设施设备正常；③彻底清扫猪舍并选择安全、高效的消毒剂对隔离舍及用具进行多次严格消毒；④提前安排专职人员做好接猪准备，专职饲养人员提前熟悉引进种猪的饲养管理要点并做好接猪后的日常管理准备。

（二）确定运输工具及运输路线

对于省内调运种猪或跨省调运种猪的，一般选择已经备案的种猪专用运输车。而且，最好选择配置有恒温控制系统、通风系统、喂水系统、喷淋清洁系统的专用种猪运输车。

规划运输路径本着安全省时的原则，尽量选择路况较好的高速公路，避开动物疫区、养殖密集区、无害化处理场所等高风险地区。对于运输全程花费的时间、中途临时停靠的站点、突发状况的应急处理等运输细节都应做到心中有数，提前预备。

（三）种猪个体选择

1. 选择原则

（1）品种特征明显　通过对毛色、体型、头型、耳型等体形外貌特征等的观察，结合系谱记录进行品种鉴别。

（2）健康无病　通过外形观察，且采食、饮水等活动无异常；查看免疫记录和诊疗用药记录，无既往病史；必要时，采血送样检测确定无传染性疾病。

（3）种用特征良好　重点关注公母猪的外生殖器官，公猪睾丸发育良好，双侧睾丸对称、大小一致、轮廓明显，包皮不能有积尿。公猪乳头6对以上且分布均匀对称。母猪乳头6对以上，排列整齐均匀，阴户大而下垂。

2. 个体选择　查看系谱及双亲生产性能资料档案，从双亲生产性能优良的个体中选择。选择品种特征明显、个体较大、生长发育良好、体格健壮、食欲旺盛、行动敏捷、体形匀称、皮肤紧凑、毛色光亮、背腰平直和腹部不下垂的个体。

种公猪要求：①头颈较轻小，胸宽深，背宽平或稍弓起，腹部紧凑，不松弛下垂，体躯长，腹部平直，后躯和臀部发达、肌肉丰满、骨骼粗壮；②睾丸发育良好，轮廓明显、左右两侧睾丸大小一致，包皮不肥大、无明显积尿，乳头6对以上，排列整齐均匀；③符合本品种的基本特征。

种母猪要求：头颈清秀而轻，额部稍宽，嘴鼻长短适中，胸宽而深，肢蹄坚实，背线平直或微弓，腹线平直，臀部丰满，尾根较高，无斜尻，乳头6对以上，排列均匀，无缺陷乳头，阴户充盈，发育良好。符合本品种的基本特征。

（四）种猪健康状况检查

对于跨省间引种的，所选种猪应按《生猪产地检疫规程》和《跨省调运乳用、种用动物产地检疫规程》中的相关要求进行产地检疫并取得检疫合格证。同时，对于临床检查后认为有必要进一步进行实验室检测的，应采集样本送有资质的检测检验机构进行检测，进一步了解相关疫病情况、健康水平等信息，根据检测结果进行取舍。

（五）运猪前准备

主要包括：①装载种猪前 24 小时，用安全、高效的消毒剂对车辆和用具进行 2 次以上的严格消毒，空置 1 天后再装猪。在装猪前再用刺激性较小的消毒剂彻底消毒一次。②办理好种猪调运手续，携带检疫合格证、非洲猪瘟血检报告等检测报告、车辆备案证明、车辆消毒证明等文件。③供种场提前 2 小时对准备运输的种猪停止投喂饲料。赶猪上车时避免损伤种猪肢蹄，装猪结束后，立即关上并固定好车门。④出发前检查车况，驾驶员证件齐全，长途运输时每辆车应配备两名驾驶员。⑤随车准备饲料、必要的工具及药品。

三、种猪运输过程中的管理要点

（一）保暖及降温技术措施

优先选择配置有恒温控制系统、通风系统、喂食喂水系统、喷淋清洁系统的专用种猪运输车。冬季注意保暖，夏季重视防暑，尽量避免在严寒和酷暑的时间段装运种猪。冬季可选择在天气晴好的中午装运种猪，夏天可选择早晨或傍晚装运种猪。途中注意温度变化，给种猪提供充足的饮水并适当补充电解质和维生素，适时采取淋水降温或预先铺设垫料等保温措施。同时，运猪车辆应备有汽车帆布，供避日晒、雨淋之用。

（二）饮水管理

途中确保种猪随时有充足的饮水。夏季可准备西瓜供猪采食，防止中暑，并定时为猪淋水降温。路途较长或天气较热时，可对猪群进行冲凉。冬季时应准备温水供猪饮用。

（三）车速控制

尽量选择路况好、交通通畅的高速公路行驶，避免车辆颠簸和堵车。车速保持平稳，避免紧急刹车。

（四）突发疾病的处理

随时观察猪群情况，如有猪出现呼吸急促、体温升高等异常情况，应及时采取有效的治疗措施。可注射抗生素和镇痛退热针剂，并淋水降温。必要时，可采取耳尖放血疗法。若发现种猪异常、死亡等情况，应立即向所在地畜牧兽医主管部门报告，严格按有关规定进行处置。

四、引种后管理

（一）隔离观察期的饲养管理

引进的种猪需在隔离舍饲养观察30～45天，在此期间应注意以下几点：①种猪到场后，先对车辆、猪体及卸车周围地面进行全面消毒，再卸猪。种猪有损伤或其他异常的应单栏隔离饲养。②按品种、性别和体重大小进行分群饲养。母猪一般采取每栏4～6头的小群饲养，公猪尽可能做到单栏饲养。③先提供清洁饮水并补充生理盐水、电解质平衡液和维生素，休息 6 小时后可饲喂少量的青绿饲料和精料。最好先喂原场的饲料，然后经 1 周左右时间逐渐过渡到饲喂本场饲料。④种猪到场后的前 2 周，应从猪舍环境调控上给予安全、卫生、舒适的环境，在饲养管理上除提供清洁的饮水和新鲜的饲料外，还应补充生理盐水、电解质平衡液和维生素，以减少应激。必要时，可添加非抗生素类药物来预防。⑤隔离饲养期间，根据原场免疫接种情况、病原检测结果及隔离观察的表现等情况，对引进种猪开展免疫接种，并进行驱虫和必要的保健。⑥两周后可按 10：1（引入种猪：本场猪）的接触比例引入本场健康的断奶仔猪混养，进行适应性观察。四周后引入本场健康的母猪混养，进行适应性观察。

（二）转入生产群

隔离观察结束，经兽医诊断检查确定健康无病，对种猪进行彻底消毒后转入生产区，供繁殖生产使用。

第二节　种猪繁殖生理

一、公猪的生殖器官与生殖生理

（一）公猪的生殖器官

公猪的生殖器官包括睾丸、附睾、输精管、尿生殖道、副性腺、阴茎、包皮和阴囊。公猪生殖器官的功能是产生、输送、排出精液及与母猪发生交配行为。具体而言，睾丸的作用是产生精子和分泌雄激素；阴囊是维持精子正常生存温度的调节器官；附睾是睾丸的输出管，也是精子发育、成熟和贮存的地方；副性腺包括精囊腺、前列腺和尿道球腺，其功能是分泌精液的液体部分，分泌物具有营养和增强精子活力的作用；输精管和尿生殖道是精液的运输管道；阴茎是交配器官。

1. 睾丸　睾丸成对位于肛门下方的阴囊内，呈左右稍扁的椭圆形，表面光滑。睾丸表面大部分被固有鞘膜所覆盖，鞘膜下方是由一层致密结缔组织组成的白膜。白膜向睾丸内分出许多小梁，将睾丸分成若干锥体状小室，并在睾丸纵轴上汇成一个纵隔。每个小室有2～5条曲细精管，曲细精管先汇合成直细精管，再汇合成睾丸网，从睾丸网分出6～23条输出小管，构成睾丸头的一部分。

睾丸具有产生精子和分泌雄激素两大功能。精子是由曲细精管生殖上皮中的精原细胞所生成，雄激素则是曲细精管间的间充质细胞分泌的。

与其他家畜相比，公猪的睾丸相对较大，质地较软。有些成年公猪一侧或两侧睾丸并未下降至阴囊内，称为隐睾。隐睾的公猪无生殖能力，不宜作为种用。

2. 附睾　附睾是睾丸的输出管，附着于睾丸前上方，由头、体、尾三部分组成。附睾头膨大，由10多条睾丸输出小管构成。睾丸输出小管汇合成附睾管，构成附睾体和附睾尾。附睾具有浓缩精液、促进精子发育成熟、贮存和运输精子等作用。

公猪的附睾尾发达，呈钝圆形，位于睾丸的后上方。公猪的精子要在附睾体的附睾管内滞留10天才到达附睾尾。这一过程中，精液被脱水、浓缩和贮存，精子最终发育成熟。

3. 输精管　输精管由附睾尾的附睾管直接延伸而成，是一条管壁很厚的管道，其主要功能是输送精子。

4. 尿生殖道 尿生殖道前端接膀胱颈，沿骨盆腔底壁向后延伸，绕过坐骨弓，再沿阴茎腹侧的尿道沟向前延伸至阴茎头末端。尿生殖道是尿液和精液排出体外的共同管道。

公猪的尿生殖道骨盆部较长，可达 15～20 厘米。公猪的球海绵体肌较发达，短而强大。

5. 阴茎 阴茎由阴茎根、阴茎体和阴茎头三部分组成，是公猪的交配器官。阴茎主要由阴茎海绵体和尿生殖道阴茎部构成。公猪的阴茎较细，在阴囊前方形成乙状弯曲，阴茎头呈螺旋状扭转。

6. 包皮 包皮为双层皮肤折转形成的管状鞘。包皮具有容纳和保护阴茎头的作用。

公猪的包皮口狭窄，包皮腔很长，前宽后窄。包皮腔前端背侧有一个圆孔，向上与包皮憩室相通。

7. 阴囊 阴囊是呈袋状的腹壁囊，从外至内依次分为皮肤、肉膜、筋膜和总鞘膜。阴囊皮肤薄而柔软，富有弹性，表面生有细毛，内含皮脂腺和汗腺。阴囊缝将阴囊表面分为左右两部分。肉膜具有调节温度的作用。阴囊中隔将阴囊分为两个相通的腔。总鞘膜是位于阴囊最内侧的鞘膜突，强而厚。

（二）公猪的生殖生理

1. 精子发生 精子是在睾丸曲细精管中的生精细胞依次分裂和分化而成的。最靠近曲细精管基膜的精原细胞依次分裂为 A 型精原细胞、中间型精原细胞和 B 型精原细胞。B 型精原细胞分裂生成初级精母细胞，初级精母细胞再分裂成次级精母细胞，次级精母细胞再分裂为精细胞。精细胞经过形态改变最终成为精子，经曲细精管管腔进入睾丸。精子的发生过程是周期性的、连续不断的。从 A 型精原细胞到成为精子需要 44～45 天的时间。

2. 精液组成及主要物理特性 精液由精子和精清两部分组成，总体呈不透明的黏稠液体。公猪一次平均射精量为 250 毫升，每毫升精液中含有精子 1 亿~3 亿个，一次射精总精子数为 250 亿~750 亿个。精液组分中 94%~98% 为水，还含有果糖、山梨醇、肌醇、柠檬酸、乳酸、甘油磷脂胆碱、蛋白质等有机物，以及钠、钾、钙、镁、氯等无机物。

正常精液为乳白色或灰白色，呈云雾状。公猪精液的平均 pH 为 7.5，呈弱碱性；相对密度为 1.023，黏度为 1.18×10^{-3} 帕斯卡·秒。公猪精液的相对密度、浑浊度和黏度均与精子的浓度相关。

3. 性成熟及适配年龄 公猪的性成熟时间因品种、营养等因素影响而各不相同。我国地方猪种性成熟早，一般为 3~4 月龄，体重 25~30 千克。而国外引进猪种、培育猪种和其杂种猪性成熟相对较晚，一般为 6~7 月龄，体重 65~75 千克。性成熟表明生殖器官开始具有正常的生殖机能，但器官及身体发育尚未完全，不宜即刻配种。

不同品种公猪的适配年龄不同，同一品种公猪的适配年龄也因环境、营养条件的差异而不完全相同。我国地方猪种一般以 6~8 月龄、体重 60~70 千克开始配种为宜，而国外引进猪种、培育猪种一般以 8~10 月龄，体重 120~130 千克时开始配种为宜。

二、母猪的生殖器官与生殖生理

（一）母猪的生殖器官

母猪的生殖器官包括卵巢、输卵管、子宫、阴道、尿生殖前庭和阴门。其中，卵巢是产生卵子和分泌雌性激素，刺激母猪正常排卵的器官。输卵管是卵子输送管道及精卵结合的场所。子宫是胚胎发育的场所。阴道、尿生殖前庭和阴门是交配器官也是产道。

1. 卵巢　母猪卵巢成对存在，依靠卵巢系膜附着在腰下部，肾脏的后方。卵巢的子宫端借卵巢固有韧带与子宫角末端相连。卵巢的形态、体积和位置因母猪的生长阶段、个体、性周期不同而有很大变化。性成熟前小母猪的卵巢位于荐骨岬两侧稍靠后方，体积较小，呈淡红色，表面光滑。接近性成熟时，卵巢位于髋结节前缘横断面处的腰下部，体积增大至 2 厘米×1.5 厘米，其表面有突出的卵泡，形似桑葚。性成熟后及经产母猪，卵巢位于髋结节前缘约 4 厘米的横断面上，体积更大，其表面有卵泡、黄体或红体突出而呈结节状。

2. 输卵管　输卵管由输卵管系膜包裹固定，位于卵巢和子宫角之间的一对细长弯曲管道。母猪输卵管长为 15～30 厘米，分为漏斗部、壶腹部和峡部三个部分，是卵子受精场所和受精卵进入子宫的必经通道。漏斗部是输卵管的起始膨大部分，状似漏斗，漏斗部边缘有许多皱褶叫输卵管伞，漏斗部中央的输卵管腹腔口连通腹膜腔。壶腹部是卵子受精的地方，位于管道靠近卵巢端的 1/3 处，有膨大，壁薄且弯曲。峡部较短，细且直，管壁较厚，末端以输卵管子宫口与子宫角相通。

3. 子宫　子宫是一个中空的、富有延展性的肌质性器官，也是胚胎着床、胎儿生长发育和娩出器官。母猪子宫是双角形子宫，由子宫角（左右两个）、子宫体和子宫颈三部分组成。子宫角长为 1～1.5 米，呈弯曲的圆筒状。成对子宫角汇合为短的子宫体，子宫体长为 3～5 厘米。子宫颈长为 10～18 厘米。猪为子宫射精型动物。

4. 阴道　母猪阴道呈扁管状，直径小、肌层厚，位于骨盆腔内，长为 10～12 厘米，是母猪的交配器官和产道。

5. 尿生殖道前庭　作为生殖道和尿道共同的管道，尿生殖道前庭是位于阴瓣至阴门裂的一段短管。尿生殖道前庭分布大量的前庭大腺，其能分泌有润滑作用的黏液。

6. 阴门　阴门位于肛门腹侧，由左右两片阴唇构成，中间的裂缝称为阴门裂。两个阴唇的上下两个端部分别相连，称阴门背联合和腹联合。阴门腹联合由阴蒂窝和阴蒂构成。

（二）母猪的生殖生理

1. 卵子的发生　从卵原细胞开始，卵子的发生经历了繁殖期、生长期和成熟期 3 个阶段。卵原细胞经增殖和减数分裂为初级卵母细胞，初级卵母细胞被单层扁平卵泡细胞包裹形成原始卵泡。原始卵泡经初级卵泡、次级卵泡等最终发育为成熟卵泡。卵泡的发育过程同时也是卵母细胞成熟的过程。初级卵母细胞经减数分裂形成次级卵母细胞。排卵后，次级卵母细胞经减数分裂形成卵子。

2. 初情期及排卵规律　初情期母猪首次发情并排卵时的时期。母猪的初情期一般为 5～8 月龄，平均为 7 月龄。母猪达到初情期虽已具备了繁殖能力，但母猪的身体发育尚未成熟，不宜立即配种。

猪一次发情中可多次排卵。排卵最多出现在母猪开始接受公猪交配后的 30～36 小时，即发情 38～40 小时后。排卵持续期为 10～15 小时。

母猪排卵的数量与品种密切相关。母猪单次发情中，成年太湖猪的排卵数为 28.16 枚，我国其他地方猪种成年母猪的平均排卵数为 21.58 枚，而国外猪种平均排卵数为 21.4 枚。排卵数还受胎次、营养状况等其他因素影响。

3. 发情周期及适配年龄　母猪的平均发情周期为 21 天，全年内可多周期发情配种。一般以母猪初情期后隔1～2个情期配种为宜。

第三节　猪场人工授精技术

一、猪的人工授精及优势

　　猪的人工授精是采集公猪精液后经检查、处理再将其输入发情母猪生殖道，使母猪正常妊娠的一种配种方法。与传统的自然交配相比，人工授精具有下列优势：一是提高了公猪配种效率和优良种公猪的利用率，加速了品种改良步伐。二是减少了公猪的饲养数量，节省了养殖成本。三是减少了疾病传播，提高了猪场安全生产水平。四是克服了自然交配的诸多难点，配种更方便。五是克服了时间和区域的差异，实现了种公猪跨区域长距离和长时间利用，做到适时配种。

二、人工授精的操作步骤

　　人工授精的操作步骤包括采精、精液品质检查、精液的稀释和保存、输精等。

　　（一）采精

　　采精前必须事先训练好公猪，使其习惯爬跨假台猪。假台猪可

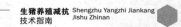

做成长凳式或高低可调的两端式。在假台猪后部涂抹发情母猪的尿液或阴道黏液，引诱公猪爬跨假台猪。也可事先将发情母猪赶在假台猪旁边，诱发公猪的性欲，当公猪性欲被诱起时，赶走母猪，诱导其爬跨假台猪。经反复几次后形成条件反射，公猪就习惯于爬跨假台猪。

采精有徒手采精法和假阴道采精法两种。徒手采精是模仿母猪子宫对公猪阴茎的约束力而引起公猪射精。具体操作过程如下：采精员左手带消毒的乳胶手套，蹲在假台猪的右侧，待公猪爬跨假台猪后，用1％高锰酸钾溶液将公猪包皮附近清洗消毒，并用生理盐水冲洗。然后手握成空拳，当公猪阴茎伸出时，将其导入空拳内，立即握住阴茎头部，不让其转动，待阴茎充分勃起时顺势牵引向前，手指有节奏地调节压力，公猪即射精。右手持盖有纱布的集精瓶接取精液。

假阴道采精是采用仿母猪阴道条件的人工假阴道诱导公猪在其中射精而获取公猪精液的方法。假阴道为筒状结构，主要由外壳、内胎、集精杯及附件组成。采用假阴道采精时，将假阴道安在假台猪的后躯内且可实时调节其位置，任由公猪爬跨假台猪而在假阴道内射精；也可手握假阴道，当公猪爬跨假台猪时将公猪阴茎导入假阴道内，让阴茎在假阴道内抽动射精。公猪射精时，将假阴道向集精杯一端倾斜，使精液流入集精杯。

（二）精液品质检查

采集精液后应及时进行精液品质检查，只有合格的精液才能进行后续稀释及授精。精液品质检查的项目包括外观、气味、采精量、精子活力、精子密度和精子畸形率。正常精液外观上呈现乳白色，均匀一致，鼻嗅精液略带腥味且无异味。采用称量法计算采精量，1克相当于1毫升。精子活力是指精液中在37℃条件下呈直线运动的精子占总精子数的百分率。精子密度指单位体积精液中的精子数。精子畸形率指畸形精子占总精子数的百分率。原精的质量要求是：①精液外观上呈现乳白色，均匀一致；②精液略带腥味且无异味；③采精量不小于 100 毫升；④精子活力不小于 0.7；⑤精子密度不小于 1 亿个/毫升；⑥精子畸形率不超过 20%。

（三）精液的稀释

1. 稀释液的组分与功效　稀释液包括稀释剂、营养物质、保护成分和其他添加剂共四大类物质。稀释剂作为精液的填充成分，一般为等渗缓冲液。营养物质主要为精子补充外源性营养和能量，延长精子寿命。常见的营养物质有葡萄糖、果糖、蔗糖、奶和卵黄等。保护成分分为 5 个亚类：①具有调节精液酸碱度，利于精子运动的无机或有机缓冲剂，如磷酸二氢钠、乙二胺甲乙酸钠等；②具有改变和中和副性腺分泌物电离程度，防止精子凝聚和补充精子能源的非电解物质，如糖类、磷酸盐等；③防冷刺激物质，如奶类和卵黄；④具有抗菌作用，防止有害微生物繁殖的抑菌物质，如青霉素、链霉素等；⑤减轻精液水分结冰和冰晶对精子伤害的抗冻物质，如甘油、二甲基亚砜等。其他添加剂的主要作用在于改善精子外环境的理化特性和母猪生殖道的生理机能，利于提高受精概率，促进合子发育。如过氧化氢酶、β淀粉酶等酶类；催产素等激素类物质；维生素 C 等维生素类物质；ATP 等提高精子保存后活率的其他物质。

2. 稀释方法　精液采集后应尽早稀释，放置时间不宜超过 20 分钟。根据新采精液的温度，对稀释液做同温处理。将稀释液沿精液瓶壁缓缓加入，并轻轻转动精液瓶，使精液和稀释液混合均匀。精液稀释后静置 5 分钟，进行精子活力检查，精子活力在 0.6 以上进行分装与保存。

3. 稀释倍数　精液稀释倍数取决于每次输精的有效精子数、稀释液的种类以及稀释倍数对精子保存时间的影响。

精液稀释倍数确定的步骤：①根据鲜精的体积、密度、活力计算总有效精子数（总有效精子数＝体积×密度×活力）。②按每次输精有效精子数25亿～30亿个计算可输精头份（可输精头份＝总有效精子数÷每次输精有效精子数）。③按单次80～100毫升的输精剂量，计算稀释后的总体积（稀释后的总体积＝可输精头份×单次输精剂量）。④按稀释倍数＝稀释后的总体积÷鲜精体积，计算稀释倍数。

（四）精液的保存

依据保存温度的范围，精液的保存分为常温保存、低温保存和冷冻保存三种。三种方法的保存温度范围分别为：15～25℃、0～5℃、－196～－79℃。三种保存方法的形态和时效不完全相同：前两种以液态形式短期保存，后一种以冻存形式长期保存。

根据常温保存时间的要求选择合适的稀释剂。保存1天内输精的可用现用稀释液；保存2天的可用常温稀释剂；保存3天以上的可用IVT综合稀释剂。常温保存通常采用隔水降温法保存，即将贮精瓶置于室内、地窖或自来水中保存。

低温保存可用较厚的棉花纱布包裹精液瓶，置于容器中片刻，再移入事先设置为0～5℃的冰箱中。也可用广口保温瓶装冰块保存或吊入水井深处保存。

精液经特殊处理，可在由液氮、干冰作为冷源的超低温下实现长期保存。精液稀释后经降温和平衡使精液温度降至5℃。平衡的精液可选择颗粒、细管、安瓿和袋装的方式进行分装，再采用干冰包埋法和液氮熏蒸法进行冻结。冻结的精液做好标记，转入液氮罐或干冰保温瓶中保存。

（五）输精

1. 输精前的准备事项　准备工作包括：①输精人员清洗双手

并用75%的酒精消毒，待酒精挥发后方可操作。②保定母猪，用温肥皂水擦洗母猪的阴门及周围并用消毒液消毒，再用温水浸湿的毛巾擦干。③输精器材消毒后用生理盐水冲洗，将其前端涂少量稀释剂使之润滑。④精液准备。新鲜精液经稀释后进行品质检查合格，方可使用；常温和低温保存精液活力不低于0.6，方可使用；冻精解冻后精子活力不低于0.3，方可使用。

2. 输精方法　输精人员一手分开母猪阴唇，将输精管沿斜上方45°角插入阴道，当感觉遇到阻力时旋转输精管，同时前后移动，直至感觉输精管被锁定，即可确认输精部位。缓慢混匀精液，去掉瓶嘴，连接输精管，借压力和推力缓慢注入精液，当遇阻力或精液倒流时可将输精管抽送、旋转再注入精液。一般输精时间为3~10分钟，输精完毕后缓慢抽出输精管，并用手压母猪的背部，防止精液倒流。

3. 输精剂量和输精次数　一般每头母猪单次输精剂量为80~100毫升，有效精子数25亿~30亿个。为提高母猪繁殖效率，一般间隔8~12小时进行第2次输精。

第四节　提高母猪繁殖力的新技术

一、母猪批次化管理技术

（一）母猪批次化生产的概念与优势

母猪批次化生产是根据猪场母猪群体规模大小划分适当的群

组，采用现代生物技术控制同一批次母猪能够同步发情、同步排卵、同步配种和同步分娩，以实现猪场母猪按计划进行批次生产的一种生产方式。母猪批次化生产管理将猪场全年均衡的生产节奏调整为短期内集中、分批次按计划生产，真正实现从母猪到断奶仔猪及育肥猪这一整个繁育期的全进全出，是一种高效繁殖管理体系。

母猪批次化生产管理技术是一系列技术的集合体，主要包括同期发情和排卵技术、定时输精技术、同期分娩技术等。母猪批次化生产有下列优势：

1. 有利于提升猪场的外部和内部生物安全水平　一方面，有利于提升猪场的外部生物安全水平，主要体现在母猪批次化生产管理技术的应用保证了同批次仔猪的出生、断奶、育肥等日龄相近，便于集中出栏和上市，降低了猪场与外部车辆、人员的接触频率，减少了外部感染的风险；利于物料集中采购与管理，减少了物料转运和消毒的频次，降低了物料间的交叉感染风险。另一方面，有利于提升猪场的内部生物安全水平，主要体现在同批次仔猪日龄和体重相近，疫苗免疫效果一致，提升了仔猪免疫力；不同批次猪不混群，更容易做到全进全出，防止猪只间的水平交叉感染。

2. 降低了生产成本，提高了生产效率和经济效益　单批次猪群集中生产，通过猪舍环境调控、精准饲喂等技术降低了单位饲养成本；产出健康状况良好的仔猪，可减少药物的使用，节省疫苗支出，降低用药成本；员工长期无规律工作转变为定期的、短时间内集中工作，集中了劳动力，提升了劳动生产效率，有利于节省人工成本；提升异常母猪的利用率，提高了仔猪成活率和整齐度，进而提高了猪群的生产性能和经济效益。

3. 有利于生产及人员管理，提升管理效率　单批次猪群集中生产与管理，使工作时间更加集中，节省工作时间，有利于提高生产管理效率；同时员工的休假等空闲时间容易安排，畜舍硬件的维修、清洗及消毒可大规模彻底进行，减少了猪只移动与清洗空栏的频率，有利于生产监管。

（二）母猪批次化管理技术关键环节与技术操作

1. 同期发情和排卵技术　因后备母猪和乏情母猪所处的性周期阶段不同，需要先饲喂烯丙孕素 15～18 天，进行性周期同步化。烯丙孕素停药后 24 小时肌内注射 1 000 单位的 PMSG（孕马血清促性腺激素）刺激卵泡发育，注射 PMSG 后 72～80 小时再注射 100 微克的 GnRH（促性腺激素释放激素），可使后备母猪同期排卵。

哺乳母猪同期断奶，在断奶后 12 小时，肌内注射 400 单位 PMSG 和 20 单位的人绒毛膜促性腺激素（HCG），4～5 天后母猪就可同期发情。在母猪断奶后 83～96 小时应用 GnRH 或其类似物进行注射，可使母猪同期排卵。

2. 定时输精技术　定时输精技术是应用 GnRH 或其类似物控制母猪同期排卵后，让同群体母猪在一个固定的时间进行输精。具体操作为：在母猪同期排卵处理后 20～23 小时进行输精。

3. 同步分娩技术　对妊娠 110～113 天的同批次母猪，按 0.05～20 毫克/头的剂量肌内注射氯前列烯醇，可使该批次母猪在药物注射后 24～29 小时同期分娩。

二、深部输精技术

深部输精技术是利用特制的输精导管将合格的精液越过子宫颈输送至子宫深处，使精子前行至卵子受精部位的距离缩短，以提高受精率和产仔数的技术。传统的人工输精技术输精的部位在子宫颈，而深部输精技术输精的部位更深。依据输精部位的不同，深部输精技术可分为子宫体或子宫颈后输精技术、子宫角输精技术和输卵管输精技术3种。生产中，深部输精多指子宫体输精。深部输精技术可将公猪精液送入母猪生殖道更深的部位，缩短了精子运输的距离，在减少输精量的情况下可保证母猪的受胎率和产仔数。

子宫体或子宫颈后输精技术的操作方法为：在输精管外管的海绵头部分涂上润滑剂，将输精管外管缓慢斜向上45°插入子宫颈中，直到输精管外管被子宫颈的皱褶锁住。将输精管内管穿过事先插入子宫颈皱褶的输精管外管，再继续将内管推进10厘米左右，使其恰好在子宫体内。将输精袋或输精瓶轻轻摇匀后与内管连接好，轻轻挤压，将精液全部输入内管中，并依靠负压吸入子宫体中。输精完毕后，抽出输精管。

子宫角输精技术的操作方法为：输精管外管插入子宫颈被子宫颈的皱褶锁住。将输精管内管穿过事先插入子宫颈皱褶的输精管外管，再继续将内管推进使其到达子宫角近端1/3处。将输精袋或输精瓶轻轻摇匀后与内管连接好，轻轻挤压，将精液全部输入内管中，并依靠负压吸入子宫角中。输精完毕后，抽出输精管。

输卵管输精技术的操作方法为：利用腹腔内窥镜装置，通过微创手术，将精液输送到子宫输卵管连接部。

三、发情调控技术

为控制母猪发情和排卵的时间，实现控制母猪的发情与配种所采取的技术管理措施统称为发情调控技术。发情调控技术主要分为诱发发情技术和同期发情技术。

（一）诱发发情技术

根据作用对象的不同，诱发发情可分为断奶母猪的诱发发情和后备母猪的诱发发情。

1. 断奶母猪的诱发发情　对断奶母猪进行诱发发情，其主要目的是缩短断奶至发情的时间。断奶母猪的诱发发情有以下两种方法：

（1）母猪断奶当天，用 1 000 单位 PMSG 肌内注射，72 小时后注射 HCG 500 单位。HCG 处理后的 24 小时，绝大部分母猪表现发情，此时输精，其受胎率可达 95％以上。

（2）母猪断奶当天，用 PG 600（内含 400 单位 PMSG 和 200 单位 HCG）肌内注射，可缩短断奶至发情的间隔时间。绝大多数母猪可在断奶后 7 天之内发情并配种。

2. 后备母猪的诱发发情　对于 8～9 月龄、体重达到 80～90 千克的仍未发情的后备母猪，需要进行诱发发情处理。具体处理方法如下：

（1）公猪诱情法　将用成年公猪赶入后备母猪栏，通过公猪追逐接触后备母猪，诱发其发情。

（2）母猪诱情法　将断奶母猪与后备母猪混栏，断奶母猪发情后追逐接触后备母猪，诱发其发情。

（3）外源激素诱发发情　肌内注射 PG 600（内含 400 单位 PMSG 和 200 单位 HCG）或肌内注射 700～1 000 单位 PMSG ＋ 0.2～0.3 毫克 PGC（氯前列烯醇）。

另外，对于维生素缺乏引起的不发情，日粮中补充维生素 E、亚硒酸钠和维生素 A。对于过肥的后备母猪，通过降低日粮的能量水平并适当限饲，强化运动，使其体况恢复正常。

（二）同期发情技术

同期发情是指利用外源激素制剂及类似物对母猪进行处理，人为地控制并调整一群母猪的发情周期，使其在特定的时间内集中发情并排卵的方法。同期发情的操作方法见"母猪批次化管理技术关键环节与技术操作"部分。

四、增加窝产仔数技术

主要包括超数排卵技术、提高排卵率技术和调整母猪的胎龄结构等。

（一）超数排卵技术

超数排卵即在母猪发情周期的适当时间，通过外源促性腺激素处理使母猪卵巢有超常规的卵泡发育并排卵。一般情况下，经超排处理后配种的母猪，其产仔数平均可增加 1.0～1.5 头。

发情周期内母猪的超数排卵：在发情周期的第 15～16 天，按每千克体重 15 单位肌内注射 PMSG，72 小时后等剂量地注射 HCG。

断奶母猪的超数排卵：在断奶的第 3 天肌内注射 PMSG 1 000～1 500 单位，72 小时后等剂量注射 HCG。

（二）提高排卵率技术

利用 GnRH 及类似物强化卵巢的排卵功能，提高卵泡的排卵率，缩短排卵的持续时间，从而增加母猪的产仔数。应用该法可增加产仔数 1～2 头。应用 GnRH 的具体操作为：母猪配种前 0.5 小时，肌内注射 GnRH 100～200 微克。对于 LRH-A3（促排 3 号）、LRH-A2（促排 2 号）等 GnRH 类似物，尽管处理的时间、方式和剂量略有不同，但任何一种处理均能显著提高产仔数。下面提供 4

种处理方式供具体操作时选择使用。

处理 1：母猪配种前 0.5 小时，按 200 微克/头肌内注射 LRH-A2。

处理 2：母猪配种前 0.5～1 小时，按 50 微克/头皮下注射 LRH-A2。

处理 3：母猪配种前 12 小时，按 200 微克/头颈部肌内注射 LRH-A3。

处理 4：母猪配种时，按 100 微克/头注射 LRH-A3。

（三）调整母猪的胎龄结构

母猪不同胎龄其产仔数不同。对一个猪场而言，维持母猪群合理的胎龄结构对于提升猪场的产仔水平至关重要。母猪群合理的胎龄结构为：1～2 胎占生产母猪的 30％～35％，3～6 胎占 60％，7 胎以上占 5％～10％。

五、频密产仔技术

频密产仔技术即缩短母猪的产仔间隔、增加年产仔窝数的技术。目前能有效实现频密产仔的方法有：早期断奶技术、泌乳期母猪的诱导发情配种技术和胚胎移植技术。

（一）早期断奶技术

早期断奶可分为超早期断奶（3 周龄之前断奶）和一般的早期断奶（3～6 周龄断奶）两种。早期断奶能缩短产仔间隔，提高母猪的年产仔窝数。

超早期断奶实施的方法是在 21 日龄前将仔猪从繁殖母猪群移

送到异地（保育舍距离分娩舍至少 2 千米）进行断奶隔离饲养。超早期断奶的主要技术措施包括：①针对猪瘟等重要疾病做好母猪的疫苗免疫，强化妊娠后期母猪的饲养管理，使仔猪获得足够的母源抗体；②根据猪场实际情况，确定适宜的断奶日龄；③制定并严格实施全方位的生物安全措施与制度；④饲喂能完全替代母乳的乳猪全价饲料，减少断奶应激，并适时调整饲料配方，实现保育期饲料的有序过渡；⑤按三点式生产要求，做好保育和生长育肥两阶段的隔离饲养。

目前，我国规模化猪场已基本上实现了一般的早期断奶。一般的早期断奶，主要包括仔猪留在原圈的饲养和随后转入保育舍的饲养两个阶段，关键在于哺乳期教槽料的补饲情况及断奶后舍内环境的控制、饲料的有序更换和精心的饲养管理。

（二）泌乳期母猪的诱导发情配种

通过外源性 LH/FSH 制剂引发泌乳母猪释放促性腺激素，从而促使其发情。对产后 15 天的泌乳母猪，注射 PMSG 1 500 单位，96 小时后注射 HCG 1 000 单位，在 HCG 处理后的 24～36 小时进行人工授精。

（三）胚胎移植技术

猪的胚胎移植主要步骤包括：供体的超数排卵、胚胎采集、受体同期化处理以及手术法胚胎移植等。胚胎采集一般在发情配种 2.5 天前采用冲洗输卵管法收集胚胎，在发情配种 2.5 天后采用冲洗子宫角法收集胚胎。收集的胚胎经检查后采用手术法，将胚胎注入经检查合格的受体母猪子宫角上端或输卵管壶腹部。目前，猪胚胎移植的受胎率为 60%～80%。

第五节 种猪利用方式与途径

种猪繁育的最终目的是生产适应市场需求的高效优质商品猪，最终满足人对健康优质猪肉的需求。种猪繁育有两种基本方法：纯种繁育和杂交。种猪利用的方式与途径依据产品类型、繁育方法可分为：纯种繁育生产种猪、纯种繁育生产特色商品猪、育成性杂交培育新品种（系）、改良性杂交生产种猪和生产性杂交生产商品猪。

一、纯种繁育生产种猪

纯种繁育，又称品种繁育，是在同一品种内利用亲交或非亲交，进行后代繁殖。一般情况下，纯种繁育是为了得到纯种，并为开展杂交利用提供优良的亲本。在杂交繁育体系中，纯种繁育处于体系的最顶层和第二层，包括原种猪场的纯种繁育和扩繁场的纯种繁育。原种猪场以生产性能测定为基础，通过本品选育或品系繁育不断提高原种猪的生产性能与质量，为纯种扩繁场持续提供更新所需的种猪。纯种扩繁场不进行种猪生产性能测定，主要利用原种猪场提供原种公母猪以扩大种猪群体规模，为杂种繁殖场提供更新所需的纯种猪。

二、纯种繁育生产特色商品猪

我国现有的家猪品种分为地方品种、培育品种和引入品种三类。我国地方猪种资源丰富，且其共性的优点为猪肉品质优良。而培育品种多含一定的地方猪血统，在一定程度上保留了地方猪肉质优良的优点，又在生产速度、瘦肉率等性状上得到了提升。在猪肉市场需求多元化和日益关注猪肉品质的情况下，尽管通过杂交繁育生产商品猪的生产模式是主流，但直接以地方猪品种或培育品种纯种繁殖生产优质特色商品猪的生产模式依然存在。

三、育成性杂交培育新品种（系）

育成性杂交是以培育新品种（系）为目的的两个或多个品种（系）之间的杂交。育成性杂交通过杂交从根本上改变原有品种（系）的生产性能和特点，成为新的品种（系）。育成性杂交一般分为杂交、横交与固定、纯繁选育3个阶段。

四、改良性杂交生产种猪

改良性杂交是以改良原品种缺陷为目的，在不改变原品种主要特点的情况下，少量引入外血以改进原品种的杂交。改良性杂交一般只杂交一次，以后2~3代都挑选比较优秀的杂种和原品种回交，以生产较理想的后代。

五、生产性杂交生产商品猪

生产性杂交，又称经济杂交，指通过杂交获得生活力强、生产力高的杂种猪用来肥育，利用其杂种优势获得提高商品猪质量、增加经济效益的杂交方式。根据亲本品种的多少和利用方法的不同，生产性杂交可分为两品种简单杂交、两品种轮回杂交、三品种杂交、三品种轮回杂交、四品种杂交和专门化品种杂交等多种方式。

两品种简单杂交又称二元杂交，是利用两个品种（系）的公母猪进行杂交，利用杂种一代生产商品猪。二元杂交一般是以地方品种或培育品种为杂交的母本，以引入品种为杂交的父本，一代杂种猪全部用来育肥、部分留做种用。

两品种轮回杂交是选留一代杂种母猪个体逐代分别与两个亲本品种的公猪进行杂交。轮回杂交所产生的公猪全部用来育肥，母猪可部分育肥部分留做种用。

三品种杂交又称三元杂交，是选留一代杂种母猪个体与第三个品种公猪杂交。三品种杂交猪全部用来育肥。与二元杂交相比，三元杂交猪的肥育性能更好。

三品种轮回杂交是选留三元杂种母猪个体逐代分别与三个亲本品种的公猪进行杂交。轮回杂交所产生的公猪全部用来育肥，母猪可部分育肥。

四品种杂交可采取选留三元杂种母猪个体与第四个品种公猪进行杂交，或四个品种的猪先两两杂交，再在两种二元杂种猪间进行杂交。

专门化品系杂交即综合利用父本专门化品系和母本专门化品系的杂交生产商品猪的一种方式。

◆ 参考文献

陈主平，等，2015. 适度规模猪场高效生产技术 ［M］. 北京：中国农业
　　科学技术出版社.

郭宗义，王金勇，2010. 现代实用养猪技术大全 ［M］. 北京：化学工业

生猪养殖减抗 Shengzhu Yangzhi Jiankang
技术指南 Jishu Zhinan

出版社.

林保忠，刘作华，范首君，等，2000. 科学养猪全集［M］. 成都：四川科学技术出版社.

王林云，2007. 现代中国养猪［M］. 北京：金盾出版社.

王伟国，2006. 规模猪场的设计与管理［M］. 北京：中国农业科学技术出版社.

魏庆信，2010. 猪的繁殖调控技术（一）［J］. 湖北畜牧兽医，1：4-7.

魏庆信，2010. 猪的繁殖调控技术（二）［J］. 湖北畜牧兽医，2：4-6，9.

云鹏，2017. 养猪业发展与新技术应用［M］. 北京：中国农业科学技术出版社.

第三章
生猪减抗营养调控与健康管理

　　生猪饲料无抗后，与营养相关的因素对猪健康的影响显著增大。因此，通过猪饲料配方精细设计、饲料精深加工、猪生理阶段精细划分、精选原料并适当预处理、采食量精细调控、饮用水适当处理等措施或手段，可改善饲料卫生和可消化性、消除抗营养因子，有利于增强猪肠道健康，提高饲料利用效率，在一定程度上缓解饲料禁抗后对养猪实际生产的影响。

第一节　减抗养殖中饲料配方设计技术

一、配方设计理念

　　猪无抗饲料配方的设计理念应以提高饲料消化利用率、尽量减少可供病原微生物利用的养分残留为原则。配方设计主要从以下几个方面来考虑。

76

（一）参考因素

猪无抗饲料的配方设计需要考虑以下因素：①猪的品种：如外种猪或是本地猪种，纯种或是杂交品种等；②猪的性别：公猪或是母猪，是否阉割；③生理时期：如保育期、生长育肥期，后备期、怀孕前中后期、哺乳期等；④体重阶段：划分越细，越有利于提高饲料效率和生长性能；⑤饲养方式：如规模化养殖或是散养；⑥环境气候：如卫生好坏，高温还是低温季节等。

目前，我国市场上流通的饲料产品大多数是通用型，主要考虑用途和生理阶段，忽略了猪的品种、性别、猪场饲养条件、环境气候等差异，太过粗放，设计的营养水平与猪的实际需要相差较大，不仅降低了饲料利用效率，不能充分发挥猪只生产性能的潜力，还会因未消化部分太多而影响猪只肠道健康。因此，就饲料配方设计而言，应当尽量考虑更多因素，最好是个性化设计并定制饲料产品，才能提高无抗日粮的养猪效果。

（二）设计低蛋白质日粮

根据能氮平衡和可消化氨基酸平衡模式，生长育肥猪日粮中的粗蛋白质水平，10～50 千克阶段可以在 NRC 标准基础上降低 4 个百分点，50～80 千克阶段降低 3 个百分点，80～120 千克阶段降低 2 个百分点。适当降低猪日粮中的蛋白质水平，不仅可降低饲料成本，还可改善肠道菌群结构和肠道形态，提高肠道健康水平，减少氨气等有害气体排放，有效降低和缓解早期断奶仔猪腹泻的发生。因此，从低蛋白质日粮的作用机理来看，其更适用于猪无抗日粮。

（三）重视纤维营养

纤维营养对于猪无抗日粮来说也非常重要。猪日粮中添加适宜水平的纤维可以促进胃肠道发育，维持肠道微生态平衡，减少腹泻，改善生长性能和胴体品质；还可改善母猪福利，减少刻板行为，缓解便秘，改善母猪的免疫机能，提高初生仔猪的生长速度和断奶体重。我国团体标准 T/CFIAS 001—2018 建议瘦肉型猪粗纤维标准为：3～10千克 5%，10～25 千克阶段 6%，25～75 千克阶段 8%，75 千克以后10%，并建议无抗教槽料中应使用不溶性纤维含量高的膳食纤维原料。

（四）降低日粮系酸力

系酸力是指使 100 克饲料 pH 降至 4 时所需盐酸的量（毫摩尔）。低系酸力日粮可提高酶的活性和养分的消化率，抑制消化道内病原菌的生长繁殖。猪日粮系酸力取决于组成配合饲料的原料，原料的系酸力与日粮系酸力呈正相关。断奶仔猪日粮适宜系酸力值为每百克20～25 毫摩尔。普通豆粕蛋白水平越高，其系酸力水平越高，而经微生物发酵处理过的豆粕其蛋白水平较高，但系酸力水平及 pH 较低，可作为断奶仔猪的优良蛋白质来源；矿物质饲料系酸力较高，尤其是石粉，作为猪饲料中主要的钙源，会中和大量胃酸，导致胃内 pH 明显升高，配制断奶仔猪日粮时要考虑其用量或用其他代替原料，如甲酸钙等。

（五）注意各类营养的平衡

猪的营养需要包括两个方面，首先是猪体本身和体内微生物的需要，即在满足猪的营养需要的同时，要考虑肠道微生物的营养需要，建立猪机体和肠道微生物之间的营养平衡，保证猪只肠道健康。其次是养分间的平衡，主要体现在：能量与蛋白质、氨基酸之间；蛋白质与氨基酸之间、必需氨基酸（EAA）与非必需氨基酸（NEAA）之间；直链淀粉与支链淀粉的比例；饱和脂肪酸与不饱和脂肪酸之间、长链与短链脂肪酸间的种类与比例；可溶性纤维与不可溶性纤维的比例；电解质平衡；矿物元素之间、有机和无机矿物质之间的平衡；矿物质与维生素之间；维生素之间、天然与合成维生素之间的平衡等诸多方面。

二、营养源的选择

无抗饲料配方对营养源的选择原则:①易于消化吸收;②有毒有害物质(如抗营养因子、霉菌毒素等)少;③系酸力低;④黏稠性低等。

营养源的选择,应该综合考虑猪的生理阶段、饲料成本以及非常规地源饲料资源状况,且对幼年和种猪特别重要。构建并科学利用具有中国地方特色的发酵饲料和复杂日粮将是未来我国猪无抗日粮营养源选择的重要方向。

饲料添加剂的选择上,除必需氨基酸、有机微量元素、维生素等营养性饲料添加剂,还可利用非营养性饲料添加剂防止霉菌毒素吸收,降低吸收后的毒性,缓解霉菌毒素对肠道的损伤。此外,饲料禁抗后,还需要添加一些替抗饲料添加剂。由于不同产品的作用机理、质量稳定性等原因,单一替抗添加剂效果并不理想,因此在实际生产中尽量选用多个替抗产品科学搭配使用,如益生菌、酶制剂、寡糖和酸化剂可作为替抗的基础原料,再搭配植物提取物、免疫调节剂等。

第二节 饲料加工贮存管理与无抗检测

一、饲料原料质量控制

饲料贮存与加工是与精准营养相配套的关键环节。在目前我国非洲猪瘟流行、无抗饲料全面实施的情况下，进入养殖场或饲料厂的饲料原料和成品的处理和贮存是非常重要的。原料贮存的质量关系到饲料成品质量的优劣。

（一）关注"三度"

（1）清洁度（原料入仓前先清理除杂）。

（2）新鲜度（原料产地考察、入厂检测等）。

（3）熟化度（如豆粕的熟化程度）。

（二）品控前移，严格检验

为尽可能降低非洲猪瘟等病原污染风险，通常采取品控前移和严格检验措施，主要包括以下几个方面。

（1）深入原料产地采样检测。

（2）对每种原料制定严格的标准要求，严把原料品质关。

（3）严控运输过程，做到点对点发货，或用专门的散装车密闭运输，减少中间环节和多次转运。

（4）制定严格的生产过程工艺标准，确保每一道工序都符合设计要求，避免交叉污染。

（5）升级仓储场地条件，严格分区，干燥避光，防虫防鼠等。进出记录完善，先进先出。

（6）严格检验检测：一是感官检测（如包装、外形、均匀度、色泽和气味等），二是实验室检测（如容重、水分、粗蛋白、钙和磷等），三是检测卫生指标（如霉菌和毒素等）。

（7）加工好的饲料不宜长期保存，应当尽快用完，特别是在高温高湿季节。

二、饲料原料预处理

目前对原料进行预处理的方式主要是以下三类。

（1）粉碎处理　超微粉碎等。

（2）水热处理　主要指膨化（如大豆）、压片和制粒（如牧草）等。

（3）生物处理　主要指酶解、发酵和菌酶联合处理等。

原料预处理加工的优势主要体现在以下 5 个方面：①改变原料物理化学结构；②减少或消除抗营养因子；③消减有害微生物；④提前降解部分大分子和难消化物质；⑤发酵产生有益微生物、酶、维生素、有机酸等益生因子。

原料经过预处理加工后，可以提高饲料卫生品质、营养价值、可消化利用率、适口性等。因此，原料预处理对猪无抗日粮的生产至关重要。目前，对部分常规饲料、糟渣和杂粕类非常规饲料进行发酵预处理，是无抗饲料应用研究的热点。试验证明豆粕经发酵处理后可明显提升哺乳期母猪的泌乳量及乳汁质量。对饲料配方中谷物类饲料进行发酵预处理也是固态发酵饲料、液体发酵饲料应用的方向。

三、饲料加工

提高饲料品质，需要不断改进饲料加工设备和加工工艺。将原料的粉碎、膨化、发酵与配合饲料的制粒和发酵等联合应用效果会更好。在母猪料粉碎工艺方面，筛板孔径应大于 2.5 毫米，过小容易造成母猪胃溃疡的发生；制粒方面，增加饲料颗粒硬度，以满足规模化猪场饲料管线输送，减少粉尘的产生。乳猪教槽料和断奶仔猪料，采用二次制粒和膨化后低温制粒的饲喂效果更好；生长猪饲料可使用精细粉碎（比传统粉碎的饲料要细 5～30 倍）再制粒工艺。

四、饲料无抗检测

饲料中添加抗菌药物的检测方法主要有以下三种。

（1）高效液相色谱法　采用保留时间和紫外光谱匹配定性。

（2）高效液相色谱-串联质谱法　采用保留时间和两对离子的相对丰度比定性。

（3）微生物管碟法　利用抗菌药物抑制藤黄微球菌生长并产生抑菌圈，无抗饲料经提取后无法产生抑菌圈的特点，可判断饲料中是否添加抗菌药物，检出限为 20～60 毫克/千克，方法简单、快速、灵敏。

第三节　减抗养殖中饲喂技术

一、饲料形态选择

生猪减抗养殖中最好不要喂干粉料，因为干粉料使猪的呼吸道疾病显著增加，降低猪的抗病力。减抗养殖中最好使用颗粒饲料、湿拌饲料和发酵液态饲料形态。颗粒饲料方便实现对采食量的精准调控，对种猪最为合适，利用自动采食系统可以做到对个体不同生理阶段采食量的精准控制。湿拌饲料可提高猪的采食量，减少呼吸道疾病发生。发酵液态饲料具有改善猪饲粮适口性、促进养分消化吸收、改善肠道健康、减少呼吸道疾病等优势，并以谷物部分进行接种液态发酵最好。研究表明，断奶仔猪使用发酵液态饲料的平均日增重可提高 8.3%～27.22%，平均日采食量可提高 6.4%～24.94%，并改善仔猪的健康状况，提高仔猪成活率；发酵液态饲料对断奶仔猪的饲喂效果要好于生长育肥猪和母猪，且在仔猪断奶初期的饲喂效果最好。

二、精细化饲养

精准营养不仅要有饲料配方的精准设计和生产过程的严格控制，最终还需要靠采食量的精准调控来实现。采食量调控是精准实现饲养标准的保障，是影响猪生产性能和肠道健康的重要措施。但是，对于需限量饲喂的后备猪、妊娠母猪和种公猪很难做到精准饲喂；对于不限量饲喂的商品猪往往出现喂料不均匀、采食不够或喂料过量等现象。智能化饲喂系统可以实现群养猪的智能化、个性化精准饲喂，提高了猪产能和养猪场的经济效益，具有极好的发展前景。

对哺乳和断奶前后仔猪采食可采取以下调控措施：

（1）保证初生仔猪及早摄入初乳，并及早补饲教槽料。

（2）教槽料的配方应遵循营养浓度高、易消化且适口性好的原则，可选用乳糖、高品质乳制品、血浆蛋白、植物油、蒸煮膨化或压片谷物等，少用或不用植物性蛋白作为仔猪饲料原料；联合使用功能性饲料添加剂。

（3）保持饲料新鲜度。

（4）哺乳第 3 周至断奶后 1 周增加饲喂频率，培养仔猪采食行为。

（5）最好使用液体饲料或发酵液体饲料。

三、饮水处理

（一）饮水处理的重要性

饮水量、水的卫生程度、水温等对猪消化道健康和生长都有重要的影响。若是饮水不足会直接导致猪群的采食量下降，进而影响生长速度；对于母猪而言，还会影响产仔数、乳汁的质量和数量等。研究表明，非洲猪瘟病毒等极易通过饮水经口传播。

体内的水分主要有三大功能：①作为载体运输体内的养分、代谢废物和激素；②维持体温和体内酸碱平衡；③参与机体内的多种化学反应。

（二）饮水量调控

猪在不同生理阶段对水的需求量不同，只有提供充足的饮水量才能保证猪的正常体温、采食量和对饲料的消化吸收。饮水需要选择适当的饮水器，并调整好合适的水压。目前常见的猪饮水器主要有鸭嘴式饮水器、乳头式饮水器和杯式饮水器。前两种饮水器浪费水较多，杯式饮水器因浪费水少而被广泛使用。饮水器的水压不管是高还是低都不利于猪的正常饮水，水压过高容易呛水，猪不敢长时间喝水，还会导致水的大量浪费；若水压太低，猪长时间喝不够水也会使猪产生厌烦心理，导致饮水不足。

不同阶段猪对水嘴的流量（水压）要求：

（1）刚断奶的仔猪要求水嘴流量为 500 毫升/分钟。

（2）25 千克生长猪至 50 千克育肥猪要求水嘴流量为 700 毫升/分钟。

（3）50 至 110 千克育肥猪和妊娠母猪要求水嘴流量为 1 000 毫升/分钟。

（4）哺乳母猪要求水嘴流量为 1 500 毫升/分钟。

（三）适宜的饮水温度

猪饮水温度过低会引起体内的消化酶活性降低，影响饲料消化，甚至导致腹泻；水温过高又会影响胃液分泌，同样影响饲料消化吸收。饮水温度应随猪的大小及外界温度高低调整。恒温供给适宜温度的饮水，可以促进猪的采食，提高日增重，降低腹泻率。

饮水适宜温度推荐值：①生长育肥猪和妊娠猪 16～20℃；②保育猪 20～25℃；③哺乳母猪 25～28℃；④哺乳仔猪 35～38℃。

（四）饮水卫生处理

猪场用水最好是自来水，并要在水池中暴露半小时以上才给猪群饮用，因为自来水中的漂白粉对猪的健康是有害的。井水应进行化验，符合饮用标准才可使用；若是重金属或者大肠杆菌超标则需要经吸附、过滤和消毒等方法处理并化验合格后再使用。池塘水或河水等传播疾病的风险极大，应尽量避免使用和饮用。饮水中可添加功能性添加剂（如维生素、黄芪多糖、葡萄糖、酸化剂等），特别是应激时期（如断奶、运输、转群、产仔），能提高猪的健康状况，改善生长性能。

第四节　绿色饲料添加剂的应用

一、酸化剂

酸化剂是一种无毒、无残留、无污染的功能性饲料添加剂。使用酸化剂的目的是降低饲料 pH，调节动物肠道微生态环境，提高动物健康水平。

1. 分类（表 3-1）

（1）按性质分

◆ 无机酸化剂——主要有磷酸、盐酸、硫酸。生产上最常用的是磷酸。盐酸和硫酸作为饲料添加剂会影响体内钙的代谢平衡，其强腐蚀性对动物、人员和设备有较大危害，目前已淘汰。

◆ 有机酸化剂——主要有甲酸、乙酸、丙酸、丁酸、乳酸、苹果酸、富马酸、柠檬酸、山梨酸、酒石酸等。

（2）按成分分

◆ 单一酸化剂。

◆ 全酸复合型酸化剂——以某种酸作为主要成分，再配合一种或者几种其他酸以发挥协同作用的一类复合型酸化剂。

◆ 酸盐复合型酸化剂——以有机酸和有机酸盐按照合理的科学配比复合成的饲料酸化剂。

（3）按加工工艺分

◆ 未包被酸化剂。

◆ 包被酸化剂——在复合酸化剂的基础上，通过一定的加工工艺，将酸化剂进行微囊化。

不同酸化剂的优缺点对比见表 3-1。

生猪养殖减抗
技术指南
Shengzhu Yangzhi Jiankang
Jishu Zhinan

2. 功能

（1）降低饲料 pH 和酸结合力，减少饲料氧化。

（2）降低胃内 pH，促进胃蛋白酶原活化，增加胰蛋白酶分泌，延长食物在胃中的停留时间，促进机体对蛋白质、能量等营养物质的消化吸收，在胃肠道中发挥螯合剂作用，促进矿物质元素的吸收。

（3）调节肠道微生态环境。酸化剂能够在后肠道抑制病原微生物繁殖，促进有益菌的增殖。

（4）参与机体能量代谢过程。柠檬酸和延胡索酸等有机酸是机体三羧酸循环的重要产物之一，可以短期内紧急合成大量的 ATP 来保证机体能量代谢。

3. 应用效果　酸化剂在断奶仔猪上的应用较多，使用效果较为明显；在母猪上也有应用；在生长猪上应用较少，见表 3-2、表 3-3、表 3-4。

4. 影响使用效果的因素

（1）酸化剂的种类和剂量　酸化剂的使用效果与酸化剂的分子质量、解离常数（pKa）、溶解度、化学性质（酸、盐、是否包被）等有很大关系。此外，添加剂量也影响酸化剂的使用效果。用量不足，起不到应有的酸化或促生长效果；过量添加，影响饲料的适口性，降低动物采食量，还会对设备有较强的腐蚀性。目前，饲料酸化剂多采用具有缓释功能的载体，如二氧化硅，既防止酸与设备及饲料中的营养成分发生反应，又让酸在胃和肠道内缓慢释放，使其作用一直持续到肠道后段发挥作用。

（2）日粮组成和缓冲能力　酸化剂的作用效果与饲料及原料的酸结合力有很大关系。不同日粮类型具有不同的酸结合力，如钙源、磷源等无机矿物质和高蛋白原料比的谷物原料具有更强的酸结合力，会削弱酸化剂的作用效果，因此应结合饲料配方的结构特点针对性地选择酸化剂。

（3）年龄和体重　酸化剂对不同生理阶段猪发挥的作用效果不

表 3-1　酸化剂优缺点对比

按性质分	优点	缺点	应用情况
无机酸化剂	解离程度高、解离速度快、能够较快降低饲料和胃中的 pH、酸性强、添加成本低、为猪提供磷元素（磷酸）	直接抑菌作用差；解离速度快，使猪食道和胃内 pH 急剧下降，易灼伤食道和胃黏膜，抑制胃酸分泌和胃功能的正常发育；无法在肠道后段发挥作用；破坏日粮的电解质平衡，易引起钙磷比例失调，引起采食量下降	单一应用少，与有机酸化剂组合应用多
有机酸化剂	具有杀菌防腐作用；提高猪对饲料中蛋白质和能量的消化率；调节肠道微生态环境；具有促生长作用	解离度低、添加成本高、占用配方空间大	单一应用少，与酸或有机酸复合应用多

按成分分	优点	缺点	应用情况
单一酸化剂	同上述无机酸化剂和有机酸化剂优点	功能单一、添加量大、易引起适口性下降、采食量降低、腐蚀加工设备等问题	应用少
全酸复合型酸化剂	用量少、酸性相对稳定、扩大酸化剂的酸度阈值和抑菌范围、添加成本较单一有机酸化剂低	以酸的形式存在、在食道和胃内才开始迅速解离、作用时间短暂、缓冲能力低、还可能抑制胃酸分泌和胃功能的正常发育、腐蚀加工设备	应用多
酸盐复合型酸化剂	用量少、扩大酸化剂的酸度阈值和抑菌区系、具有较高的缓冲能力、可长时间维持胃肠道内一个稳定的酸性环境、克服胃酸的腐蚀作用、减少对营养素的破坏	成本高	应用多

按加工工艺分	优点	缺点	应用情况
包被型酸化剂	同复合酸化剂，还对猪后肠道菌群结构有改善作用	成本高、添加剂量小	应用多
未包被型酸化剂	同复合酸化剂	对猪后肠道菌群结构的改善作用有限	应用多

表 3-2 酸化剂在断奶仔猪上的应用效果

酸化剂组成	头数	日龄/初重	用量(%)	增重(%)	料重比(%)	腹泻率(%)	参考文献
柠檬酸、富马酸、甲酸	144	8.81±0.8千克	0.4	+7.9	−7.6	−46.3	王丽娟，2019
柠檬酸、富马酸、甲酸	144	8.82±0.8千克	0.7	+15.3	−13.4	−66.3	王丽娟，2019
甲酸、乙酸、丙酸、中链脂肪酸	600	21±1天	0.2	+7.1	−11.4	−73.2	阳巧梅，2018
丁酸、山梨酸、中链脂肪酸	600	21±1天	0.2	+16.5	−12.7	−84.4	阳巧梅，2018
丁酸钠、中链脂肪酸、山梨酸	120	6.0±1.0千克	0.2	+20.8	−6.8	−39.8	何荣香，2020
柠檬酸为主	60	7.04±1.0千克	0.2	+3.9	−4.9	−8.9	池仕红，2019
乳酸、富马酸、中链脂肪酸	60	7.04±1.0千克	0.2	+10.6	−6.1	−58.0	池仕红，2019
甲酸、乙酸、丙酸、中链脂肪酸	144	8.63±1.56千克	0.3	+7.8	−11.4	−73.5	Long S F，2018
丁酸、中链脂肪酸、山梨酸	144	8.63±1.56千克	0.2	+16.6	−12.7	−85.3	Long S F，2018

（续）

酸化剂组成	头数	日龄/初重	用量(%)	增重(%)	料重比(%)	腹泻率(%)	参考文献
富马酸、柠檬酸、苹果酸、山梨酸	30	7.41±0.06千克	0.1	+13.1	-7.7	-0.7	Xu Y T, 2020
富马酸、柠檬酸、苹果酸、山梨酸	30	7.41±0.06千克	0.2	+21.6	-3.2	-27.7	Xu Y T, 2020
柠檬酸、乳酸、苯甲酸	240	21天	1.0	+19.3	-10.3	—	吴秋玉, 2019
柠檬酸、乳酸、苯甲酸	240	21天	1.5	+16.6	-9.7	—	吴秋玉, 2019
磷酸	54	7.14±0.30千克	0.2	+10.67	-3.40	—	程远之, 2021
乳酸为主、柠檬酸、甲酸等复合	54	7.14±0.30千克	0.2	+13.07	-1.36	—	程远之, 2021

酸化剂组成	头数	用量(%)	免疫抗氧化的影响	参考文献
磷酸、富马酸、甲酸、柠檬酸	36	0.5	IgM（免疫球蛋白M）含量提高34.78%，IgG（免疫球蛋白G）含量提高4.98%	闫欣茹, 2020
乳酸为主	144	0.4	血清T-AOC（血清总抗氧化能力）提高44.44%，血清IgM提高30.30%	李马成, 2015
乳酸为主	144	0.5	血清T-AOC提高26.16%，血清IgM提高42.42%	李马成, 2015
甲酸、乙酸、丙酸、中链脂肪酸	144	0.3	0～14天时的血清IgM提高70.2%	Long S F, 2018
丁酸、中链脂肪酸、山梨酸	144	0.2	15～28天的血清OH含量减少20.9%	Long S F, 2018
甲酸钙、柠檬酸、中链脂肪酸	128	0.5	血清TNF-α（肿瘤坏死因子-α）浓度减少26.5%，IgG含量增加26.8%	Wang Y, 2016
磷酸	54	0.2	血清T-SOD血清总超氧化物酸化酶活性提高11.20%	程远之, 2021

（续）

酸化剂组成	头数	用量（%）	免疫抗氧化的影响	参考文献
乳酸为主：柠檬酸、甲酸等复合	54	0.2	血清 T-SOD 活性提高 24.55%，IgG 含量提高 145%，IgA（免疫球蛋白 A）含量提高 53.10%。	程远之，2021
三丁酸甘油酯	120	0.2	血清白蛋白含量增加 24.7%，尿素含量提高 50.5%。	Sotira S.，2020

酸化剂组成	头数	用量（%）	对肠道健康的影响	参考文献
乳酸、富马酸	36	0.5	乳酸杆菌含量增加 110.9%，沙门氏菌减少 35.4%，大肠杆菌减少 50.7%	闫欣茹，2020
磷酸、富马酸、甲酸、柠檬酸	36	0.5	乳酸杆菌含量增加 47.9%，沙门氏菌减少 7.2%，大肠杆菌减少 26.4%	闫欣茹，2020

资料来源：马嘉瑜（2021）。所有统计值均同比与对照组增加（+）或者减少（-）的百分比，表3-3、表3-4同。

表3-3　酸化剂在母猪上的应用效果

动物阶段	酸化剂组成	头数	用量（%）	免疫抗氧化的影响	参考文献
母猪	短链有机酸	18	0.4	血清 GSH-Px（血清谷胱甘肽过氧化物酶）提高 29.06%，T-AOC 提高 23.31%，仔猪腹泻等显著降低	李马成，2016
泌乳母猪	富马酸、柠檬酸、中链脂肪酸	12	0.1	断奶后血清 IgG 含量提高 69.7%，哺乳仔猪血清含量提高 37.4%	Devi S M. 2016

（续）

动物阶段	酸化剂组成	头数	用量（%）	肠道健康的影响	参考文献
母猪	富马酸、柠檬酸、中链脂肪酸	12	0.1	分娩期大肠杆菌含量减少13.1%，乳酸杆菌含量提高22.2%；哺乳期大肠杆菌含量减少12.7%，乳酸杆菌含量提高5.9%	Devi S M, 2016
母猪	富马酸、柠檬酸、中链脂肪酸	12	0.2	分娩期大肠杆菌含量减少8.6%，乳酸杆菌含量提高19.7%；哺乳期大肠杆菌含量减少11%，乳酸杆菌含量提高6.7%	Devi S M, 2016
母猪	富马酸、柠檬酸、癸酸、中链脂肪酸	36	0.1	哺乳期大肠杆菌含量减少1.2%，乳酸杆菌含量提高1.4%	Lan R, 2018
母猪	富马酸、柠檬酸、癸酸	36	0.2	分娩乳酸杆菌含量提高1.2%；哺乳期大肠杆菌含量减少2.0%，乳酸杆菌含量提高2.2%	Lan R, 2018

表3-4　酸化剂在生长猪上的应用效果

酸化剂组成	头数	用量（%）	免疫抗氧化的影响	参考文献
丙酸甘油单酯、丁酸甘油单酯	500	0.3	IgM含量提高12.7%，白细胞数目增加7.6%	何颖，2019

酸化剂组成	头数	用量（%）	肠道健康的影响	参考文献
苯甲酸为主	20	0.5	空肠隐窝深度降低20.4%，绒毛高度/隐窝深度提高48.9%	Diao H, 2016
甲酸、乙酸、丙酸、中链脂肪酸	6	0.3	盲肠乳酸杆菌增加6.3%，拟杆菌含量减少8.8%，大肠杆菌减少6.3%	Li M, 2019

生猪养殖减抗技术指南　Shengzhu Yangzhi Jiankang Jishu Zhinan

同。仔猪早期断奶后的头 1～2 周内使用酸化剂的促生长效果、提高免疫力效果明显，3 周后效果逐步降低，4 周以后效果不明显。在母猪中主要以改善肠道菌群平衡为主。

（4）饲料环境条件 饲养密度、卫生条件、温湿度、其他应激因子也影响酸化剂的效果，饲养条件差的地方作用效果优于饲养条件好的地方。

二、微生物制剂

联合国粮农组织/世界卫生组织（FAO/WHO）对益生菌（probiotics）的定义是活的微生物，当摄取足够数量时，对宿主健康有益。通常将应用于畜牧业生产的益生菌称为微生物饲料添加剂。

（一）在养猪生产中最常用的益生菌

1. 乳酸菌类 主要是厌氧菌，最常见的有嗜酸乳杆菌、双歧杆菌、粪链球菌、植物乳杆菌、干酪乳杆菌等，这类菌对维持肠道的微生态平衡有重要作用，但大部分乳酸菌耐热性差，存活率低，加工存储运输中稳定性差，通常进行包被处理。

2. 芽孢杆菌类 主要有枯草芽孢杆菌、地衣芽孢杆菌、凝结芽孢杆菌、丁酸梭菌等，能产生芽孢，抗逆性强，能够耐受高温制粒以及动物胃肠道中胃酸、胆盐等环境。

3. 酵母类 主要有酿酒酵母、毕赤酵母、假丝酵母等，属真菌类，耐酸性强，通常划分为饲料酵母、破壁酵母粉、酵母壳、活性干酵母、酵母培养物、富集微量元素酵母。

（二）微生物制剂的功能

主要有以下 5 个方面：①干扰病原微生物繁殖能力及其对肠道黏膜的感染；②调节肠道微生态平衡，稳定胃肠道屏障功能；③免疫调节效应；④提高猪对营养物质的消化和吸收；⑤表达细菌素。

（三）应用效果

关于益生菌在改善仔猪的生长性能、降低腹泻率方面的作用效果报道最多。在使用益生菌的研究报道中，约 80% 报道了仔猪腹泻发生率降低，这些益生菌包括蜡状芽孢杆菌、屎肠球菌、乳酸乳杆菌和乳酸杆菌。但是，益生菌对于生产性能改善方面并不如降低腹泻发生率那么明显，存在较大的群体或者个体差异性。Liao 和Nyachoti（2017）通过对 32 个研究报告里的 67 个试验中的 4 122 头猪的数据进行整理分析，发现日粮中添加益生菌后猪的平均日增重提升了 29.9 克/天，平均每千克增重节约 0.096 千克饲料。断奶仔猪饲粮中添加猪源乳酸菌复合菌剂（干酪乳杆菌、罗伊乳杆菌、嗜酸乳杆菌和发酵乳杆菌）可提高断奶后第 2 周的 ADG（平均日增重）和 ADFI（平均采食量），但对第 3 周的生产性能没有显著影响，增强对大肠杆菌感染的抵抗能力，显著降低腹泻率，提升胃肠道菌群平衡。

益生菌在育肥猪上的使用效果不稳定。李浩等在育肥猪日粮中添加复合益生菌（含枯草芽孢杆菌、丁酸梭菌、粪肠球菌），饲喂60 天后猪的平均日增重显著降低了，料重比高于对照组和抗生素组。

益生菌在改善猪的繁殖性能发挥着一定的作用。Alexopoulos等在预产期前 2 周开始饲喂 BioPlus 2B（含地衣芽孢杆菌和枯草芽孢杆菌），提高了母猪的产仔性能、减少了仔猪腹泻、降低了断奶前死亡率、增加了仔猪断奶重量。

（四）影响微生物制剂使用效果的因素

1. 菌种的选择　不同菌种的特性和功效不同，在动物不同生长阶段发挥的作用效果也不同，使用时应根据目的选择相应的产品。

2. 生物活性　生物活性是益生菌发挥功能活性的基础，其活性在饲料加工、存储和运输过程中会受到温度、湿度、氧气、酸碱度、机械作用、矿物元素等因素的影响，在动物体内还会受到胃酸、胆汁酸、消化酶等的作用，使其失活，应注意。微生态制剂的存储时间不宜过长，随着贮存时间延长，活菌数量会不断减少，使用时应注意生产日期与保质期。

3. 使用量及使用方式　只有摄入足够数量的益生菌，才会对宿主健康产生有益作用。

4. 年龄和生理状态　当动物处于外界环境变化等易引起应激的状态时，微生物制剂能发挥最佳作用。

5. 微生物制剂的滥用　益生菌的安全性存在菌株特异性。传统的观点认为益生菌是安全的，但现代人类医学研究发现，肠球菌作为益生菌使用具有风险，是严重的条件致病菌，具有潜在的致病性，在机体免疫力低下时，易发生移位，引发炎症反应。此外，肠球菌易携带耐药基因，存在耐药基因转移的风险。仔猪长期饲喂枯草芽孢杆菌可能对肠道菌群平衡产生不利影响。

三、饲用酶制剂

酶制剂是高效催化化学反应的一类生物制品，在猪饲料中酶制剂大致包括三方面的功能：补充内源消化酶、消除饲料抗营养因子或毒素、杀菌抑菌。

（一）生物学分类及功能

（1）外源消化酶，促进饲料营养物质消化，促进动物生长的酶制剂，包括蛋白酶、脂肪酶、淀粉酶等，可以弥补特殊生理阶段内源性消化酶的不足。值得注意的是，添加脂肪酶可能会加快饲料中原有脂肪的分解，影响饲料的贮存稳定性及饲料风味。

（2）消除饲料抗营养因子或毒素的酶制剂，包括木聚糖酶、β-葡聚糖酶、纤维素酶和植酸酶等。例如添加植酸酶可以解除植酸的抗营养作用，不仅可以提高植物性饲料中钙和磷的利用率，还可以提高蛋白质、氨基酸、淀粉等的消化率；在非淀粉多糖含量高的饲粮中添加木聚糖酶、β-葡聚糖酶等非淀粉多糖酶，可以降低饲料黏性，间接提高饲料营养物质消化率，同时产生一些功能性寡糖，调节肠道健康。

（3）杀菌抑菌功能的酶制剂，应用最多的是葡萄糖氧化酶（GOD）和溶菌酶。GOD 是一种高活性需氧脱氢酶，能专一氧化葡萄糖成为葡萄糖酸和过氧化氢，同时消耗大量的氧，起到抗氧化和抑菌作用。溶菌酶主要是通过破坏病原菌细胞壁，使细胞质外流发挥杀菌和抑菌作用，广泛存在于机体的分泌物如眼泪、唾液、牛奶以及卵清蛋白中。

（二）应用效果

非淀粉多糖酶制剂多与外源性消化酶配合使用，组成的复合酶制剂在提高猪饲料养分消化率，改善生产性能方面效果明显。史林鑫等（2019）在 28 日龄的 DLY（"杜长大"）断奶仔猪日粮（玉米-豆粕型）中添加 1 000 毫克/千克复合酶制剂（包含 4 000 单位/克纤维素酶、1 500 单位/克 α-淀粉酶、150 单位/克 β-葡聚糖酶、

3 000单位/克中性蛋白酶），饲喂期 35 天，仔猪的料重比降低了 8.38%，日粮中的 NDF（中性洗涤纤维）、ADF（酸性洗涤纤维）、EE（粗脂肪）的表观消化率显著提高，仔猪血清抗氧化能力显著增强。王苑等（2014）在 23.50 千克的生长育肥猪玉米-豆粕型日粮中添加复合酶制剂（由 120 克/吨甘露聚糖酶、250 克/吨 α-半乳糖苷酶、200 克/吨植酸酶、100 克/吨木聚糖酶、20 克/吨纤维素酶、60 克/吨酸性蛋白酶、200 克/吨糖化酶组成），试验期 30 天，猪的平均日增重提高了 15.31%，料重比降低了 7.78%，能量表观消化率提高了 5.30%，粗蛋白表观消化率提高了 8.57%，粗纤维表观消化率提高了 11.51%。

葡萄糖氧化酶应用于饲粮中可有效改善仔猪肠道健康，提高生长性能。仔猪日粮中添加 100～200 克/吨的葡萄糖氧化酶可以提高仔猪的平均日增重，降低料重比，降低胃和回肠中的大肠杆菌数，提高乳酸菌数量。张宏宇等（2014）在断奶仔猪饲料中添加 100 毫克/千克的葡萄糖氧化酶，与对照相比，平均末重和平均日增重分别升高了 5.07% 和 8.49%；添加量为 200 毫克/千克时平均末重和平均日增重分别升高了 10.18% 和 16.04%。在大河乌猪妊娠母猪日粮中添加 600 毫克/千克的葡萄糖氧化酶，可显著增加仔猪的出生重和 20 日龄重，增加母猪饲粮粗脂肪和磷的消化率，增加母猪和仔猪血清谷胱甘肽过氧化氢酶活性、总抗氧化能力，显著降低血清丙二醛含量，提高母子机体的抗氧化能力。

天然溶菌酶具有较为广谱的杀菌抑菌作用，对大肠杆菌和轮状病毒等都具有较强的抑制作用，能够增加机体吞噬细胞的吞噬功能，应用于饲料中可以降低仔猪的腹泻率和死亡率。朱军英等（2009）比较研究了饲喂溶菌酶的妊娠母猪所产仔猪和产后饲喂溶菌酶仔猪的生产效果，结果表明，两种溶菌酶饲喂方法都可以显著降低仔猪腹泻，作用效果好于添加抗生素组。王晓可等（2008）在 28 日龄断奶仔猪饲粮中添加 500 克/吨溶菌酶，仔猪日增重提高

16.68%，料重比降低 12%，腹泻率显著降低。

（三）影响酶制剂使用效果的因素

◆ 使用酶制剂应与日粮组成及其理化特性结合起来，具有针对适用性。

◆ 应考虑酶的真实有效性以及饲料加工工艺对酶活性的影响。

◆ 猪种和日龄影响酶制剂的使用方案。

◆ 溶菌酶在饲料中的使用效果与动物肠道潜在的感染细菌种类有关，且某些细菌会通过产生溶菌酶抑制剂来抵抗溶菌酶的活性。

四、寡糖

寡糖也叫寡聚糖、低聚糖，是有 2～10 个单糖由糖苷键连接形成的具有直链或支链的低度聚合糖，具有低热、稳定、安全、无毒等良好的理化性能。

（一）生物学分类

◆ 普通寡糖——蔗糖、麦芽糖等主要的糖苷键为 α-1,4-糖苷键，能被机体消化吸收，产生热量。

◆ 功能性寡糖——果寡糖（FOS）、低聚半乳糖（GOS）、甘露寡糖（MOS）、壳寡糖（COS）、异麦芽寡糖（IMOS）、木寡糖（XOS）、大豆寡糖（SBOS）、卡拉胶寡糖、褐藻寡糖、异麦芽酮糖、低聚龙胆糖、低聚乳果糖等。含有 α-1,6-糖苷键、β-1,2-糖苷键，不能被人和单胃动物直接利用。

（二）功能

◆ 选择性地促进双歧杆菌等益生菌的增殖，抑制病原菌定殖。

◆ 促进机体对钙、铁、镁、无机磷等矿物质的吸收，提高机体对黄酮类化合物的吸收从而增强机体的抗氧化活性。

◆ 刺激免疫应答，提高机体免疫力。

◆ 防止仔猪肠黏膜萎缩，保护肠道屏障。

◆ 降低血清胆固醇水平，调节脂质代谢。

（三）应用效果

1. 仔猪　寡糖在仔猪中的应用效果报道不一。张军霞等（2015）在八眉二元仔猪（5千克）中添加0.1%和0.3%的甘露寡糖，仔猪的日增重分别提高19.33%和13.78%，料重比均降低21.17%，腹泻率分别降低35%和50%。Han等（2007）研究发现日粮中添加壳寡糖（添加量为0.4%，0.3%）对断奶仔猪平均日增重没有显著影响，平均采食量降低了12.77%，料重比降低了12.79%，盲肠内容物pH由对照组的4.90升至5.17。黄华山（2010）通过试验在断奶仔猪日粮中添加100毫克低聚木糖，平均日增重、平均采食量和料重比与无抗对照组相比无显著差异，腹泻率降低了27.26%，直肠食糜中的乳酸菌含量明显增加，十二指肠、盲肠和直肠的pH显著降低。Mathew等（1997）发现在玉米-豆粕型日粮中添加0.5%寡乳糖，对断奶仔猪的蛋白质和能量消化率、生产性能、肠道微生物菌群和短链脂肪酸都没有显著影响。

2. 生长育肥猪　张茂华等（2006）在生长猪日粮中添加0.02%的低聚木糖产品（低聚木糖含量为35%），生猪日增重提高了7.5%，料重比降低2.1%，采食量提高5.3%。蒋登湖等在DLY生长猪（体重37.13±0.12千克）普通基础日粮和低能低蛋白日粮中都添加300毫克/千克的壳寡糖，对照组相比，猪的平均日增重分别提高 4.64％和 3.65％。王彬等（2006）研究发现 54 千克左右的 DLY 猪日粮中添加 0.1％的半乳甘露寡糖，与添加 50 毫克/千克的金霉素相比，猪的平均日增重提高 10.2％，平均采食量降低 25.2％，料重比降低 13.2％，瘦肉率提高 2.94％，猪肉中吲哚含量下降 42.6％。

3. 母猪　Cheng 等（2015）在妊娠和哺乳母猪日粮中添加 40 毫克/千克壳寡糖，显著提高了母猪产仔数、产活仔数、初生窝重分别提高了 18.5％、19.2％和 31.3％；壳寡糖显著提高了猪乳中寡糖链的相对丰度，三糖和四糖的含量分别提高了 60％和 150％，后代仔猪在哺乳期生长性能显著提高。王彬等（2006）研究表明母猪泌乳期添加 0.1％的半乳甘露寡糖，与对照组相比，可以大幅提高母猪泌乳量（达 44.6％），降低料乳比（达 26.8％），提高仔猪 12～26 日龄和 0～26 日龄的日增重（分别达 39.22％和 25.17％）。

（四）影响使用效果的因素

1. 种类　寡糖的结构非常复杂，生物活性差异较大。例如，甘露寡糖不能作为双歧杆菌的增殖因子，其在饲料中主要起到吸附有害菌、毒素、刺激机体免疫系统的功能；大豆寡糖对断奶仔猪的生产性能有负面效果，主要发生在断奶后 2 周。

2. 添加剂量　过量添加寡糖会引起后肠的过度发酵，肠道细菌，特别是乳杆菌属的细菌非特异性生长，导致动物腹泻，抑制动物生长。添加量过少则起不到应有效果。

3. 日粮组成　玉米中寡糖含量很低，但大麦、小麦、大豆等原料中的非消化糖类很多。因此，寡糖在不同日粮中的作用效果有一定差异，可能存在"掩盖或稀释效应"。

4. 动物年龄　动物年龄、生长发育阶段不同，消化道菌群有很大变化，当消化道菌群面临紊乱风险时，添加寡糖效果更佳。此外，仔猪和生长猪对寡糖的添加需要适应过程。

5. 饲养管理　与其他添加剂如有机酸、微生态制剂等一样，在良好的管理条件下，日粮中添加寡糖的效果不明显。Nakamura（1988）报道在一般生产场，仔猪日粮中添加 0.3% 的果寡糖，体重可提高 13%，而在卫生条件较严格的生产厂，体增重仅提高 4%。

五、抗菌肽

抗菌肽广泛存在于微生物、植物、动物和人体中，是生物体先天免疫的重要组成部分，具有抵御病原微生物和免疫调节作用。天然生物抗菌肽抗菌谱广，具有热稳定性和较好的水溶性，对高等动物正常细胞几乎无毒害作用，且不易产生耐药性。目前 APD 数据库（抗菌肽数据库）已收录了 3 250 种抗菌肽。

（一）分类

1. 根据来源
◆ 植物源抗菌肽（如硫素、植物防御素）。
◆ 动物源抗菌肽（如天蚕素、防御素）。
◆ 微生物源抗菌肽（细菌素和病毒源抗菌肽）。
◆ 人工来源抗菌肽。
2. 根据作用对象
◆ 抗细菌类抗菌肽（如防御素-NV、天蚕素抗菌肽-A）。
◆ 抗真菌类抗菌肽（如螺赢毒肽 2 及其类似物 OdVP2L）。
◆ 抗病毒类抗菌肽（如从金钱鱼肝脏克隆的 SA-肝肽）。
◆ 抗寄生虫类抗菌肽（如羚蟾肽）。
◆ 抗癌细胞类抗菌肽（如人 β 防御素-3）。

3. 根据二级结构以及氨基酸组成　可将抗菌肽分为α螺旋、β链、环状结构和延伸结构以及富含脯氨酸以及甘氨酸的抗菌肽。

（二）生物活性

1. 抗细菌　大部分抗菌肽均具有抗革兰氏阳性细菌（例如大肠杆菌、沙门氏菌、枯草芽孢杆菌、短小芽孢杆菌）的功能，但不同的抗菌肽抗菌活性有较大差异，且抗菌谱也不同。

2. 抗真菌　抗真菌肽有天蚕素类、果蝇抗菌肽、线肽素、贻贝素、蝎血素以及人工改造的各种抗菌肽等。

3. 抗病毒　多种抗菌肽都具有抗包膜病毒活性，如艾滋病病毒和疱疹病毒等。

4. 抗寄生虫　某些抗菌肽对疟原虫、锥虫、利什曼原虫、蠕虫、弓形虫等均有一定的抑制作用。

（三）应用效果

1. 提高生产性能　每吨饲粮中添加250～350克的天蚕素抗菌肽可显著提高断奶仔猪的生产性能和机体免疫性能；母猪日粮中添加200克/吨的天蚕素抗菌肽可以提高窝产仔数，降低仔猪腹泻率。日粮中添加300克/吨的抗菌肽能够替代200克/吨的氧化锌，显著降低饲料增重比，降低腹泻率，提高仔猪血清猪瘟抗体水平。

2. 疾病防治　猪饲料中分别添加5克/千克的粗制重组猪β-防御素2、0.2克/千克的天蚕素抗菌肽、0.3克/千克的PR39抗菌肽能有效降低断奶仔猪的腹泻率。在预防仔猪呼吸道疾病和腹泻方面，相比添加300克/吨的阿莫西林，添加0.6％和0.8％的抗菌肽的效果更显著。

（四）抗菌肽应用存在的问题

1. 成本高　抗菌肽的制备主要为分离纯化、酶解、化学合成、基因工程 4 方法，存在成本高而效率不高的缺点。

2. 安全性　目前对于抗菌肽的研究主要基于体外模型和有限的动物试验，对毒理性方面的研究还不够深入。

3. 活性和体内稳定性问题　虽然抗菌肽具有较高的活性，但是与抗生素相比，很多抗菌肽还不足以被应用于市场中。

六、植物提取物

植物提取物是从植物中提取，活性成分明确、可测定、含量稳定的饲料添加剂的统称，具有无残留、无污染、不易产生耐药性等优点，是优质的新型绿色饲料添加剂之一。

（一）原料来源和活性成分

植物提取物饲料添加剂的植物来源有中草药、天然香料等，其活性成分基本可以分为植物多酚、生物碱类、挥发油类、有机酸类、多糖类和植物甾醇类等，具体见表3-5。这些功能活性成分不是单一的化合物，往往表现为一类功能活性组分，因此植物提取物一般具有多功能性。不同的植物品种，其活性成分存在差异。

目前，在《饲料添加剂品种目录》中收录了12种植物提取物产品，包括茶多酚、牛至香酚、紫苏籽提取物、苜蓿提取物和杜仲叶提取物等。

表 3-5　植物提取物的活性成分和来源

活性成分	生物学活性	原料来源	代表品种
植物多酚	抗菌、抗氧化、抗炎、抗病毒、抗微生物	主要存在于植物的皮、根、叶、果中	茶多酚、白藜芦醇、藤茶黄酮、姜黄素、淫羊藿提取物（有效成分为淫羊藿苷）、紫苏籽提取物（有效成分 α-亚油酸、亚麻酸、黄酮）等

活性成分	生物学活性	原料来源	代表品种
生物碱	抗肿瘤、抗病毒、抗菌、抗炎、抗氧化	广泛存在于植物（主要是双子叶植物）、动物和微生物体内	甜菜碱、胆碱、肉碱、苦参碱、小檗碱等
挥发油类	抗菌、清除自由基、调节酶活性和肠道菌群、促进消化液分泌	一般以植物的花、叶、枝、皮、根、树胶、全草、果实等为原料	香芹酚、百里香酚、肉桂醛、柠檬油、辣椒油等
植物有机酸类	减少细菌产生的毒性物质、改善肠壁形态	植物叶、根、特别是果实中广泛分布，如乌梅、五味子、覆盆子等	绿原酸、杜仲叶提取物（绿原酸、杜仲多糖、杜仲黄酮）等
植物多糖	抗菌、抗病毒、抗感染、免疫调节	从植物中提取，至少由10个单糖及单糖衍生物通过脱水缩合形成的高分子糖类	黄芪多糖、白术多糖、牛膝多糖、海藻多糖、苜蓿提取物（主要成分为苜蓿多糖、苜蓿皂苷、苜蓿黄酮）等
植物甾醇	抗氧化、类激素作用、调节生长和机体免疫	存在于植物油、坚果、植物种子及蔬菜、水果等植物性食物中	谷甾醇、豆甾醇、菜油甾醇、天然类固醇萨洒皂角苷（源自丝兰）

（二）应用效果

植物提取物饲料添加剂具有抗氧化、抗菌、调节肠胃道健康、促生长的作用，应用于断奶仔猪，可以提高仔猪的生长性能、养分消化率、降低腹泻率；应用于育肥猪，可以提高猪的生长性能、改善肉品质。

Ding 等（2020）研究发现在断乳仔猪饲料中添加 0.3 克/千克的杜仲提取物可代替硫酸黏杆菌素和吉他霉素，与对照组相比腹泻

率降低 42.39%，平均日增重提高 11.48%，血清和肝脏中的碱性磷酸酶和总抗氧化能力以及血清白蛋白和总蛋白水平显著提高。Jimenez 等在仔猪日粮中添加 2 千克/吨肉桂醛和有机酸能够代替硫酸黏杆菌素，保护仔猪减轻由产肠毒素性大肠杆菌（ETEC）引起的各脏器组织学病变，改善肠道和肝脏的抗氧化能力。刘伟等在 115 日龄的三元杂交猪日粮中添加 10^6 cfu/克的复合微生态制剂和 120 克/吨的植物提取物，与对照组相比可以明显降低粪便中氨气和综合臭气的排放，平均日采食量显著提高 8.51%，平均日增重提高 7.43%，显著提高胴体重和瘦肉率。朴香淑等研究表明含连翘活性成分的植物提取物能够提高妊娠母猪和哺乳母猪的营养物质消化率，并且活性成分能够通过母猪的胎盘和母猪进入哺乳仔猪体内，提高哺乳仔猪的骨品质和肠道形态。

（三）影响使用效果的因素

（1）植物提取物的成分复杂，无法明确哪些成分在发挥作用，不能像抗生素那样进行系统、全面的毒理学研究和安全性评价。

（2）植物提取物活性物质含量及功效随植物的年龄、使用部位、收获季节和产地以及提取工艺等不同而变化，难以进行准确的功能评定和质量控制。

（3）植物精油提取成本相对较高，若采用化学方式合成化合物后重组，大多精油难以达到原来的效果；且精油易挥发、热稳定性差；气味大，影响适口性。

七、中兽药

中兽药泛指由植物根、茎、叶、果，动物内脏、皮、骨、器官以及矿物等组成，用以预防和治疗动物疾病的药物。

（一）中兽药应用于猪饲料中的形式

1. 天然植物饲料原料　指农业农村部相关文件批准可以用于商品饲料（或基质）生产的有一定应用功能的植物，具体表现形式有饲用植物粉和饲用植物粗提取物，其中产品形式为饲料原料。目前在《饲料原料目录》中收录了117种药食同源的可饲用天然植物。

根据药理、药性及作用功效，可以把天然植物饲料原料分为4类，具体见表3-6。

表3-6　天然植物饲料原料分类

分类	功能	常见中药原料种类
免疫增强类	提高、促进猪的非特异性免疫功能，增强猪免疫力和抗病能力	枸杞子、杜仲、黄精、党参、刺五加、金银花、黄芪等
激素样类	调节机体激素的分泌、释放，影响猪的生理功能	香附、当归、淫羊藿、人参、甘草、银杏叶等。
抗应激类	缓和糖皮质激素和肾上腺素对机体的影响，预防应激综合征	酸枣仁、柏子仁、远志、赤芍、川芎等
防治保健类	防治疾病、抗菌驱虫、增食催肥	红花、橘皮等

资料来源：池永宽（2020）。

2. 植物提取物饲料添加剂　以植物提取物为主要有效成分，按照饲料添加剂注册程序开发的饲料添加剂产品，收录于《饲料添加剂目录》及农业农村部批准暂未列入《饲料添加剂目录》的新饲料添加剂产品，具体见本节"植物提取物"部分。

3. 中兽药药物饲料添加剂　收录于《药物饲料添加剂品种目录及使用规范》中，可以在饲料和养殖过程中长期使用的，仅有的两种——山花黄芩提取物散和博落回散。博落回散（有效成分为博落回提取物）仅适用于促进猪生长，以博落回提取物计，每吨配合饲料可添加 0.75～1.875 克，无休药期。山花黄芩提取物仅适用于鸡。

（二）应用效果

杨迪等在三元杂交育肥猪日粮中分别添加 0.8％中草药饲料添加剂（黄芪、白芷、砂仁、陈皮等），与对照组相比猪的平均日增重提高了 3.46％，料重比降低了 3.49％，背膘厚显著降低，眼肌面积以及猪肉中的干物质和粗脂肪含量显著提高。Liu 等研究发现，博落回提取物可以增加肠道紧密连接蛋白和闭合蛋白的表达量，增强仔猪肠道的屏蔽功能，发挥抗腹泻的功效。曲浩杰在 DLY 三元断奶仔猪日粮中添加 600 毫克/千克的中药复方发酵粉（由黄柏、黄芩、黄连和大黄厌氧发酵而成），显著提高了仔猪对饲料营养物质的表观消化率，但对生产性能没有显著影响。

（三）影响使用效果的因素

影响中药类饲料产品使用效果的因素与植物提取物类似。目前市场上的中药类饲料产品不符合"微量、高效"这一饲料添加剂的基本原则，多数以饲料原料的形式添加，难以实现产业化、标准化生产，国际竞争力不高。

参考文献

宾石玉，周安国，程培文，2006. 寡糖对动物免疫功能的作用［J］. 中国兽医学报，26（3）：344-346.

陈罡，陈立祥，2012. 功能性寡糖及其在仔猪营养中的应用研究进展［J］. 饲料博览（4）：18-22.

陈晶，薛占伟，蒋勤燕，2012. 甘露寡糖的生物学功能及对仔猪使用效果

影响的因素 [J]. 养殖技术顾问（3）：243-245.

陈清华，陈凤鸣，肖晶，等，2015. 葡萄糖氧化酶对仔猪生长性能、养分消化率及肠道微生物和形态结构的影响 [J]. 动物营养学报，27（10）：3218-3224.

陈旭东，马秋刚，计成，2003. 果寡糖营养研究进展 [J]. 饲料广角（9）：19-23.

程远之，周洪彬，虞财华，等，2021. 不同类型酸化剂对断奶仔猪生长性能和免疫功能的影响 [J]. 动物营养学报，33（5）：2575-2584.

池仕红，叶润全，何家豪，等，2019. 不同酸化剂对断奶仔猪生长性能的影响 [J]. 黑龙江畜牧兽医（下半月）（10）：122-124.

池永宽，刘旭光，熊康宁，等，2020. 中草药饲料添加剂应用研究进展 [J]. 中国野生植物资源，39（9）：57-63.

冯定远，2020. 酶制剂在饲料养殖中发挥替代抗生素作用的领域及其机理 [J]. 饲料工业，41（12）：1-10.

冯霞，王思珍，曹颖霞，等，2011. 饮水温度对断奶仔猪生产性能和养分表观消化率的影响 [J]. 家畜生态学报，32（3）：40-44.

官小凤，刘志云，黄金秀，等，2018. 液态发酵饲料在养猪生产上的应用 [J]. 动物营养学报，30（11）：4312-4319.

何荣香，吴媛媛，韩延明，等，2020. 复合有机酸对断奶仔猪生长性能、血清生化指标、营养物质表观消化率的影响 [J]. 动物营养学报，32（7）：3118-3126.

何颖，李晓玉，陈忠伟，等，2019. 替抗添加剂对保育猪生长性能、血清中内毒素及免疫抗病性能的影响 [J]. 饲料研究，42（3）：21-25.

黄华山，2010. 低聚木糖对仔猪生产性能的影响及机理的研究 [D]. 西宁：青海大学.

黄健，邓红，肖融，等，2014. 低蛋白日粮对断奶仔猪生产性能和血液指标的影响 [J]. 饲料工业，35（15）：41-43.

黄健，邓红，谢跃伟，等，2015. 低蛋白和杂粕日粮对生长猪生产性能、养分消化、血液指标和猪舍氨气的影响 [J]. 饲料工业，36（21）：45-47.

焦小丽，柳玉凤，2010. 几种断奶仔猪饲料原料系酸力的比较研究 [J].
　饲料工业，31（15）：41-43.

李德发，2020. 中国猪营养需求 [M]. 北京：中国农业出版社.

李冠楠，夏雪娟，隆耀航，等，2014. 抗菌肽的研究进展及其应用 [J].
　动物营养学报，26（1）：17-25.

李马成，李杰，刘全新，等，2015. 代谢有机酸对保育猪生长性能和血液
　指标的影响 [J]. 饲料工业，36（16）：7-9.

李马成，李杰，刘全新，等，2016. 代谢有机酸对高温季节母猪采食量、
　血液指标及子代生长性能的影响 [J]. 中国畜牧杂志，52（7）：51-55.

李泽强，2018. 饮水温度和速率对断奶仔猪生长性能、饮水摄入量、养分
　消化率及肠道发育的影响 [D]. 成都：四川农业大学.

刘伟，蔡迪，余国莲，等，2021. 复合微生态制剂与植物提取物在肉猪上
　的应用 [J]. 养殖与饲料，20（5）：25-27.

刘华，刘秀斌，吴俊，等，2020. 饲用植物及其提取物在饲料替抗中的应
　用 [J]. 饲料工业，41（12）：20-24.

芦春莲，赵玉萍，李佳，等，2020. 养猪生产中减抗、替抗的营养与饲料
　技术现状与展望 [J]. 猪业科学，37（12）：59-62.

马嘉瑜，朴香淑，2021. 酸化剂改善畜禽生长和肠道健康的研究进展 [J].
　中国畜牧杂志，10.19556/j.0258-7033.20201105-02.

朴香淑，龙沈飞，尹靖东，等，2020. 连翘活性成分在母猪营养及仔猪骨
　品质和肠道改善中的应用 [P]. 北京市：CN111418726A，2020-07-17.

秦圣涛，张宏福，唐湘方，等，2007. 酸化剂主要生理功能和复合酸选配
　依据 [J]. 动物营养学报，19：515-520.

曲浩杰，2020. 中药复方发酵粉对断奶仔猪生产性能、养分利用和肠道微
　生物的影响 [D]. 泰安：山东农业大学.

单达聪，王四新，刘辉，等.2015.3 种料型对断奶仔猪生长性能的影响
　[J]. 饲料研究，10：1-3.

石宝明，单安山，2000. 寡聚糖及其在猪饲料中的应用 [J]. 养猪（1）：
　2-6.

史林鑫，乔鹏飞，龙沈飞，等，2019. 复合酶制剂对断奶仔猪生长性能、

营养物质表观消化率、血清抗氧化指标及内源消化酶活性的影响［J］.
动物营养学报，31（8）：872-3881.

田志梅，崔艺燕，杜宗亮，等，2020. 生素替代物在畜禽养殖中的研究及
应用进展［J］. 动物营养学报，32（4）：1516-1525.

汪吴晶，高金燕，佟平，等，2017. 抗菌肽的作用机制、应用及改良策略
［J］. 动物营养学报，29（11）：3885-3892.

王彬，黄瑞林，印遇龙，2006. 半乳甘露寡糖对育肥猪的应用效果［J］.
中国科学院研究生院学报，23（3）：364-369.

王丽，刘辉，李爱科，等，2021. 饲料添加剂类抗生素替代品在生猪养殖
中的研究进展［J］. 猪业科学，38（2）：80-84.

王丽娟，胡国清，李桂娟，2019. 日粮中添加不同剂量有机酸型酸化剂替
代抗生素对断奶仔猪生长性能的影响［J］. 畜牧与饲料科学，40（11）：
27-30.

王晓杰，黄立新，张彩虹，等，2018. 植物提取物饲料添加剂的研究进展
［J］. 生物质化学工程，52（3）：50-58.

王晓可，王晓硕，王根彦，等，2008. 溶菌酶对断奶仔猪生长性能的影响
［J］. 饲料工业（22）：31-33.

王苑，陈宝江，于会民，等，2014. 不同复合酶制剂对生长猪生长性能与
营养物质表观消化率的影响［J］. 饲料工业，35（18）：15-20.

巫丽娟，陈代文，毛湘冰，等，2017. 饮水中添加功能性复合添加剂对断
奶仔猪生长性能、养分消化利用和血液指标的影响［J］. 畜牧兽医学
报，48（7）：1365-1372.

吴秋玉，吴艺鑫，郑远鹏，2019. 有机酸对断奶仔猪生长性能及腹泻率的
影响［J］. 中国饲料（2）：81-84.

严欣茹，董瑷榕，余淼，等，2020. 复合酸化剂对断奶仔猪生长性能、粪
便微生物数量及血液指标的影响［J］. 饲料工业，41（17）：43-48.

阳巧梅，尹秀娟，廖婵娟，2018. 日粮添加酸化剂替代抗生素对断奶仔猪
生长性能、血清生化指标及肠道形态的影响［J］. 中国饲料（10）：
37-41.

杨迪，边连全，刘显军，等，2015. 中草药添加剂对育肥猪生产性能和肉

生猪养殖减抗 Shengzhu Yangzhi Jiankang
技术指南 Jishu Zhinan

品质的影响 [J]. 饲料研究 （7）：1-5，47.

杨修镇，李有志，徐恩民，等，2020. 微生物管碟法快速检测全价配合饲料中添加抗菌药物 [J]. 山东畜牧兽医，41：7-8.

印遇龙，杨哲，2020. 天然植物替代饲用促生长抗生素的研究与展望 [J]. 饲料工业，41（24）：1-7.

张宏宇，程宗佳，陈铁群，等，2014. GOD 对断奶仔猪生长性能的影响 [J]. 饲料工业，35（10）：14-16.

张婧婧，刘庚寿，李伟，等，2017. 不同剂型酸化剂对哺乳母猪生产性能、初乳成分和肠道菌群结构的影响 [J]. 动物营养学报，29（6）：2064-2070.

张军霞，李祖栋，2015. 甘露寡糖对断奶八眉二元仔猪生长性能的影响 [J]. 饲料工业，236（10）：41-43.

张茂华，孔云松，朱汉静，2006. 低聚木糖与产酶益生素合用对生长猪生长性能的影响研究 [J]. 养殖与饲料 （3）：25-27.

张智，梁丽萍，李保明，等，2018. 冬季饮水温度对断奶仔猪生长性能与行为的影响 [J]. 农业工程学报，34（20）：204-209.

朱军英，崔立，沈彦萍，等，2009. 溶菌酶对仔猪腹泻的预防作用 [J]. 中国畜牧杂志，45（3）：40-42.

纵瑞，胡忠泽，张乃锋，等，2021. 抗菌肽的抗菌机制及其在反刍动物中应用的研究进展 [J]. 饲料工业，42（9）：30-35.

Cheng L，Wang L，Xu Q，et al，2015. Chitooligosaccharide supplementation improves the reproductive performance and milk composition of sows [J]. Livestock Science，74-81.

Devi S M，Lee K Y，Kim I H，2016. Analysis of the effect of dietary protected organic acid blend on lactating sows and their piglets [J]. Rev Bras Zootecn，45（2）：39-47.

Diao H，Gao Z B，Yu B，et al，2016. Effects of benzoic acid （VevoVitall®） on the performance and jejunal digestive physiology in young pigs [J]. J Anim Sci Biotechno，7（1）：32.

Dierick N A，Decuypere J A，2002. Endogenous lipolysisnin feedstuffs and compound feeds for pigs: effects of storage time and conditions and lipase and/or emulsifier addition [J]. Animal Feed Science and Technology, 102 (1/2/3/4): 53-70.

Ding Haoxuan, Cao Aizhi, Li Haiyun, et al, 2020. Effects of Eucommia ulmoides leaf extracts on growth performance, antioxidant capacity and intestinal function in weaned piglets [J]. Journal of Animal Physiology and Animal Nutrition, 104 (4): 1169-1177.

Han K N, Kwon I K, Lohakare J D, et al, 2007. Chito-oligosaccharides as an alternative to antimicrobials in improving performance, digestibility and microbial ecology of the gut in weanling pigs [J]. Asian-australasian Journal of Animal Sciences, 20 (4): 556-562.

Huang C, Qiao S, Li D, et al, 2004. Effects of lactobacilli on the performance, diarrhea incidence, VFA concentration and gastrointestinal microbial flora of weaning pigs [J]. Asian-Australasian Journal of Animal Sciences, 17 (3): 401-409.

Jiménez Milton J, Berrios Roger, Stelzhammer Sabine, et al, 2020. Ingestion of organic acids and cinnamaldehyde improves tissue homeostasis of piglets exposed to enterotoxic *Escherichia coli* (ETEC) [J]. Journal of Animal Science, 98 (2).

Lan R, Kim I, 2018. Effects of organic acid and medium chain fatty acid blends on the performance of sows and their piglets [J]. Anim Sci J, 89 (12): 1673-1679.

Li M, Long S F, Wang Q Q, et al, 2019. Mixed organic acids improve nutrients digestibility, volatile fatty acids composition and intestinal microbiota in growing-finishing pigs fed high fiber diet [J]. Asian-Australas J Anim, 32 (6): 856-864.

Liao S F, Nyachoti M, 2017. Using probiotics to improve swine gut health and nutrient utilization [J]. Anim Nutr, 3: 331-343.

Liu G, Guan G, Fang J, et al, 2016. Macleaya cordata extract decreased diarrhea score and enhanced intestinal barrier function in growing piglets

[J]. BioMed Research International, 1-7.

Long S F, Xu Y T, Pan L, et al, 2020. Mixed organic acids as antibiotic substitutes improve performance, serum immunity, intestinal morphology and microbiota for weaned piglets [J]. Anim Feed Sci Tech, 2018 (235): 23-32.

Mathew A G , Robbins C M , Chattin S E , et al, 1997. Influence of galactosyl lactose on energy and protein digestibility, enteric microflora, and performance of weanling pigs [J]. Journal of Animal Science, 75 (4): 1009.

Ross G R, Gusils C, Oliszewski R, et al, 2010. Effects of probiotic administration in swine [J]. Journal of Bioscience & Bioengineering, 109 (6): 545-549.

Sotira S, Dell'Anno M, Caprarulo V, 2020. Effects of tributyrin supplementation on growth performance, insulin, blood metabolites and gut microbiota in weaned piglets [J]. Animals, 10 (4): E726.

Wang Y, Kuang Y W, Zhang Y L, et al, 2016. Rearing conditions affected responses of weaned pigs to organic acids showing a positive effect on digestibility, microflora and immunity [J]. Anim Sci J, 87 (10): 1267-1280.

Weese J S, 2002. Probiotics, prebiotics, and synbiotics [J]. Journal of Equine Veterinary Science, 22 (8): 357-360.

Xu Y T, Liu L, He Z X, et al, 2020. Micro-encapsulated essential oils and organic acids combination improves intestinal barrier function, inflammatory responses and microbiota of weaned piglets challenged with enterotoxigenic *Escherichia coli* F4 (K88+) [J]. Anim Nutr, 6 (3): 269-277.

第四章
生猪养殖常见疫病预防与管理

随着生猪养殖数量的增加和养殖规模的扩大，养猪业面临着猪病的极度困扰。猪病的种类多，一直威胁着养猪业的发展，成为养猪业发展的最大障碍，尤其猪传染病对生猪养殖危害最为严重，它往往是大批发生，发病率和死亡率很高，严重影响养猪业的发展，造成巨大的经济损失。

第一节　猪场常见细菌性疫病诊断

当前，猪的细菌性疾病种类繁多，多数表现为混合感染，主要表现为呼吸系统症状、消化系统症状和繁殖障碍等，是养猪业最常见和造成经济损失最严重的疾病类型之一。

一、呼吸系统疾病

（一）猪链球菌病

猪链球菌病是由多种致病血清型的链球菌引起猪的多种病症的总称。临床上以急性的败血症和脑膜炎变化，慢性的关节炎、组织化脓性炎和心内膜炎为特征。

1. 病原及流行病学　猪链球菌是有荚膜的革兰氏阳性菌，呈圆形或卵圆形，常排列成长短不一的链。猪链球菌不耐高温，对消毒剂抵抗力弱。常用消毒剂能在 1 分钟内杀死猪舍中污染的 2 型链球菌，在 60℃热水中猪 2 型链球菌仅存活 10 分钟。

大多数情况下，猪发病年龄一般为 5～10 周龄。

2. 临床症状　可分为急性败血症、脑膜炎、关节炎和化脓性淋巴结炎四种类型。实际生产中往往多种类型混合出现。

（1）急性败血症型　主要发生在哺乳仔猪和断奶仔猪。最急性病例往往不见任何症状突然死亡。死猪腹下可见紫色出血斑。急性病猪，病程 2～5 天不等，病猪温度高达 41℃以上，稽留不退，食欲废绝，眼结膜潮红，呼吸急迫，流浆液性鼻液，腹下、四肢及耳端可见出血斑，腹泻便秘，尿色黄或发生血尿。一般经过 1～2 天后，部分病猪可出现关节炎和脑膜炎症状。

（2）脑膜炎型　多发生在哺乳仔猪和断奶仔猪。病初体温不高，不食，便秘，有浆液性或黏液性鼻液。继而出现神经症状，主要表现为转圈，空嚼，磨牙，仰卧，直至后躯麻痹，突然倒地，口吐白沫，四肢呈游泳状划动，最后衰竭、麻痹而死。

（3）关节炎型　主要表现一肢或数肢的关节高度肿胀、发硬，勉强站立，行走困难或不能行走，有的可见卧地不起，临床上常见败血症表现。若为单独的关节炎型，病猪往往仍有食欲，若治疗不及时，患猪病肢常见关节化脓或纤维素性增生而丧失功能，病程较长猪可表现逐渐消瘦，经 2～3 周康复或死亡。

（4）化脓性淋巴结炎型　多见于生长猪，主要表现猪的颈部、颌下以及腹部的淋巴结肿大化脓，一旦脓肿破溃，症状可明显减轻，病程一般 3 周左右或更长。

3. 病理变化　患猪的全身败血症，脏器表现充血或出血。心脏表现为化脓性心包炎、心瓣膜心内膜炎、出血性心肌炎。肺脏实质性病变主要包括纤维素出血性和间质纤维素性肺炎，纤维素性或化脓性支气管肺炎。部分神经症状猪脑膜充血或出血及脑膜炎。关节炎型病例早期可见滑膜血管的扩张和充血，关节表面出现多发性浆膜炎，滑液量增加。

4. 诊断　根据流行病学、临床症状、病理变化进行综合分析初步诊断，确诊需进行细菌学检查和镜检典型的组织病变。

5. 防控技术要点

（1）预防　切实做好猪舍的卫生消毒工作。通过全进全出，猪舍的彻底消毒，从而消灭病原。减少并消除圈舍内可引起猪外伤的不利因素（如尖锐物品、咬伤等），防止伤口引发感染。猪链球菌灭活苗，颈部肌内注射，种公猪每半年接种 1 次；后备母猪在产前 8～9 周首免，3 周后二免，以后每胎产前 4～5 周免疫 1 次；仔猪在 4～5 周龄免疫 1 次。

（2）治疗

①对于患猪及时隔离治疗。在及早确诊病情以后，尽快进行治疗。

②可选用青霉素、头孢噻呋、链霉素、卡那霉素、土霉素类、磺胺类、喹诺酮类等，该菌容易产生耐药性，最好进行药敏试验，根据药敏试验结果，选出敏感性药物进行治疗，治疗用药剂量要足。

③局部治疗。先剥离溃烂组织，切开脓肿，清除脓汁，碘酊清洗和消毒。再用抗生素或磺胺类药物以悬液、软膏或粉剂置入患处，必要时可施以包扎。

（二）猪肺炎型巴氏杆菌病

猪肺炎型巴氏杆菌病由多杀性巴氏杆菌引起的，以败血症和组织器官的出血性炎症为主要症状的一种急性传染病。

1. 病原及流行病学　病原为多杀性巴氏杆菌，是一种条件性病原菌。猪肺炎型巴氏杆菌病一年四季都可发生，当环境卫生条件差或饲养管理不当，或受各种应激的作用，如冷热交替、气候剧变、潮湿、多雨时发生较多，营养不良、长途运输、饲养条件改变等因素可促使本病发生和流行，一般为散发。

2. 临床症状　主要特征为败血症，咽喉及其周围组织急性炎性肿胀，或表现为肺、胸膜的纤维蛋白渗出性炎症。

（1）最急性型　常见不到症状即死亡，更有急性者可见突然倒地死亡。

（2）急性型　患猪体温突然高达 41～42℃，呼吸极度困难，口鼻流出白色泡沫。咽喉下部可见肿硬，严重的可延及耳根和前胸，病程 1～2 天。死亡猪可见四肢内侧、鼻端、耳根、腹部出现红斑或皮肤呈紫红色。

（3）亚急性型　病猪体温升高到 40℃ 以上，呼吸困难，咳嗽，鼻中可流出带血的分泌物，可视黏膜发绀，常见便秘，有的可见腹泻，常见全身皮肤败血症。病程多在 1 周以内。主要表现急性纤维素性胸膜炎。

（4）慢性型　患猪体温升高到 39～41℃，咳嗽，呼吸困难，鼻孔中可流出黏液性或脓性分泌物，胸部听诊啰音明显。有的病例可见腹泻。

3. 病理变化

（1）最急性型　黏膜、浆膜及实质器官出血和皮肤小点出血或有红斑，肺水肿，淋巴结水肿，肾炎，咽喉部及周围结缔组织出血性浆液性浸润。脾出血，胃肠出血性炎症。

（2）急性型　除了全身黏膜、实质器官、淋巴结的出血性病变外，特征性的病变是纤维素性肺炎，有不同程度肝变区。胸膜与肺粘连，肺切面呈大理石纹，胸腔、心包积液，气管、支气管黏膜发炎，有泡沫状黏液。

（3）慢性型　肺肝变区扩大，表面有灰黄色或灰色坏死，内有干酪样物质，有的形成空洞。病猪高度消瘦，贫血，皮下组织见有坏死灶。

4. 诊断　根据流行病学典型症状，结合病理变化可做出初步诊断。

确诊需进行实验室病原检测。将病料接种于麦康凯培养基和血液琼脂平板上培养观察。

5. 防控技术要点

（1）加强饲养管理　保持猪舍干燥卫生，加强通风采光，定期进行消毒，适当降低饲养密度。仔猪早期断奶。猪场尽可能全进全出管理。

（2）预防接种　易发该病的猪场，每年定期进行有计划的免疫接种。仔猪在1月龄进行第一次免疫，间隔3个月重复免疫一次。种猪每年春、秋各免疫一次。可选择用猪肺炎型巴氏杆菌病氢氧化铝灭活苗、猪丹毒-肺疫氢氧化铝二联灭活苗、猪瘟-猪丹毒-猪肺炎型巴氏杆菌病三联灭活苗。

（3）治疗　①一旦发现病猪，及时隔离消毒。②药物治疗。中药止咳散每头猪45～60克。卡那霉素、链霉素（每次每千克体重2万～3万单位），磺胺类（每次每千克体重0.05～0.07克），每天2次，连用2～3天。也可选用多西环素、氟苯尼考、喹诺酮类等药物。

（三）猪支原体病

猪支原体病又名猪霉形体肺炎，是由猪肺炎支原体引起猪的呼吸道传染病。临床表现为咳嗽、气喘，剖检以典型的肺部病变为特点。

1. 病原及流行病学　猪肺炎支原体是介于病毒和细菌之间的、独立生活的微小生物，革兰氏染色呈阴性。对自然环境抵抗力不强，病料悬液中支原体在15～20℃放置36小时即丧失致病力。常用的化学消毒剂均能达到消毒目的。

自然病例仅见于猪，不同年龄、性别和品种的猪均能感染，但哺乳仔猪和断乳仔猪易感，发病率和死亡率较高。本病一年四季均可发生，但在寒冷、多雨、潮湿或气候骤变时较为多见。

2. 临床症状

（1）急性型　主要发生在仔猪，病初为短声连咳，在受冷空气的刺激、经驱赶运动和喂料的前后最易听到，病猪呼吸困难，犬坐喘鸣，呈明显的腹式呼吸。体温正常或稍高。后期当病猪严重呼吸困难时，可见食欲废绝。病程一般 3～7 天。

（2）慢性型　常见于生长猪和后备母猪，患猪长期咳嗽，腹式呼吸明显。猪体消瘦，发育不良，很少发生死亡，病程可达数月。

3. 病理变化　主要见于肺、肺门淋巴结和纵隔淋巴结。

肺有不同程度的水肿和气肿。在心叶、尖叶、中间叶及部分病例的膈叶前缘出现融合性支气管肺炎，以心叶最为显著，尖叶和中间叶次之，然后波及膈叶。肺两侧病理变化大致对称，病变部位的颜色多为淡红色或灰红色，界限明显，似肌肉，俗称"肉变"。

肺门和纵隔淋巴结显著肿大，有时边缘轻度充血。继发其他细菌感染时，引起肺和胸膜的纤维素性、化脓性和坏死性病理变化。

4. 诊断　根据流行病学和典型的呼吸道症状，结合病理变化一般可以诊断。

5. 防控技术要点

（1）预防　加强饲养管理，同时搞好卫生消毒。

疫苗免疫：猪支原体病灭活疫苗，耳后颈部肌内注射。1～3 周龄仔猪，首免 1 头份，间隔 2 周后加强免疫 1 头份。

（2）治疗　常用治疗药物是土霉素与卡那霉素联合使用，或用喹诺酮类、林可霉素、壮观霉素等肌内注射。使用剂量：卡那霉素以每千克体重 4 万～6 万单位，土霉素以每千克体重 80～100 毫克，每天肌内注射 2～3 次，连用 2～3 天。也可用支原净、泰乐菌素、四环素类拌料治疗。

（四）猪传染性萎缩性鼻炎

1. 病原及流行病学 支气管败血波氏杆菌是本病的重要病原，为革兰氏染色阴性的球杆菌，两极染色，有荚膜。另外，D 型巴氏杆菌也是本病的病原菌，还能产生坏死毒素。

任何年龄的猪均可感染，以仔猪的易感性最高。1 周龄的猪感染后可引起原发性肺炎，并可导致全窝仔猪死亡，发病率一般随年龄增长而下降。病猪和带菌猪是主要传染源。

其他动物如犬、猫、家畜（禽）、兔、鼠、狐及人均可带菌，也可能成为传染源。传染方式主要是飞沫传播，传播途径主要是经呼吸道。各种应激因素可使发病率升高。

2. 临床症状 猪群初次发病时，常见 3～4 日龄的猪剧烈咳嗽，呼吸困难，而母猪正常。1～8 周龄仔猪发病，仔猪打喷嚏和呼吸困难，内眼角有黄色或灰色或黑色的泪斑。严重时剧烈咳嗽，甚至鼻孔流出黏液或脓性分泌物或带有血丝。严重病例病程达数周的出现鼻甲骨萎缩的变化，脸面扭曲变形。

3. 病理变化 鼻腔常有大量的黏液、脓性甚至干酪性渗出物。急性时（早期）渗出物中含有脱落的上皮碎屑。慢性时（后期），鼻黏膜一般苍白，轻度水肿。鼻窦黏膜中度充血。病理变化主要是鼻腔的软骨和鼻甲骨的软化、萎缩和变形，特别是下鼻甲骨的下卷曲最为常见。

4. 诊断 根据发病猪频繁喷嚏、吸气困难，鼻黏膜发炎、鼻出血，生长停滞和鼻面部变形易做出现场诊断。可通过 X 线检查进行早期诊断。用鼻腔镜检查鼻腔上皮增生、鳞状上皮化生、纤毛损失和上皮细胞微脓肿的黏膜下层中性粒细胞、淋巴细胞和巨噬细胞的浸润。

5. 防控技术要点

（1）预防

①改善饲养管理，采用全进全出饲养制度。

②改善通风条件，保持猪舍清洁、干燥、保暖，减少各种应激。

③新购猪，加强检疫，不从疫区引进种猪。

④疫苗免疫。现有多种灭活疫苗。可于母猪产前2个月及1个月分别接种，以提高母源抗体滴度，保护初生仔猪几周内不感染。同时可给1~2周龄仔猪进行免疫，间隔2周后进行二免。

（2）治疗　母猪（产前1个月）、生长猪和断奶仔猪，每吨饲料中加磺胺二甲基嘧啶100~450克，或每吨饲料中加土霉素400克，连喂4~5周。另外，链霉素、金霉素、泰乐菌素、卡那霉素等都可作为治疗药物使用。仔猪自2日龄起用硫酸阿米卡星注射液滴鼻，每3天1次，连滴5次。

（五）猪胸膜肺炎放线杆菌病

由放线杆菌引起猪的一种呼吸道传染病。临床表现为严重的呼吸困难，病理变化是纤维素性、坏死性和出血性肺炎和纤维素性胸膜炎。

1. 病原及流行病学　胸膜肺炎放线杆菌，是一种革兰氏阴性小杆菌，有荚膜和菌毛，不形成芽孢，能产生毒素，呈两极染色。病猪及带菌猪为传染源。该病主要通过气溶胶或接触传染，成长期和出栏期的猪易发。

2. 临床症状

（1）最急性与急性型　猪突然发热，体温升高至41.5℃以上，厌食，沉郁，有时轻度腹泻。后期呼吸困难，呈现张口伸舌、犬坐姿势，从口鼻流出泡沫样淡红色的分泌物，口、鼻、耳、四肢皮肤呈暗紫色，通常2天内死亡。有些猪可能转为亚急性和慢性。

（2）亚急性和慢性型　该型病猪食欲减退或废绝，体温39～40℃，间歇性咳嗽。在其他应激情况（如病原体感染或者运输等环境改变）下，可能症状加重或转为急性。

3. 病理变化　主要是肺炎和胸膜炎。最急性型的病变：气管和支气管充满泡沫样血色黏液性分泌物；肺充血、出血，肺泡间质水肿，靠近肺门的肺部常见出血性或坏死性肺炎，局灶性病变与周边组织界限明显，肺炎区域变黑变硬。急性型多为两侧性肺炎，纤维素性胸膜炎明显。亚急性型常与肋胸膜形成纤维性粘连。慢性型则在肺膈叶见到大小不等的结缔组织性结节，肺胸膜粘连，严重的与心包粘连。

4. 诊断　根据流行病学和特征性临床症状，可以做出初步诊断。

确诊需做细菌学检查和血清学试验，主要包括细菌的分离鉴定、涂片镜检、溶血试验、卫星试验、生化试验、动物接种、血清抗体检测等。

5. 防控技术要点

（1）预防

①引种检疫。引种时应隔离并进行血清学检查，确认为阴性猪后方可引入。

②饲养管理。注意环境卫生，定期消毒。有本病的猪场猪群未注射菌苗时，应定期在饲料中添加抗生素药物进行预防。

③疫苗免疫。主要分为灭活苗和亚单位苗两种类型。由于本菌血清型多达15种，不同血清型菌株之间交叉免疫性不强，因此灭活苗主要利用当地分离的菌株制备而成。对母猪和2～3月龄猪进行免疫接种，能有效控制本病的发生。

（2）治疗　早期治疗是提高疗效的重要条件，可选用头孢噻呋、阿莫西林、卡那霉素、多西环素、复方新诺明（SMZ＋TMP）、替米考星、氟苯尼考等作为治疗药物。由于本菌易产生耐

生猪养殖减抗
技术指南
Shengzhu Yangzhi Jiankang
Jishu Zhinan

药性，若连用 2 次治疗效果不明显，应及时调换药物。有条件的猪场可做药敏试验。

（3）净化控制　对感染猪场逐头猪进行血清学检查，清除血清学阳性带菌猪，并结合药物防控方法来控制本病。

（六）副猪嗜血杆菌病

副猪嗜血杆菌病是由副猪嗜血杆菌引起的猪的以多发性浆膜炎和关节炎为特征的疾病，主要临诊症状为发热、咳嗽、呼吸困难、消瘦、跛行、共济失调和被毛粗乱等。

1. 病原及流行病学　副猪嗜血杆菌呈革兰氏染色阴性，通常可见荚膜。目前已报道的有 15 个血清型，各血清型菌株之间的致病力存在极大的差异，其中血清 1、5、10、12、13、14 型毒力最强，其次是血清 2、4、8、15 型，血清 3、6、7、9、11 型的毒力较弱。当前我国主要流行血清型 4、5、12、13、14 型，也有血清型 1、2、6、7、9、10 和 15 型。

副猪嗜血杆菌只感染猪，2 周龄到 4 月龄的猪均易感，通常见于 5～8 周龄的猪，主要在断奶后和保育阶段发病。发病率一般为 10%～15%，严重时死亡率可达 50%。

2. 临床症状　表现为发热、食欲不振、厌食、反应迟钝、呼吸困难、咳嗽、疼痛（尖叫）、关节肿胀、跛行、颤抖、共济失调、可视黏膜发绀、侧卧、消瘦和被毛粗乱，随之可能死亡。急性感染后可能留下后遗症，如母猪流产、公猪慢性跛行。

3. 病理变化　可见浆液性和化脓性纤维蛋白渗出物，包括腹膜、心包膜和胸膜，损伤也可能涉及脑和关节表面，尤其是腕关节和跗关节。

4. 诊断

（1）根据流行病学调查、临床症状和病理变化可对本病做出初步诊断。

（2）细菌学检查确诊。

（3）PCR 检测诊断。

5. 防控技术要点

（1）加强饲养管理　分阶段分批次饲养管理，杜绝各阶段的猪混养；控制饲养密度，同时尽量控制或消除其他呼吸道病原等；可以提前断奶，减少母猪群对仔猪的影响。

（2）疫苗免疫　根据猪群流行的菌株血清型，选择使用血清型高度同源的灭活疫苗免疫接种。种公猪每半年接种一次；后备母猪在产前 8～9 周首免，3 周后二免，以后每胎产前 4～5 周免疫一次；仔猪在 2 周龄首免，3 周后二免。

（3）治疗　口服药物治疗对严重的副猪嗜血杆菌病暴发可能无效。一旦出现临床症状，应立即注射抗菌药物进行个体治疗，并应对整个猪群进行药物预防。有条件的猪场可以做药敏实验选择敏感性好的药物，可以选用青霉素、氨苄西林、头孢菌素、氨基糖苷类、增效磺胺类、氟喹诺酮类、壮观霉素和林可霉素等。

二、消化系统疾病

（一）猪大肠杆菌

猪大肠杆菌病是由多种血清型的致病性大肠杆菌引起的以初生仔猪腹泻、仔猪黄痢、仔猪白痢、断奶后仔猪腹泻以及仔猪水肿病等症状为特征的疾病。

主要表现为以下类型：新生仔猪大肠杆菌性腹泻、仔猪黄痢、仔猪白痢、断奶后仔猪腹泻以及仔猪水肿病等。

1. 新生仔猪大肠杆菌性腹泻

（1）流行病学　多发于 0～4 日龄，初产母猪的仔猪发病率高于经产母猪的仔猪，通常 $30\%\sim40\%$ 发病，高的可达 80%。在环境温度低于 $30℃$，仔猪易接触母猪皮肤、产床等母猪肠道菌污染环境时，易发该病。

（2）临床症状　患猪精神抑郁，行动迟缓，肛门和会阴部发红或发炎。轻微腹泻的，粪便轻微稀软，严重时水样腹泻。粪便颜色不一，从清亮到白色或程度不一的黄色至棕色。少量病猪伴有呕吐。

（3）病理变化　肠系膜淋巴结肿胀或出血，空肠、回肠充血、扩张。

（4）诊断

① 腹泻液 pH 碱性。

② 临床症状、组织病理学变化及小肠黏膜镜检分离出革兰氏阴性杆菌。

（5）防控技术要点

①做好产床、待产母猪消毒。

②提高产仔舍温度。

③新生仔猪口服中药，如白头翁口服液，口服 $30\sim45$ 毫升。

④做好初产母猪大肠杆菌疫苗免疫，血清型要匹配。

2. 仔猪黄痢

（1）病原及流行病学　病原为致病性大肠杆菌。$3\sim7$ 日龄多见，呈地方流行性，发病率和病死率均高。

（2）临床症状　仔猪常突然发病，排黄色、黄白色水样粪便，粪便中带有凝乳片、气泡，腥臭严重。病猪不吃乳，往往脱水、消瘦、昏迷而亡，病死率 90% 以上。

（3）病理变化　皮下及黏膜水肿，小肠内有黄色液体和气体，淋巴结有出血点，肠壁变薄，胃底有出血性溃疡。

（4）诊断　临床症状、组织病理学变化及小肠黏膜镜检分离出革兰氏阴性杆菌。

（5）防控技术要点

① 加强饲养管理和环境消毒。

② 选择敏感药物治疗效果好。

③ 免疫接种。注射仔猪大肠杆菌病三价灭活疫苗或仔猪大肠杆菌基因工程灭活疫苗，妊娠母猪在产仔前 40 日和 15 日各注射 1 次。

3. 仔猪白痢

（1）病原及流行病学　由致病性大肠杆菌引起。10 日龄后的仔猪常见，呈地方流行性，发病率较高，病死率低，与环境温度波动有关。

（2）临床症状　仔猪排白色或灰白色糊状至稀粥状稀粪，有腥臭，猪场内常常反复发作，病猪发育迟缓，易继发其他疾病。

（3）病理变化　小肠卡他性炎症，结肠充满糊状内容物。

（4）诊断　根据临床症状、病理变化及细菌分离鉴定做出诊断。

（5）防控技术要点

①加强饲养管理和环境消毒。

②选择敏感药物治疗效果好。

③免疫接种。注射仔猪大肠杆菌病三价灭活疫苗或仔猪大肠杆菌基因工程灭活疫苗，母猪在产仔前 40 日和 15 日各注射 1 次。

4. 仔猪水肿病

（1）流行病学　常见于 10～30 千克的肥壮仔猪，最常发于 4—5 月和 9—10 月。当气候多变、阴雨潮湿、饲料缺乏营养时更易发生。发病一般仅局限于一窝仔猪。

（2）临床症状　突然发病，共济失调、局部或全身麻痹等神经症状，以及脸部、眼睑水肿。

最急性病例常见突然死亡。病猪体温多正常，常在神经症状出现数小时后死亡。

临床上可见刚出生的仔猪股部水肿，发红发亮，而且很快伴发黄痢，此类患猪死亡率特别高。

（3）病理变化　眼睑、颜面、下颌部、头顶部皮下呈灰白色水肿。胃的大弯、贲门部水肿，在胃的黏膜层和肌肉层间呈胶冻样水肿。大肠、小肠、结肠系膜白色胶冻样水肿，肠黏膜红肿，甚至出血。

（4）诊断

①根据流行特点、临床症状、病理变化可做出初步诊断。

②细菌分离培养及鉴定。取新鲜心、肝、脾、肺等组织病料染色，细菌培养观察并鉴定。

（5）防控技术要点

①加强饲养管理。加强产仔母猪产前产后饲养和护理，确保仔猪及时吮吸初乳。保持猪舍卫生、干燥。及时补饲，仔猪断奶换料逐步进行。

②消毒。做好环境消毒和外伤消毒，特别是去势时及时用碘酊消毒。

③免疫接种。用与本地（场）流行的大肠杆菌血清型相匹配的灭活疫苗接种妊娠母猪，或对 25 日龄以上的仔猪接种灭活疫苗。

（二）仔猪红痢

1. 病原及流行病学　该病由 C 型或 A 型产气荚膜梭菌的外毒素所引起的一种高度致死性、坏死性肠炎。魏氏梭菌是一种革兰氏染色阳性有菌膜的厌氧大杆菌。主要侵害 1～3 日龄的仔猪，1 周龄以后的仔猪很少发病，同一群各窝仔猪发病率不同，最高可达 100%，病死率 20%～70%。

2. 临床症状

（1）最急性型　在初生后几小时或不到 24 小时便会排出血便，在当天或第 2 天因极度衰竭虚脱而死。

（2）急性型　可维持 2～3 天，病猪整个发病过程排出红褐色血便，精神不振，走路摇晃，后驱常沾满血便。

（3）慢性型　可维持 1 周或数周，粪便呈黄色稀糊状，带有黏液和组织碎片。连续发病时腹泻呈间歇性。病猪生长停滞，逐渐消瘦死亡。严重病猪可排出似"米粥"样清水粪便，病程持续 1 周左右死亡。

3. 病理变化　病变主要集中于小肠空肠，剖检病变小肠空肠见有大量气体，肠黏膜红肿、出血和坏死。

4. 诊断　通常可根据临床症状和病理变化做出初步诊断。剖检时有坏死性出血性空肠炎，病变部位与正常肠段的界限分明。实验室可用空肠内容物分离细菌进行病原鉴定，同时确定其血清型，方可最后确诊。

5. 防控技术要点

（1）预防

①加强饲养管理。及时清除圈内污泥浊水，保持猪舍清洁、干燥；特别是产房使用前彻底清洁消毒，同时对产房待产母猪及其乳头进行清洗和消毒，可减少该病的发生和传播。

②在常发病的猪群，必要时可试用敏感性抗菌药物进行紧急药物预防，在仔猪刚出生时就开始口服或注射，每日 2～3 次，连续3～5 天。

③预防接种。在本病流行的猪场，给母猪注射仔猪红痢灭活苗。初产母猪在分娩前 30 天和 15 天各肌内注射 1 次，每次 5～10毫升；初产母猪如前一胎已接种过菌苗，于分娩前 15 天注射 1 次即可，剂量为 3～5 毫升。注射时尽量保持母猪安静，以免引起机械性流产。

（2）治疗　本病一旦发生，治疗效果很不理想。若猪的发病日龄小，往往会出现全窝死亡，因此，控制本病应从预防着手。若要治疗，可选用青霉素、头孢类抗菌药物，同时配合对症治疗和辅助治疗。

（三）仔猪痢疾

猪痢疾是由猪痢疾短螺旋体引起猪的一种高度传染性的黏液性、出血性腹泻病。临床特征为出血性腹泻，剖检特征为大肠黏膜的出血性坏死。

1. 病原及流行病学　猪痢疾短螺旋体是一种较大的革兰氏染色阴性厌氧菌，易弯曲，运动活泼。主要感染 6～12 周龄的仔猪。刚断奶的仔猪发病率可达 90%，病死率达 50%。成年猪发病率为 30%～70%，死亡率较低。该病主要经消化道感染，疫区内的蚊、蝇、鼠类都可传播本病。

2. 临床症状　通常本病潜伏期平均 5～7 天。

（1）最急性型　新发病的猪场多见，病猪几乎没有腹泻症状便发生死亡。

（2）急性型　病猪精神沉郁，食欲减少，后躯颤动，体温可达 40℃以上。初期排出黄色或灰白色的稀便。随后粪便中可能混有大量黏液和血液。随病程延长，腹泻加重，粪便呈红色或黑色的油脂胶冻状，含鲜血、黏液和纤维素渗出物碎片。病猪常因脱水而死。

（3）慢性型　老疫区多见，或为急性型转化而来。病猪可长期排出时轻时重的黑色稀便。病猪消瘦、贫血，生长发育停滞。

3. 病理变化　主要病变见于大肠、结肠及盲肠。表现为黏膜肿胀，表面附有黏液，黏膜有出血，肠内容物稀薄，其中混有黏液及血液，呈酱油色或巧克力色。大肠黏膜出现表层点状坏死，或有黄色和灰色伪膜积聚，肠内容物混有大量黏液和坏死组织碎片。肠系膜淋巴结肿胀，切片多汁。

4. 诊断　根据流行病学、临床症状及病理变化可做出初步诊断，确诊可取肠内容物进行暗视野镜检。

5. 防控技术要点

（1）预防

①加强检疫，禁止从疫区引进种猪。

加强饲养管理，严格执行卫生消毒制度，并尽可能避免各种应激因素的刺激。

②批次生产，全进全出，严格做好清洁消毒。

③做好员工鞋、衣服、猪场用具、运输车辆消毒，防止携带病菌。

（2）治疗

①痢菌净以每千克体重5～6毫克口服，每日2次，连用3天即可。用痢菌净注射液注射，用量同内服量。

②发病的猪场，可在饲料中拌入痢菌净、氟苯尼考、泰妙菌素、泰乐菌素等药物，给药5～7天。

（四）仔猪副伤寒

仔猪副伤寒是由沙门氏菌引起仔猪多发的一种急性呈败血症变化、亚急性和慢性呈顽固性腹泻症状的疾病。

1. 病原及流行病学　引发该病的病原分为猪霍乱沙门氏菌和猪伤寒沙门氏菌，属于革兰氏染色阴性菌。一般消毒药均可杀死病菌，$60℃$ 经30分钟也可杀死病菌。病菌在污染的环境中可存活数周。

本病经消化道传染，污染的饲料、饮水是最重要的传染源。常发于5月龄以内断奶仔猪，也可见于生长育肥猪。以2月龄至4月龄仔猪多发。

2. 临床症状　临床上常见急性败血型和慢性肠炎型。

（1）急性败血型　多发于断奶前后的仔猪，突然高热、在短时间内迅速死亡。耳郭、足部、尾部和腹部皮肤发绀。病程稍长的可见食欲不振，伴有浅湿性咳嗽，呼吸困难，耳朵呈蓝紫色，排出淡黄色或黄绿色恶臭粪便。少数可见便秘。病程一般 2～3 天。病猪死前胸腹、四肢皮肤有蓝紫色出血斑。怀孕母猪常见流产。

（2）慢性肠炎型　临床最常见。主要表现为病猪体温升高至 40℃以上，排出灰色、灰白色或黄绿色水样粪便，气味恶臭，并混有大量坏死组织和纤维状物。病猪严重消瘦，被毛粗乱。后期常发生肺部严重感染。临死前皮肤出现紫斑。病程可持续数周。

3. 病理变化　急性败血型病理变化不明显，慢性肠炎型主要病变在盲肠和大结肠，可见肠壁出血、肿胀、坏死和溃疡，表面被覆有灰黄色麸皮样物质，肝脏及肠系膜淋巴结肿大，常见到针尖大或粟粒大灰白色的坏死灶。

4. 诊断　根据流行病学、临床症状和病理变化可做出初步诊断。进一步确诊需要进行病原分离鉴定和血清学鉴定。

5. 防控技术要点

（1）预防

①加强饲养管理，经常清洁水槽。严格做好人员、物质的消毒，防止带菌入场，减少应激，消除致病因素。

②常发该病猪场，对猪群应及时注射仔猪副伤寒弱毒菌苗。口服或耳后浅层肌内注射。适用于 1 月龄以上哺乳或断乳健康仔猪。每头猪注射 1～1.5 个剂量。一般注射一次即可。

（2）治疗　沙门氏菌对多种抗生素如庆大霉素、四环素类、卡那霉素、喹诺酮类和磺胺类药都敏感，但该菌很容易产生耐药性。因此，对于沙门氏菌的治疗，应几种药物联合应用和交替使用，并且要有足够的剂量和疗程。有条件时应做药物敏感试验。

（五）猪增生性肠炎

猪增生性肠炎是由专性胞内劳森氏菌引起的猪的接触性传染病，以回肠和结肠隐窝内未成熟的肠细胞发生根瘤样增生为特征。

1. 病原及流行病学　专性胞内劳森氏菌多为弯曲形、逗点形、

S形或直的杆菌，具有波状的 3 层膜外壁，无鞭毛，无菌毛，革兰氏染色阴性，抗酸染色阳性，能被银染法着色，改良 Ziehl-Neelsen 染色法将细菌染成红色。

该菌在 5～15℃环境中可存活 1～2 周，对季铵盐类消毒剂和含碘消毒剂敏感。在感染动物中，细菌主要存在于肠上皮细胞的胞质内，也可见于粪便中。

该病主要侵害猪。断乳猪至成年猪均有发病，但主要以 6～16 周龄生长育肥猪易感，发病率为 5%～25%，病死率一般为 1%～10%。

感染猪的粪便带有坏死脱落的肠壁细胞，为猪场的主要传染源。主要经口感染，污染的器具、场地也可传播疾病。某些应激因素，如天气突变、长途运输、饲养密度过大等均可促进该病的发生。鸟类、鼠类在该病的传播中也起着重要的作用。

2. 临床症状　　自然感染潜伏期为 2～3 周，按病程分为急性型和慢性型。

（1）急性型　　发病年龄多为 4～12 周龄，严重腹泻，出现沥青样黑色粪便，后期粪便转为黄色稀粪或血样粪便并发生突然死亡。

（2）慢性型　　多发于 6～12 周龄的生长猪。病猪消瘦，被毛粗乱，精神沉郁，食欲减退或废绝，间歇性下痢，粪便变软、变稀而呈糊状或水样，颜色较深，有时混有血液或坏死组织屑片。病程长者可出现皮肤苍白，有的母猪出现发情延后现象。该病死亡率不高，但病猪可能发展为僵猪而被淘汰。

3. 病理变化　　可见回肠、结肠及盲肠的肠管胀满，外径变粗，切开肠腔可见肠黏膜增厚。回肠腔内充血或出血并充满黏液和胆汁，有时可见血凝块。肠系膜水肿，肠系膜淋巴结肿大，颜色变浅，切面多汁。

4. 诊断　　根据流行病学调查、临床症状、病理变化可做出初步诊断。

确诊需依靠更加灵敏、特异的病原检测方法，如免疫组化法、免疫荧光法、核酸探针杂交法及 PCR 等。

5．防控技术要点

（1）预防

①加强饲养管理。实行全进全出，有条件的猪场可考虑实行多点饲养、早期隔离断奶（SEW）等现代饲养技术。

②加强兽医卫生。严格消毒，加强灭鼠，搞好粪便管理。尤其哺乳期间应尽量减少仔猪接触母猪粪便的机会。

③减少应激。尽量减少应激反应，转栏、换料前给予适当的中药可较好地预防该病。如双黄连可溶性粉饮水，仔猪每 1 升水添加 1 克。

（2）治疗　常用的药物有青霉素、头孢噻呋、氟苯尼考、黏杆菌素、泰妙菌素等。抗生素治疗时最好先进行药敏试验以选择敏感药物。

三、繁殖障碍性疾病

（一）布鲁氏菌病

1．病原及流行病学　由猪布鲁氏菌引起母猪流产和不孕的一种重要人畜共患病。主要的患病宿主为家猪、野猪、欧洲野兔、驯鹿和野生啮齿类动物。猪布鲁氏菌是革兰氏阴性球杆菌，有 5 个生物型，生物型 1、2 和 3 是引起猪布鲁氏菌病的主要生物型，用适宜的培养基能够分离培养。

病原菌通过口腔传播、结膜传播和破损皮肤感染传播。传播方式分为直接传播、间接传播、水平传播和垂直传播等。猪布鲁氏菌有别于其他种的布鲁氏菌，能够通过性传播导致猪群内或猪群间感染发病。

2. 临床症状　初次发病猪群会出现流产、围产期死亡率和不育率增加；地方性感染猪群通常不出现临床症状或轻度临床症状；流行性感染猪群主要表现繁殖障碍，如母猪流产、死胎和不孕，先天性感染仔猪存活率降低，公猪不育。偶有出现关节或者腱鞘肿胀、跛行或后躯麻痹等。

3. 病理变化　感染组织中肉芽肿呈现单个或联合的液状或结节状。子宫和输卵管可见到粟粒状、2～3毫米的黄色结节，切开有干酪样渗出液。结节增生过多的情况下，输卵管积脓。怀孕子宫内，粟粒样病变会伴有出血和水肿。流产胎儿在肚脐和体腔周围，可能出现伴有出血样的皮下水肿。公猪偶有睾丸肿大或萎缩。

4. 诊断　主要包括直接诊断和间接诊断。

（1）直接诊断　镜检：流产胎儿、胎盘或阴道拭子涂片染色，镜下观察布鲁氏菌，但该方法敏感性和特异性差。细菌分离培养：从活体动物采样，包括阴道拭子、奶、精液、流产胎儿样本、病死猪的脾和肺中分离培养猪布鲁氏菌。

（2）间接诊断　主要是血清学方法，如标准试管法、巯基乙醇法、利凡诺法、补体结合试验、卡测试等。血清学方法主要针对成批样本，因此，血清学检测为阳性的样本需要采用其他方法进行验证。ELISA应该是最为理想的诊断方法，但是在猪的应用中没有统一标准。

5. 防控技术要点

（1）没有疫苗可以有效控制猪布鲁氏菌病。

（2）唯一有效的方法是清除猪群中携带布鲁氏菌的猪，减少猪群数量。在猪群数量不减少的情况下，用抗生素治疗结合屠宰检测，可以降低临床感染和疾病造成的经济损失。剔除流产、不育猪可有效控制布鲁氏菌病的传播。

（3）治疗选用有效抗生素，一般推荐口服土霉素，用量为每千克体重 20 毫克，连用 90 天，能够有效减少猪布鲁氏菌 2 型的临床症状。

（二）猪丹毒

1. 病原及流行病学　由猪红斑丹毒丝菌感染引起 3～12 月龄猪出现以红色隆起呈菱形皮肤病变为主的急性、热性人兽共患传染病。猪丹毒呈世界性分布，主要是由血清型 1a、1b 或 2 的猪红斑丹毒丝菌引起。不常见血清型对猪的毒力较低。猪红斑丹毒丝菌是一种人兽共患病原菌，通过皮肤划伤而导致人感染。患病人群一般是屠夫、屠宰场工人、兽医以及家庭主妇；出现急性、局灶性、疼痛性的蜂窝组织炎，伴有皮肤发红。

除猪和人以外，还有 30 多种鸟类、50 种哺乳动物可以作为贮存宿主。通过口鼻分泌物和粪便传播，以及环境污染物、饲料、饮水、粪尿污染的地板等均可成为传染源。常用消毒剂能够杀灭病原。3 月龄以内仔猪可以被动获得免疫保护；3 岁以上猪极少发病。

2. 临床症状　主要表现为急性型、亚急性型和慢性型 3 种形式。

（1）急性型　呈现为败血性疾病，急性死亡，流产，精神沉郁，嗜睡，发热（40～42℃），关节疼痛不愿活动，特征性的红色或粉红色"菱形皮肤"（皮肤病变一般 4～7 天消失），死亡率20%～40%。

（2）亚急性型　也会出现败血症，临床上没有急性型严重，通常动物不出现病态，体温升高程度较低或持续时间较短，皮肤损伤部位较少或不出现损伤，死亡率低，可能出现不孕、产木乃伊胎和产弱仔。

（3）慢性型　是亚急性型感染后幸存者，轻度跛行，采食减少，出现疣性心内膜炎，继发性肺水肿和呼吸困难、嗜睡、发绀或突然死亡。慢性感染猪群发病率和死亡率主要取决于环境以及其他并发感染等因素。

3. 病理变化

（1）出现败血症症状的猪，皮肤损伤，淋巴结充血肿胀，脾脏肿大，肺淤血水肿，肾脏皮质、心外膜、心房肌出现出血斑点，关节滑膜、关节周围组织或关节腔可见浆液性纤维素蛋白渗出物。

（2）亚急性患猪，表现皮肤（颈、背、腹侧部）疹块；出现一个或多个关节炎，关节腔内有浆液性渗出物。

（3）慢性疣性心内膜炎呈现由纤维蛋白、坏死细胞碎片混合炎性细胞、细菌以及增生肉芽组织形成的不规则层状体。

4. 诊断　细菌分离鉴定：从发生形态学变化的组织如心、肝、脾、肾、关节、皮肤等分离猪红斑丹毒丝菌，提供确切诊断结果。

其他的诊断方法主要有常规 PCR 方法、多重 PCR 方法（区分不同类型丹毒丝菌）、血清学检测方法。不同方法在实际生产中作用不同，所需时间成本不同。

5. 防控技术要点

（1）免疫接种是预防猪丹毒最好的方法。目前使用的疫苗是以 1 型或 2 型的猪红斑丹毒丝菌为基础制备，肌内注射用的灭活疫苗。免疫持续期为 6～12 个月。

（2）治疗用首选药物为 β-内酰胺类抗生素，如氨苄青霉素、氯唑西林、青霉素、头孢噻呋等，感染早期（24～36 小时内）治疗效果良好。

（三）李氏杆菌病

李氏杆菌病是由单核细胞增多性李氏杆菌引起的一种人畜共患传染病。感染后常见败血症、脑膜脑炎、孕畜流产等特征。

1. 病原及流行病学　病原为单核细胞增多性李氏杆菌，属革兰氏阳性菌。对温度和一般消毒药抵抗力不强，85℃经 40 秒死亡；2％的火碱、10％的石灰乳能在 10 分钟内杀死该菌，3％石炭酸、

70%酒精均能很快杀死它。

本病多发于早春、秋、冬或气候突变的时节，常呈散发或地方性流行。不同年龄的猪都可感染，但仔猪最易感。

2. 临床症状　常呈急性败血型和脑膜脑炎型。体温高达40℃以上，厌食及食欲废绝，粪便干燥。中后期体温下降到36℃左右，并出现明显的头颈后仰，前后肢张开，呈典型的观星姿势。部分呆立不动，或转圈行走，或出现肢体麻痹，抽搐痉挛，口吐白沫。病程1～6天，死亡率较高。较大猪患病后仅表现单纯的神经症状。怀孕母猪可出现流产。

3. 病理变化　全身多数淋巴结不同程度肿大、出血、坏死，切面多汁。肺充血、水肿，气管薄膜充血、出血，间质增生，散在坏死灶。心脏内、外膜出血。肝脏肿大且颜色变浅，有灰白色坏死灶，间质增生，切面为淡黄色的脓样物。脾肿大，大面积出血性坏死。脑膜充血、水肿和增厚。脑实质充血、水肿，脑脊液增多、混浊，呈淡粉红色。

4. 诊断　根据流行病学、临床症状和病理变化的可初步诊断，结合细菌学检查可确诊，或将病料接种兔和小鼠，滴眼后1天可发生结膜炎，不久出现败血症死亡。

5. 防控技术要点

（1）预防

①严格检疫。引种时要严格检疫，不从疫区引种。

②消毒。要坚持日常卫生消毒，一旦发现本病应隔离封锁，对场舍所有可能污染的地面、用具彻底消毒。

③消灭蚊、蝇和外寄生虫，驱除鼠类、猫等动物。

（2）治疗　早期应用大剂量的抗生素和磺胺效果较好。用药剂量：10%磺胺嘧啶钠注射液每次按每15千克体重计10～15毫升或配合青霉素肌内注射，或用青霉素每千克体重10万单位配合链霉素每千克体重4万单位肌内注射。土霉素以每千克体重50毫克灌服或每千克体重20～40毫克肌内注射。另外，也可选用庆大霉素、卡那霉素或喹诺酮类药物进行治疗。

第二节　猪场常见病毒性疫病诊断

病毒性疾病是养猪生产中重要的一类疫病，在猪群疫病中占有重要的地位，该类病给生猪养殖带来重大的危害。通常呈暴发现象，一旦猪群出现临床症状，表明猪已经遭到了感染，可能造成较大的死亡和损失。

一、呼吸系统疾病

（一）猪流行性感冒

猪流行性感冒是由猪流行性感冒病毒引起的一种急性、高度接触传染性呼吸道疾病。临床特点：发病突然，迅速传播，体温升高，咳嗽、呼吸困难。该病为人兽共患病。

1. 病原及流行病学　病原是猪流行性感冒病毒，可感染各种年龄、各种品种的猪。主要经呼吸道途径传播。该病毒对外界抵抗力弱，对热敏感，紫外线和常用消毒剂可很快使病毒灭活。

本病具有明显的季节性，最常见于温差较大的春、秋和寒冷的冬季；外界条件发生剧烈变化，如突然降温、拥挤运输，或阴雨潮湿、营养不良、内外寄生虫侵袭等引起猪体的抵抗力下降，可促使本病发生。

本病发病率较高，死亡率较低，一般在2～3天内可使100％的猪发病，若治疗及时，几乎无患猪死亡。继发感染其他病原菌，如巴氏杆菌、沙门氏菌、嗜血杆菌等是病猪死亡的重要原因。

2. 临床症状　发病突然，病猪体温可升高到41～42℃。食欲减退或废绝，因关节疼痛，喜卧懒动。呼吸高度困难，可见腹式呼吸；鼻流水样或黏液性分泌物，有的呈泡沫状。结膜发炎，剧烈咳嗽。病程1周左右。怀孕母猪可见流产、产死胎、弱猪、木乃伊胎等。

3. 病理变化　主要表现为肺炎，以尖叶和心叶最常见，病变区呈紫色并实变。小叶间水肿明显。严重病例可发生纤维素性胸膜炎。鼻、喉、气管和支气管黏膜可能有出血，充满带血的纤维素性渗出物。支气管和纵隔淋巴结肿大、充血。脾常轻度肿大，胃肠有卡他性炎症。病理变化的严重程度与引起流行的毒株毒力有很大关系。

4. 诊断　根据气温变化和有其他降低猪抵抗力的条件，结合呼吸系统疾病的急性暴发，常可做出怀疑诊断。

5. 防控技术要点

（1）预防　平时严格消毒，注意圈舍清洁卫生，加强饲养管理。给猪群创造一个温暖舒适、安静的环境。尽量不在寒冷多雨、气候变化异常的季节进行猪的长途运输。

（2）治疗　首先注意对病猪加强护理，消除发病诱因，增加营养以提高抗病能力。药物治疗：解热镇痛可用安乃近或安基比林，抗全身感染可用青霉素、卡那霉素等。

（二）猪瘟

猪瘟是由猪瘟病毒引起猪的一种急性或慢性、热性和高度接触性传染病。其特征为发病急，全身泛发性点状出血，脾脏梗死。

1.病原及流行病学　猪瘟病毒（HCV）是黄病毒科瘟病毒属的一个成员。病毒粒子呈球形，直径40～50纳米，核衣壳为20面体对称，基因组为单股线状RNA。猪是该病毒的唯一宿主。病猪是主要的传染源。主要的感染途径是口、鼻腔，也可通过结膜、生殖道黏膜感染。

猪瘟的发生主要有以下特点：

（1）无季节性。

（2）高度传染性，在新疫区常呈流行性发生。

（3）不同年龄和品种的猪会出现同时或先后发病。

（4）强毒感染时，发病率和病死率极高，各种抗菌药物治疗均无效。

2.临床症状　潜伏期5～7天。根据症状和其他特征，可分为最急性型、急性型、慢性型和迟发性型。

（1）最急性型　多见于新疫区发病初期。病程1～2天，死亡率极高。猪群常无明显症状而突然死亡。未死亡猪可见食欲减少，精神沉郁，体温升至41～42℃，眼、鼻黏膜充血，极度衰弱。

（2）急性型　病程10～20天。病猪高度精神沉郁，少食，怕冷挤卧，体温升高，先便秘，粪干硬呈球状，带有黏液或血液，随后下痢，发生呕吐。病猪有结膜炎，两眼有大量黏性或脓性分泌物。步态不稳，后期发生后肢麻痹。皮肤先充血，继而变成紫绀，耳、四肢、腹下及会阴等部位出现许多小出血点。公猪包皮炎，用手挤压，有恶臭浑浊液体射出。

（3）慢性型　病程1个月以上。病猪症状不一，便秘与腹泻交替出现。症状加重时，体温居高不降，皮肤有紫斑或坏死，日渐消瘦，全身衰弱。

（4）迟发性型　猪先天性感染低毒力猪瘟病毒，表现为免疫耐受。初生仔猪皮肤常见出血，死亡率很高。也有仔猪在出生后几个月可表现正常，随后发生猪瘟的结膜炎、皮炎及运动失调症状等，多数猪能存活 6 个月以上。母猪表现为流产，产木乃伊胎、死产、产出有颤抖症状的弱仔或外表健康的感染仔猪。

3. 病理变化　最急性猪瘟，缺乏明显病理变化，一般仅见浆膜、黏膜和内脏有出血斑点。

急性和亚急性猪瘟，表现以多发性出血为特征的败血症变化，全身皮肤有密集出血点或弥漫性出血。急性型猪瘟病猪的全身淋巴结水肿、出血，呈大理石样或红黑色外观。肾脏有针尖状出血点（斑），呈现"雀斑肾"外观。脾脏出血性梗死是猪瘟最有诊断意义的病理变化。

慢性猪瘟在回肠末端、盲肠和结肠常有特征性的伪膜性坏死和纽扣状溃疡。

先天性 HCV 感染可引起胎儿木乃伊化、死产和畸形。死产的胎儿最显著的病理变化是全身性皮下水肿、腹水和胸水。胎儿畸形包括头和四肢变形，小脑和肺发育不良，肌肉发育不良。在出生后不久死亡的子宫内感染仔猪，皮肤和内脏器官常有出血点。

4. 诊断　对于典型猪瘟可根据流行病学、临床症状和脾梗死等做出初步诊断。迟发性猪瘟和"温和性猪瘟"（非典型猪瘟），因临床症状和病理变化存在很大差异，其确诊必须进行实验室诊断。

5. 防控技术要点

（1）预防

①平时的预防措施主要是加强引种检疫，防止引入病猪；免疫预防。

免疫预防：全群合理开展猪瘟疫苗的预防注射，提高猪群的免疫水平。仔猪可采用超前免疫，即在仔猪出生后半小时内注射 1～2 头份剂量猪瘟疫苗，注射后 2 小时方可让仔猪吃初乳。40 日龄再注射一次。对疫区内的假定健康猪和受威胁区的猪，需要紧急接种，立即注射猪瘟兔化弱毒疫苗，剂量可增至常规量的 6～8 倍。

②流行时的防治措施。

A. 封锁疫点。在封锁范围内停止生猪及猪相关产品的集市买卖和外运，猪群不准放牧。最后 1 头病猪死亡或处理后 3 周，经彻底消毒，可以解除封锁。

B. 处理病猪。对所有猪进行测温和临床检查，病猪以急宰为宜，可疑病猪予以隔离。对有带毒母猪，应坚决淘汰；这种母猪虽不发病，但可经胎盘感染胎儿，引起死胎、弱胎，产下的仔猪也可能带毒，这种仔猪对免疫接种有耐受现象，不产生免疫应答，而成为猪瘟的传染源。

C. 彻底消毒。污染的场地、用具和工作人员都应严格消毒，防止病毒扩散。在猪瘟流行期间，对饲养用具应每隔 2~3 天消毒 1 次，碱性消毒药（如火碱、生石灰，冬季可用氢氧化钠溶液加 5%的盐）均有良好的消毒效果。

（2）治疗　尚无有效的化学药物。

（三）猪繁殖与呼吸道综合征

猪繁殖与呼吸道综合征（PRRS），是由猪繁殖与呼吸综合征病毒引起猪的一种繁殖障碍和呼吸系统传染病。临床表现为厌食、发热，妊娠母猪后期流产、产死胎和木乃伊胎，幼龄仔猪发生呼吸系统疾病。

1. 病原及流行病学　猪繁殖与呼吸道综合征病毒（PRRSV）属于动脉炎病毒科动脉炎病毒属，单股正链 RNA 病毒，该病毒有囊膜，对乙醚和氯仿敏感，对热和干燥抵抗力不强。pH 依赖性强，在 pH6.5~7.5 之间相对稳定，高于 7 或低于 5 时，感染力很快消失。根据基因变异程度分为两个基因型或地理群，即以欧洲原型病毒 LV 株为代表的欧洲基因型（A 型）和以美国原型病毒 ATCC VR~2332 为代表的美洲基因型（B 型）。我国分离到的毒株均为美洲基因型。

各种年龄、品种的猪都可感染，主要侵害繁殖母猪和仔猪。病猪是主要传染源。主要传播途径为空气、接触、精液，也可垂直传播。本病大流行之后，患猪多呈隐性感染。

2. 临床症状

（1）经典型　自然感染潜伏期一般为 14 天。根据病的严重程度和病程不同，临床表现不尽相同。母猪病初精神倦怠、厌食、发热。妊娠后期发生早产、流产，造成母猪不育或产奶量下降。早产仔猪在出生后当时或几天内死亡；多数初生仔猪表现呼吸困难、肌肉震颤、共济失调、嗜睡；有的仔猪耳部发紫和躯体末端皮肤发绀。1 月龄内仔猪感染后，死亡率高达 80%。育成猪感染后表现双眼肿胀，发生结膜炎和腹泻，出现肺炎。公猪感染后表现呼吸急促、咳嗽、打喷嚏、精神沉郁、食欲不振、运动障碍、性欲减弱、精液质量下降、射精量少。

（2）高致病型　患猪高热，一般在 41℃ 以上，咳嗽。病猪先从耳朵、腹部、腿部等四肢末端出现皮肤发紫，继而发展为全身皮肤发绀；后肢麻痹，严重的站立困难或不能站立，出现划水样的中枢神经症状；也有部分猪出现呕吐，呕吐物呈蛋花状；部分猪发生顽固性腹泻，排黄色、恶臭稀粪，多数衰竭而亡。90 日龄以内的猪多数伴有关节肿大的症状，呼吸高度困难。

3. 病理变化

（1）经典型　眼观病变差异很大，能引发多种组织病变，但病变最明显的部位在肺脏，呈弥漫性间质性肺炎。有的病猪出现皮下与眼周水肿，流产往往发生在母猪妊娠后期，流产胎儿的身体状况从新鲜到自溶不等，而且脐带出血。

（2）高致病型　整个肺部呈暗红色，切开支气管有血样泡沫样液体流出。小肠广泛性出血，肠腔黏膜脱落。肾脏变白，有白色坏死灶，被膜紧张，易剥离。心脏质软，易脆。胸腺出血，质软。脾脏轻度肿胀，呈暗紫色。淋巴结严重出血，呈"大理石样"。

4. 诊断　根据流行病学、临床症状和病理变化可做出初步诊断。实验室确诊取肺、脾等组织进行病毒分离鉴定，或用其他血清学诊断方法确诊。

5. 防控技术要点　免疫接种可选择弱毒苗和灭活苗，一般认为弱毒苗效果较佳，但不能阻止强毒感染，且存在散毒和疫苗毒力返强的潜在风险，因此多应用于受污染猪场。后备母猪在配种前进行2次免疫，首免在配种前2个月，间隔1个月后进行二免。小猪在母源抗体消失前首免，母源抗体消失后二免。疫苗毒能跨越胎盘导致先天感染，也可持续在公猪体内通过精液散毒，故公猪和妊娠母猪不能接种。

（四）猪圆环病毒病

猪圆环病毒病是由猪圆环病毒引起猪的一种传染病。主要特征为消瘦、贫血、黄疸、腹泻、呼吸困难、母猪繁殖障碍、内脏器官特别是肾、脾脏及全身淋巴结高度肿大、出血和坏死。

1. 病原及流行病学　猪圆环病毒（PCV）为圆环病毒科圆环病毒属成员，为单股负链环状DNA。PCV有2种血清型，即PCV-1和PCV-2。目前PCV-1对猪的致病性较低，偶尔可引起妊娠母猪的胎儿感染，造成繁殖障碍。PCV-2对猪的危害极大，可引起一系列临诊病症，包括猪断奶后多系统衰弱综合征（PMWS）、皮炎肾病综合征（PDNS）、母猪繁殖障碍等。此外，还可能与增生性肠炎、坏死性间质性肺炎（PNP）、猪呼吸道综合征（PRDC）、仔猪先天性震颤等有关。该病毒对外界环境的抵抗力极强，一般消毒剂很难将其杀灭。

猪是PCV的主要宿主，对PCV有较强易感性。各种日龄猪均可感染，但仔猪感染后发病严重，一般集中在5~18周龄，尤其以6~12周龄最多见。妊娠母猪感染PCV后，可经胎盘垂直传染给仔猪，并导致繁殖障碍。感染猪通过鼻液、粪便等排出病毒，易感猪经消化道、呼吸道感染。PCV-2 主要侵害猪体的免疫系统造成免疫抑制。

2. 临床症状　猪圆环病毒感染后潜伏期均较长，可引起以下多种病症：

（1）猪断奶后多系统衰弱综合征（PMWS）　通常发生于断奶仔猪。患猪表现为精神欠佳、食欲不振、肌肉衰弱无力、下痢、呼吸困难、眼睑水肿、黄疸、贫血、消瘦、与同龄健康猪体重相差甚大、皮肤湿疹，全身性淋巴结，尤其是腹股沟、肠系膜、支气管以及纵隔淋巴结肿胀明显，发病率为 5%～30%，死亡率为 5%～40%不等，康复猪成为僵猪。

（2）皮炎肾病综合征（PDNS）　以病猪皮肤出现红紫色凸起的不规则形状斑块为临床特征；常发生于 2～5 月龄的猪。患猪常在 3 天内死亡，有时可以维持 2～3 周。

（3）坏死性间质性肺炎　主要危害 6～14 周龄的猪，发病率为 2%～30%，死亡率为 4%～10%。

（4）母猪繁殖障碍　PCV-1 和 PCV-2 感染均可造成繁殖障碍，其中以 PCV-2 引起的繁殖障碍更严重。主要表现为母猪返情率增加、产木乃伊胎、流产、产死胎等。

3. 病理变化　猪断奶后多系统衰弱综合征，剖检可见淋巴结肿大、肝硬变、多灶性黏液脓性支气管炎。

皮炎肾病综合征的病理变化为弥漫性间质性肺炎，肺脏颜色灰红色，质地似橡皮。心包炎，胸腔积水并有纤维素性渗出。肾苍白肿大，有出血点或坏死点。脾肿大、坏死、色暗。

剖检坏死性间质性肺炎病例，可发现胃、肠、回盲瓣黏膜有出血、坏死。组织学上可见肉芽肿性间质性肺炎，气管上皮坏死或脱落并继发为细支气管炎。

4. 诊断　该病仅靠临床症状难以确诊，应注意与猪瘟的鉴别诊断。实验室诊断方法包括抗体和抗原检测。

5. 防控技术要点　目前控制 PCV-2 感染的主要措施包括：注射圆环病毒疫苗进行预防；加强环境消毒和饲养管理，减少仔猪应激；做好伪狂犬病、猪繁殖与呼吸综合征、细小病毒病、喘气病、传染性胸膜肺炎等疫病的综合防控等。对发病猪群及时淘汰。

（五）猪伪狂犬病

猪伪狂犬病是由伪狂犬病毒引起的一种急性传染病。

1. 病原及流行病学　伪狂犬病毒（PRV）属于疱疹病毒科病毒，基因组为线状双股 DNA，只有一个血清型，伪狂犬病毒对热、甲醛、乙醚、紫外线等敏感，但对石炭酸有一定的抵抗力。

伪狂犬病毒可引起多种家畜及野生动物发病。对仔猪、牛、羊、犬等动物都有高达 $80\% \sim 100\%$ 的致死率。本病高发季节是冬、春两季，主要经消化道、呼吸道、黏膜和皮肤的伤口及配种、哺乳等途径传染。鼠类在传播本病中非常重要。

2. 临床症状　猪伪狂犬病临床特征因年龄不同而异：哺乳仔猪出现发热和神经症状；成年猪呈隐形感染；妊娠母猪出现流产、产死胎，表现呼吸系统临床症状等；公猪表现为繁殖障碍和呼吸系统临床症状。

3. 病理变化　一般无特征性病理变化。眼观主要见肾脏有针尖状出血点，如有神经症状，脑膜明显充血、出血和水肿，脑脊髓液增多。扁桃体、肝和脾均有散在白色坏死点。肺水肿，有小叶性间质性肺炎或出血点。胃黏膜有卡他性炎症，胃底黏膜出血。流产胎儿的脑和臀部皮肤有出血点，肾和心肌出血，肝和脾有灰白色坏死灶。

4. 诊断　根据流行病学、偏头、单方向做圆周运动等临床症状及病理变化可初步诊断，确诊可采集淋巴结等病料进行病原分离鉴定，也可将病料接种家兔观察有无痒感，若接种家兔出现痒感，则能提高诊断率。

5. 防控技术要点

（1）预防

①平时预防。成猪每年 2 次注射猪伪狂犬病弱毒疫苗或油苗，妊娠母猪产前 28 天注射 1 次。免疫母猪所产仔猪于 15 日龄注射弱毒疫苗，45 日龄再加强免疫 1 次。

②搞好猪场卫生消毒，尤其应注意消灭猪场内的鼠。坚持自繁自养，严禁从疫区引进种猪。消灭各种应激和不利因素。

③发病控制。本病一旦发生，可立即注射免疫血清进行治疗。治愈猪要隔离饲养。无血清可用时，要彻底淘汰发病猪；对于健康猪，无论大小一律进行紧急疫苗注射。同时严格封锁疫区，对于发病圈舍的场地、物品进行彻底消毒。消毒药可使用 2% 的热氢氧化钠溶液或甲醛等。

（2）治疗　目前本病无特效药物，要注重预防。

二、消化系统疾病

（一）猪流行性腹泻

猪流行性腹泻是猪的一种急性肠道传染病，临床以排水样便、呕吐、脱水为特征。

1. 病原及流行病学　猪流行性腹泻病毒（PEDV）为冠状病毒科冠状病毒属的成员。本病毒不能凝集人、兔、猪、鼠、犬、马、羊、牛的红细胞；对外界抵抗力弱，对乙醚、氯仿敏感，一般消毒药物都可将其杀灭。

猪流行性腹泻病毒可在猪群中持续存在，经发病猪的粪便排出，不同年龄与品种猪经消化道传染。病猪和带毒猪是主要传染源、运输车辆、饲养员的鞋或其他带病毒的动物，为传播媒介。

2. 临床症状　病猪体温稍升高或正常，精神沉郁，食欲减退，呕吐，继而排水样便、粪便呈灰黄色或灰色，年龄越小症状越重。脱水消瘦。

3. 病理变化　病变主要在小肠，肠管鼓气，肠壁薄而透明，充满黄色液体，肠系膜淋巴结肿胀。小肠绒毛显著缩短。

4. 诊断　依据流行病学和临床症状可做出初步诊断，确诊需进行病原分离鉴定。临床上不能与猪传染性胃肠炎区别。

5. 防控技术要点

（1）消毒　产房母猪和仔猪全进全出管理，空栏后彻底清洗、烘干、消毒、备用。

（2）管理　日常加强产房保温，可用热风机保温除湿。

（3）疫苗免疫　种猪免疫接种弱毒疫苗和灭活疫苗有一定的效果。

（二）猪传染性胃肠炎

猪传染性胃肠炎（TGE）是由传染性胃肠炎病毒引起猪的一种高度接触性传染病。临床症状以严重呕吐、腹泻、脱水及 2 周龄内仔猪高死亡率为特征。

1. 病原及流行病学　传染性胃肠炎病毒属于冠状病毒科冠状病毒属，基因组为单股正链 RNA。目前，分离到的病毒只有一个血清型。

本病呈世界性分布，只感染猪，其他动物可携带病毒。感染动物从粪便、乳汁、鼻液中排出病毒，污染饲料、饮水、空气和用具等，由消化道和呼吸道感染猪。病毒对热和光的抵抗力不强，对乙醚、氯仿、0.5％的苯酚敏感。本病一年四季均可发生，冬季高发。

2. 临床症状　本病潜伏期很短，传播迅速，数日内可蔓延全群。仔猪突然呕吐，继而发生频繁水样腹泻，明显脱水，体重迅速减轻，日龄越小，病程越短，病死率越高。10日龄以内的仔猪多在2~7天内死亡。母猪不能提供足够的乳汁，导致小猪营养失调会导致病情加剧，病死率增加。病愈仔猪生长发育不良。幼猪、育肥猪和母猪的呕吐和腹泻症状轻重不一，通常只有1天至数天出现食欲不振或废绝。

3. 病理变化　尸体脱水明显，主要病理变化在胃和小肠。3日龄病死小猪胃底部黏膜充血或出血，小肠内充满白色或黄绿色液体，肠壁变薄而无弹性，肠管扩张呈半透明状。肠系膜淋巴结充血肿大。

4. 诊断　根据流行病学、临床症状可做出初步诊断。确诊需要病原分离鉴定。

5. 防控技术要点

（1）预防　强化猪场的卫生管理，定期消毒，免疫预防，是防控TGE的有效方法。

（2）治疗　本病尚无有效的治疗药物。

应用口服补液盐（氯化钠3.5克，碳酸氢钠2.5克，氯化钾1.5克，葡萄糖20克，加温水1 000毫升）供猪自饮或灌服，并供给大量清洁饮水和易消化的饲料，结合抗菌药物（如恩诺沙星、痢菌净等）进行消炎，加速病猪恢复。

中药用马齿苋、积雪草等可防止继发感染，减轻临床症状。

（三）猪轮状病毒病

猪轮状病毒病是轮状病毒引起猪的急性肠道传染病，仔猪主要症状为厌食、呕吐、下痢，中猪和大猪无症状。

1. 病原及流行病学　轮状病毒属于呼肠孤病毒科轮状病毒属。轮状病毒分为A、B、C、D、E、F等6个群，A群又分为两个亚群（亚群Ⅰ和亚群Ⅱ）。轮状病毒对理化因素有较强的抵抗力，室温下能保存7个月。0.01%碘、1%次氯酸钠和70%酒精可使病毒丧失感染力。

病猪和带毒猪是主要传染源，经粪便排出病毒，污染饲料、饮水、土壤及用具等，由消化道途径侵入易感猪，造成地方流行性。各种猪都可感染，8周龄以下的仔猪症状明显，日龄越小，发病率越高。本病于晚秋、冬季和早春高发。其他动物可携带病毒。

2. 临床症状　病初食欲减退，少动，常有呕吐。迅速发生腹泻，腹泻越久，脱水越明显。临床症状轻重决定于发病日龄、环境条件和母源抗体的有无。尤其是环境温度突降和继发大肠杆菌病，常加剧临床症状，病死率升高。如果有母源抗体保护，则1周龄的仔猪一般不易感染发病。若无母源抗体保护，仔猪感染发病后，病死率可高达100%。

3. 病理变化　主要限于消化道。幼龄动物胃内充满凝乳块和乳汁。小肠半透明，内容物呈液状，灰黄或灰黑色。小肠广泛出血，肠系膜淋巴结肿大。

4. 诊断　本病多发于寒冷季节，病猪多为仔猪，主要症状为腹泻。据此可初步诊断。必要时可通过实验室病原分离鉴定确诊。

5. 防控技术要点

（1）预防　本病的预防主要依靠加强饲养管理，认真执行兽医防疫措施，增强猪体抵抗力。新生仔猪及早吃到初乳，接受母源抗体的保护。使用猪轮状病毒病-猪传染性胃肠炎二联弱毒疫苗肌内注射，经产母猪跟胎免疫，产前40天首免，产前20天加强免疫一次，1头份/次。发病场全群种猪普免，3周后加强免疫一次。

（2）治疗　目前无特效治疗药物。可喂葡萄糖盐水和投以收敛止泻药对症治疗。同时使用抗生素以防继发感染。

三、繁殖障碍性疾病

（一）非洲猪瘟

非洲猪瘟（ASF）是由非洲猪瘟病毒（ASFV）引起猪的一种以发热和全身脏器出血为特征的急性、烈性、高度接触性传染病。

1. 病原及流行病学　非洲猪瘟病毒（ASFV）是一种在细胞质内复制的有囊膜的双股 DNA 病毒，是非洲猪瘟病毒科非洲猪瘟病毒属的唯一成员。非洲猪瘟病毒基因组长度具有多样性，导致了不同国家、不同地区的病毒分离株基因型有所不同。

ASFV 对外界抵抗力强，在血液、粪便和各种组织中可长期保持感染性。在未煮熟肉制品中可存活 3～6 个月。在 56℃作用 70 分钟或 60℃作用 20 分钟条件下可灭活 ASFV。在 pH 小于 3.9 或 pH 大于 11.5 的环境下，ASFV 易于灭活。0.8％氢氧化钠 30 分钟，2.3％次氯酸盐 30 分钟，0.3％福尔马林 30 分钟，3％邻苯基苯酚和碘混合物 30 分钟可灭活病毒。

ASFV 是由虫媒传播的 DNA 病毒，广泛分布的蜱类是重要的贮存宿主和传播媒介。

猪科动物和蜱类是 ASF 的易感动物。病毒主要经呼吸道和消化道途径侵入猪体，传播途径有接触传播、经食物传播和媒介节肢动物（仅限于软蜱科钝缘蜱属的软蜱、厩螫蝇）叮咬吸血传播。病猪经唾液、泪水、鼻腔分泌物、尿液、粪便、生殖道分泌物排出病毒。

2. 临床症状　以自然感染潜伏期 5～9 天，发病时体温升高至 41℃，约持续 4 天，直到死前 48 小时，体温才开始下降为特征，猪没有食欲，懒动，极度羸弱，咳嗽，呼吸快，部分表现呼吸困难，浆液或黏液脓性结膜炎，流清亮至较浓鼻液，部分猪流鼻血，有些毒株会引起猪带血下痢，呕吐。

3. 病理变化　淋巴结表面或切面有似血肿的结节。脾脏肿大数倍，髓质肿胀区呈深紫黑色，切面突起，脾脏表面暗红色，有三角形栓塞病变隆起。心包液增多，部分病例心包液混浊且含有纤维蛋白，心包及心内膜充血、出血。喉、会厌软骨有瘀斑、充血及扩散性出血，比猪瘟更甚，瘀斑发生于气管前1/3处。肾脏肿胀、弥散性出血。

4. 诊断

（1）临诊诊断　非洲猪瘟与急性猪瘟的症状和病理变化都很相似，它们的亚急性型和慢性型在生产上也是不易区别的，因而必须用实验室方法才能鉴别。

（2）实验室诊断

①荧光定量 PCR。采集备检猪的唾液、粪便、血液或其他组织，提取核酸后扩增。

②直接免疫荧光试验。荧光显微镜下观察，如见细胞质内有明亮荧光团，则为阳性。

③间接免疫荧光试验。在盖玻上培养 Vero 细胞至长满，接种处理后的疑似非洲猪瘟感染样品，并设 Vero 细胞对照。如待检样品在 Vero 细胞质内出现明亮的荧光团和荧光细点可被判定为样品阳性。

④红细胞吸附试验。将疑似非洲猪瘟感染猪的血液或组织提取物加入健康猪的白细胞培养物中，37℃培养，如红细胞吸附在白细胞上，形成玫瑰花环状或桑椹体状，则判定样品为阳性。

5. 防控技术要点　养殖场做好生物安全防护是防控非洲猪瘟的关键。

（1）严格控制人员、车辆、物品和易感动物进入养殖场；进出养殖场及生产区的人员、车辆、物品要严格消毒。

（2）封闭饲养生猪，采取隔离防护措施，尽量避免猪群与野猪、钝缘软蜱接触。

（3）严禁使用泔水或餐余垃圾饲喂生猪。

（4）配合开展疫病监测排查。

（二）猪细小病毒病

猪细小病毒病是由猪细小病毒感染引起的猪繁殖障碍性疾病。初产母猪出现产死胎、畸形胎、木乃伊胎、流产及产病弱仔猪，母猪本身无明显临床症状。本病还会引起母猪发情不正常、屡配不孕以及早产或预产期推迟等。

1. 病原及流行病学　猪细小病毒（PPV）属于细小病毒科细小病毒属，无囊膜，基因组为单股 DNA。PPV 耐热性强，56℃ 48 小时或 80℃ 5 分钟才能灭活，pH 适应范围 3～10。

猪是已知的唯一易感动物，不同年龄、性别的家猪和野猪都可以感染。本病常见于初产母猪，导致猪场可能连续几年出现繁殖障碍。经胎盘感染的初生仔猪可长期带毒。病毒可存活在公猪的精液中，进而可能感染全群。

2. 临床症状　主要症状是母猪的繁殖障碍。主要发生在第一胎孕猪，经产母猪很少发生二次感染。母猪不同孕期感染，其产死胎、木乃伊胎、流产等临床症状不同。胚胎 30 天以前感染时，胚胎常发生死亡，以致重新吸收，母猪在吸收胎儿后，重新发情，但出现不孕现象。若胚胎 30～70 天时感染细小病毒，可致胎儿死亡和胎儿木乃伊化，母猪外观可见腹围慢慢由大变小。胚胎 70 天以后感染的，由于有免疫反应，一般胎儿可存活下来。

3. 病理变化　受感染的胎儿可见充血、出血、水肿，体腔积液、脱水（木乃伊化）、坏死。

4. 诊断　根据母猪发生流产或产出死胎、木乃伊胎儿等胎儿异常，但母体无明显异常变化，即可初步判定为细小病毒感染，有条件时可进行实验室检查确诊。

5. 防控技术要点　目前尚无特效药物，免疫接种是预防本病的主要措施，选用灭活苗对初产母猪于配种前 1～2 个月进行 2 次疫苗接种，每次间隔 2～3 周。公猪每年注射一次疫苗。

（三）乙型脑炎

乙型脑炎又称日本乙型脑炎，是由流行性乙型脑炎病毒引起的一种蚊媒性人兽共患传染病。本病属于自然疫源性疾病，多种动物均可感染，其中人、猴、马和驴感染后出现明显脑炎临床症状，病死率较高。

1. 病原及流行病学　流行性乙型脑炎病毒属于黄病毒科黄病毒属，为单股 RNA 病毒。病毒对外界抵抗力不强，常用消毒剂效果良好。

猪的发病不分性别和品种，在本病的传播上，人和动物常因蚊子叮咬而发病。因此，本病具有明显的季节性，以夏末秋初为高流行期。

2. 临床症状　患猪主要表现突然流产、早产、产死胎或木乃伊，1～2 月龄死亡流产的胎儿，小的似拇指粗细，较大的其颜色呈黑褐色，而发育完全的胎儿则见全身水肿。有的母猪可产下成活的胎儿，但仔猪出生数周后可发生全身痉挛症状。

公猪表现为单侧性睾丸肿大，偶尔有双侧性。触摸睾丸发热、有痛感，数日后睾丸缩小变硬，丧失配种能力。

3. 病理变化　主要在脑、脊髓、睾丸和子宫。脑脊髓液增量，脑膜和脑实质充血、出血、水肿。肿胀的睾丸实质充血、出血。流产胎儿常见脑水肿，皮下有血样浸润；胸腔积液、腹水、浆膜小点出血、淋巴结充血、脊膜或脊髓充血等。脑水肿的仔猪中枢神经区域性发育不良，全身肌肉褪色，似煮肉样。胎儿大小不等，有的呈木乃伊化。

4. 诊断　本病有严格的季节性，散发，多发于幼龄动物，有

生猪养殖减抗 Shengzhu Yangzhi Jiankang
技术指南 Jishu Zhinan

明显的脑炎症状，怀孕母猪发生流产，公猪发生睾丸炎。根据流行病学、临床症状，结合病理变化可做出综合诊断，确诊则需进行血清学试验。

5. 防控技术要点

（1）预防　本病首先要消灭传染媒介——蚊子。在每年3—4月，蚊子来临前一个月注射乙脑灭活疫苗或乙脑弱毒疫苗。第一年连续注射2次，每次间隔14天。以后每年在蚊虫出现前1个月注射一次。

（2）治疗　本病目前尚无特效药物。为促使患猪早日康复，除加强护理外，还要及时投服抗菌消炎药物、维生素等。对出现症状的公猪，可及时注射2倍量乙脑疫苗，有助于恢复。

（四）口蹄疫

口蹄疫是由口蹄疫病毒引起牛、羊、猪等偶蹄兽的一种急性、热性、高度接触性传染病。

1. 病原及流行病学　口蹄疫病毒属于微RNA病毒科口蹄疫病毒属。本病毒具有多型易变的特点，常常有新的亚型出现。当前我国主要是A型、O型口蹄疫。口蹄疫病毒对外界抵抗力很强，耐干燥。2%～4%氢氧化钠、3%～5%福尔马林溶液、0.2%～0.5%过氧乙酸或5%的次氯酸钠均为口蹄疫病毒良好的消毒剂。

口蹄疫病毒主要侵害牛、羊、猪及野生偶蹄兽。本病一年四季都有发生。病毒可由消化道、呼吸道、损伤的皮肤传染，病畜发热期间，其粪、尿、奶、眼泪、唾液和呼出的气体均含病毒，后期病毒主要存在于水疱皮和水疱液中。该病传播迅速，发病率高，成年动物死亡率低，幼龄动物死亡率高。

2. 临床症状　口腔黏膜、蹄部、乳房皮肤形成水疱和糜烂。本病传播迅速，流行面广，成年动物多能耐过，幼年动物常发生心肌炎而出现大面积死亡。

3. 病理变化　患病动物的口腔、蹄部、乳房、咽喉、气管、支气管和胃黏膜可见水疱、烂斑和溃疡，逐渐变为黑棕色的痂块。心包膜有弥漫性及点状出血，心肌有灰白色或淡黄色的斑点或条纹，称为"虎斑心"。心肌松软，似煮过的肉。

4. 诊断　本病临床症状比较典型，一般结合流行病学很容易做出初步诊断。流行病学表明，一般情况下牛患病在前，羊、猪患病有时仅猪发病呈流行性。进一步确诊需进行实验室诊断。

5. 防控技术要点　动物发生口蹄疫后，一般不允许治疗，应采取扑灭措施。

（1）预防　口蹄疫疫苗注射 14 天后一般可产生免疫力。猪注射疫苗后可产生 3～6 个月的免疫保护力。平时对猪要定期注射疫苗，母猪每年都要进行 2 次注射。

（2）扑灭措施　针对疫点，严格按照"早、快、严、小"的原则，实施以检疫诊断为中心的封锁、隔离、检疫、消毒等措施，迅速查源灭源，对易感动物群进行预防接种。

（五）脑心肌炎

脑心肌炎是由脑心肌炎病毒引起的，多种脊椎动物共患的病毒性传染病。

1. 病原及流行病学　本病的病原为脑心肌炎病毒（EMCV），属于微 RNA 病毒科心病毒属。根据毒株的来源，有门戈病毒、哥伦比亚-SK 病毒、ME 病毒和小鼠脑脊髓炎病毒（MEV）等，这些病毒合称为脑心肌炎病毒组。该病毒能抵抗乙醚，在冻干或干燥后常失去感染性。60℃ 30 分钟可灭活。

带毒鼠类是主要传染源，通过粪便不断排出病毒。仔猪等主要因采食被污染的饲料及饮水而感染。母猪可经胎盘或哺乳导致仔猪感染。

2. 临床症状　大部分病猪无任何临床症状突然死亡。有时见到短暂的精神沉郁、拒食、震颤、步态蹒跚、麻痹、呕吐或呼吸困难等，常在兴奋躁动状态下死亡。妊娠母猪感染后表现发热和食欲减退等临床症状。妊娠后期流产，产木乃伊胎或死胎。

3. 病理变化　病死猪腹下皮肤蓝紫色，胸腔、腹腔及心包积水，肝肿大，肠系膜水肿。心脏软而苍白，右心室扩张，可见心肌炎和心肌变性，肺充血、水肿。脾脏萎缩，比正常脾小一半。

4. 诊断　根据临床症状和特征性病理变化，结合流行情况可做出初步诊断。确诊应进行实验室检查。

采取急性死亡病猪的心肌和脾脏，按 1 : 10 制成悬液，经脑内、腹腔内、肌肉内或饲喂接种小鼠，如经 4～7 天小鼠陆续死亡，剖检可见心肌炎、脑炎等病理变化。确诊需分离病毒，可用仓鼠肾（BHK）细胞或鼠胚成纤维细胞分离培养病毒，再用特异性免疫血清进行中和试验做出鉴定。

5. 防控技术要点　采取综合性措施防治该病。消灭鼠类，防止鼠类啃咬、污染食物或饲料；将病死动物无害化处理，快速消灭传染源；用含氯消毒剂彻底消毒被污染的场地。

应尽量避免过度骚扰耐过的猪，以防因心肌炎后遗症而突然死亡。

第三节　猪场常见寄生虫性疾病诊断

目前，寄生虫病在很多的猪场普遍存在，多数猪呈隐性带虫现象，一旦出现症状，表明猪已经遭到严重感染。除极少数寄生虫的中间宿主生长发育需要特定的环境条件外，绝大多数寄生虫病在各地都可见到，所以综合防治寄生虫病是养猪能否成功的关键。

寄生虫病的综合防控技术要点：

一是，驱虫计划。结合当地和猪场的寄生虫流行情况，制订定期驱虫计划。

二是，环境卫生。注意圈舍的清洁卫生，定期消毒。经常消除猪场及猪舍周围污水、杂草。

三是，消灭传播媒介及病原。做好灭蚊、鼠工作等，对猪粪堆积发酵，消除需要第二中间宿主的部分寄生虫。

四是，合理用药。交替并重复用药，如驱除疥螨的药物，须间隔一周后再用药一次，有的甚至更多次。

一、猪弓形虫病

1. 病原及流行病学　不同的发育阶段的弓形虫呈现不同的形态，在中间宿主如猪、牛、羊等体内呈现滋养体和包囊发育阶段，而在终末宿主猫的体内呈现裂殖体、配子体以及卵囊等发育阶段。

弓形虫病是猪常见的寄生虫病，任何品种、年龄和性别的猪都能感染，虫体主要寄生在血液中。病猪的排泄物、血液、内脏和尸体是该病的重要传染源。猪弓形虫病可经呼吸道及消化道等多种途径感染，甚至会通过胎盘进行垂直传播。该病的发生不呈现明显的季节性，即全年任何季节都能够发生，但在温度较高、湿度较大的夏秋季节容易发生。

2. 临床症状　病猪初期体温明显升高，主要表现出高热稽留，体温升高至 40.5～42℃，精神萎靡，食欲不振；患病仔猪的眼结膜发生充血，气喘明显，呼吸困难，往往呈腹式呼吸；育肥猪发热，食欲废绝，鼻腔有泡沫状或者水样液体流出，少数病猪出现呕吐；妊娠母猪还伴有早产、流产以及产出死胎等。

3. 病理变化 病猪全身淋巴结肿大，其中腹股沟淋巴结肿大最为严重。肺脏呈现暗红色、肿胀。肝脏肿胀，混浊，质地变硬，有灰黄色或灰白色坏死灶，大小如粟粒或针尖。胆囊肿胀，黏膜表面有少量出血点、小溃疡或坏死灶。肠黏膜充血、潮红、变厚、糜烂或溃疡。从空肠到结肠，出现点状、斑状出血。

4. 诊断

（1）涂片镜检 取急性病猪的腹部积液、淋巴结穿刺液进行涂片，或者取病死猪的淋巴结、肺脏组织进行涂片，经过姬姆萨染色镜检，可发现形状多样的滋养体，部分呈半月形，部分呈香蕉状或者梨形、梭形，核被染成深蓝色，处于中央或者略微偏向钝端。

（2）血清学检查 该病可通过血细胞凝集试验、色素试验、中和抗体试验、补体结合反应、荧光抗体法等进行检查。

5. 防控技术要点

（1）严格消毒 定期消毒。病死猪尸体要求采取深埋或者焚烧等无害化处理，同时对母猪流产场地进行彻底消毒。

（2）加强饲养管理 清除传染源，消灭传播媒介，切断传播途径。保持猪舍干净卫生，猪场内不饲养犬、猫，加强灭鼠。

二、猪蛔虫病

1. 病原及流行病学 猪蛔虫是一种大型线虫，虫体肉眼可见，中部稍厚，两端细长。蛔虫卵呈短椭圆形，随粪便排出。蛔虫卵对外界环境有很强的抵抗力，只有高浓度的苛性钠溶液和石炭酸溶液才能杀灭蛔虫卵。成虫主要寄生在猪的小肠腔内，幼虫主要侵害肝脏和肺脏。成熟雌蛔虫繁殖能力强，易存活，导致该病广泛传播。该病的流行没有明显的季节性，四季均可发生。

2. 临床症状　3～6月龄仔猪的临床症状最严重，感染初期仔猪轻度湿咳，体温升高，病情较重的仔猪表现为精神沉郁、食欲减退、营养不良、呼吸困难、消瘦和全身性黄疸。6月龄以上的猪，由于肠道功能损伤，大部分猪厌食，生长发育缓慢。成年猪由于其较强的抗病性，能耐受部分蛔虫的损伤，无明显症状。

3. 病理变化　感染初期的病猪有肺炎病变，肺组织致密，表面有大量的出血点或红色暗斑。肝、肺、支气管、小肠内等处可见数量不等的幼虫虫体。当大量虫体寄生时，肠道可见卡特性炎症、出血或溃疡。

4. 诊断　检查猪的粪便是否有虫卵、猪血清中是否有蛔虫感染后的特殊的血红蛋白抗体以及解剖猪后观察猪小肠中是否有蛔虫等，可以诊断猪是否感染了猪蛔虫病。

5. 防控技术要点

（1）定期驱虫　定期展开猪场的驱虫工作是预防该病的最佳策略，以保障猪场内无蛔虫，降低发病概率。

（2）加强环境卫生管理　猪场要保持良好的环境卫生条件，猪舍内外要勤打扫、及时清除粪便、通风、更换垫草料。粪便必须进行无公害化处理。注意猪舍内的阳光充足，避免阴冷潮湿。猪舍内的料槽、用具、圈舍等要定期消毒处理，消灭蛔虫，避免受到粪便污染，保证猪的饲料和饮水安全。

（3）加强饲养管理　断奶仔猪及时分群，饲养密度不宜过大，减少不同猪舍间猪的互相接触。

三、猪肺丝虫病

1. 病原及流行病学　猪肺丝虫病在大部分地区是由长刺后圆线虫引起（少部分由短阴后圆线虫引起）的。成虫寄生于猪的气管

生猪养殖减抗
技术指南
Shengzhu Yangzhi Jiankang
Jishu Zhinan

内，大多在肺的膈叶边缘。

本病主要侵害幼猪，往往呈地方流行性。病猪逐渐消瘦，贫血，阵咳，鼻流黏液，呼吸急促，猪长得慢，严重的可致死。

2. 临床症状　病猪的典型症状是咳嗽、营养不良和消瘦。在发病初期，往往没有明显的症状。随着虫体数量的增加，会损害猪肺部器官，主要表现为咳嗽。由于营养严重缺乏，病猪的皮毛干燥变色。

3. 病理变化　肺膈叶背缘和腹缘有暗红色突变区和灰白色肺气肿区，边界清晰。支气管扩张增厚，肺气肿附近区域有灰白色坚实结节，小支气管附近有淋巴样组织增生和肌纤维肥大。

4. 诊断　粪便检查：通过沉淀法或者饱和硫酸镁溶液浮集法检查粪便中是否存在虫卵。

5. 防控技术要点

（1）加强饲养管理　猪棚和猪舍要选择在干燥处建设，猪舍周围可喷洒 3% 的石炭酸液和煤酚皂溶液，以将蚯蚓杀死。每天清除运动场和猪舍内的粪便，并及时将其集中放于粪坑进行生物热处理。

（2）定期驱虫　猪群每年进行 2 次预防性驱虫，秋季选择在舍饲前 10 天进行，春季选择在放入运动场前进行。

四、猪囊尾蚴病

1. 病原及流行病学　猪囊尾蚴病又称猪囊虫病，是由于人的有钩绦虫的幼虫——猪囊尾蚴寄生在猪体内引起的。猪囊尾蚴主要寄生在各肌肉组织以及其他的器官中，呈半透明的白色小囊泡，里面含有囊液。

猪囊尾蚴病是一种危害严重的人畜互相感染的寄生虫病。它既可散发存在于各地，也可能在一定地区呈现地方性流行。成虫主要寄生在人体内，其虫卵可以通过粪便排到体外。当猪食入虫卵就会被感染，在猪的胃液消化作用下，虫卵的卵壳发生破裂，其中的六钩蚴逸出并侵入肠壁，然后通过血液循环扩散到猪体各部位，约2个月后发育为囊虫。

2.临床症状　病猪通常表现为慢性症状，如营养不良、贫血、被毛长而粗乱、生长发育缓慢、黏膜苍白等。当大量虫体寄生在病猪脑部时，会导致神经系统功能障碍，表现出急性脑炎、癫痫、视觉障碍等，甚至会猝死。当大量虫体寄生于病猪肌肉组织时，会导致肌肉疼痛、前肢僵硬、跛行、食欲不振等。

3.病理变化　咬肌、膈肌、深腰肌等部位以及虫体可能寄生的其他部位，如内脏、心肌及肩胛外侧肌等发现有米粒至黄豆大小的囊性虫体，呈乳白色或者透明状，里面含有大量无色液体。

4.诊断

（1）活体诊断　将病猪嘴部撬开，用手在舌侧、舌底、舌根部触摸，检查是否存在带弹性的豆大的囊泡。

（2）免疫学诊断　可采取皮内试验、间接血凝试验、间接荧光抗体法、酶联免疫吸附试验（ELISA）、ABC-ELISA 等方法检查。

5.防控技术要点

（1）药物治疗　将灭绦灵研成粉末，添加到饲料中喂服。猪适宜在每天早晨空腹时服用，经过2小时再口服硫酸镁（该药作用是使猪体发生腹泻，以便及时排出虫体），治疗效果良好。同时，吡喹酮和丙硫苯咪唑可用于辅助治疗。

（2）强化检疫　饲养场或者饲养户要定期或者不定期对猪群进行检疫。

（3）免疫预防　该病可通过接种虫苗进行免疫预防。猪囊尾蚴培养液加入不完全佐剂制成虫苗，保护率可达到约92%，免疫保护期可持续9个月左右。

五、猪细颈囊尾蚴病

1.病原及流行病学　猪细颈囊尾蚴病主要是由细颈囊尾蚴引起的。细颈囊尾蚴幼龄虫的体积比较小，极容易与猪囊尾蚴混淆，但是细颈囊尾蚴的头节并没有嵌入囊内。

该病呈世界范围分布，只要是饲养犬的地方，就有可能发生猪的感染。

2.临床症状　猪感染该病，往往表现营养不良，生长发育迟缓，可视黏膜苍白、贫血。仔猪感染大量细颈囊尾蚴时，主要症状为耳尖和臀部皮肤呈紫色，精神萎靡，食欲减退或完全废绝。当虫体侵入胸腔或者肺脏时，病猪会出现咳嗽、呼吸困难的症状，伴有腹膜炎、体温升高、腹水积聚和腹壁敏感。

3.病理变化　猪细颈囊尾蚴寄生于感染猪的腹腔网膜和肠系膜上，可见大小不等的囊泡，囊泡内有透明液体。此外，囊壁呈乳白色，分为两层，外层坚韧而厚实，由宿主结缔组织构成，内层透明而薄，是虫体的外膜。透过囊泡壁可见乳白色头节。

4.诊断　将囊泡取出后轻度挤压头节四周的囊壁，囊壁上发现突出一带有细长颈部的乳白色头节，头节韧性较大，且比较坚实。通过普通放大镜看到有4个吸盘，且里外各存在一排由大量角质钩组成的齿冠，由此可确诊为该病。

5.防控技术要点

（1）加强饲养管理　场内禁止养犬，确保猪、犬之间严格隔离，防止携带虫体犬类等排出的粪便污染饮水、饲料以及饲养场。严重感染的猪，全部肉尸、脏器及病变组织必须经过高温处理。

（2）定期驱虫　一般交替使用驱线虫药和驱绦虫药驱虫，每1.5~2个月驱虫1次。

六、猪疥螨病

1. 病原及流行病学　猪疥螨的虫体非常小，肉眼较难看见，大小通常为 0.2～0.6 毫米。虫体主要在猪皮肤深层寄生，在其移动过程中会破坏皮肤组织，主要以皮肤组织液和上皮细胞作为营养来源。虫体可在皮肤内发育和繁殖，并分泌毒素。

任何品种、各个年龄的猪都能够感染发病，其中以小于 5 月龄的幼猪多见。健康猪主要通过直接接触病猪被感染。本病多见于秋冬、冬春季节，但在自繁自养的规模化猪场中的发病不呈明显的季节性，即全年任何季节都能够发生。

2. 临床症状　猪疥螨病的最常见的临床症状是瘙痒，母猪患处皮肤增厚，变得粗糙，严重角化，且往往由于皮肤瘙痒蹭擦墙壁、柱栏，导致被毛和皮屑脱落，严重时会在蹭擦后形成出血痕。

3. 病理变化　疥螨多发部位，尤其是耳郭内侧面易形成结痂性病变，随着病程的延长和过敏反应的发生，可见病猪皮肤增厚、粗糙和干燥，表面覆盖灰色痂皮，并形成大的皮肤皱褶。多数病猪还会出现过敏性皮肤丘疹，多出现在臀部、腰窝和腹部。

4. 诊断

（1）直接检查法　将刮取物放置于黑色纸上进行烤，当刮取物的温度升至40～50℃时，再继续烤 0.5 小时左右，将皮屑拿下，用普通放大镜观察到黑纸上的白色虫体即可确诊。

（2）耳郭内侧痂皮检测法　此方法适用于虫体较少的情况，从猪耳郭内侧刮取 2 厘米^{2}的痂皮，将痂皮置于试管内，在样品中添加2～3 毫升氢氧化钠，经过12～18 小时浸泡可使皮屑充分溶解，虫体将分离出来。高速离心，取沉淀物于载玻片上低倍显微镜检查。

5. 防控技术要点

（1）科学管理　在猪饲养过程中，要保持猪舍清洁卫生，及时清理猪舍排泄物、粪便等。定期对猪舍及养殖所用器具进行清洗和

生猪养殖减抗
技术指南
Shengzhu Yangzhi Jiankang
Jishu Zhinan

消毒。

（2）定期驱虫　定期对猪进行体内外驱虫，可以使用伊维菌素、阿维菌素等药物。

七、附红细胞体病

1. 病原及流行病学　猪附红细胞体病又称红皮病或黄疸性贫血，是由附红细胞体感染引起的。猪附红细胞体呈环状或半月形，一侧凹，另一侧凸。附红细胞体附着在红细胞表面，会使细胞膜的通透性逐渐变差，导致红细胞严重变形或溶解破裂，从而引发免疫反应，导致所有被感染的红细胞被清除，最终导致严重贫血。

猪附红细胞体可感染不同年龄和不同品种猪，以体弱的猪和仔猪的发病率最高。猪附红细胞体可垂直传播，通过胎盘进入胎儿体内。该病的传播与养殖场蚊虫活动密切相关，因此附红细胞体病的流行具有一定的季节性，每年夏秋两季多发。

2. 临床症状　该病的潜伏期为 3～15 天。患病仔猪常出现稽留热，体温 41℃～42℃，有时出现黄疸症状，耳尖、四肢和腹部皮肤呈暗红色。感染母猪通常不发情，或在发情期后屡配不孕。怀孕后也会出现流产、死产、乳房和外阴肿大，流产胎儿皮肤变红。

3. 病理变化　剖检患病猪可以发现，血液非常稀薄，存在不良凝固现象。全身脂肪和内脏器官苍白或黄染，皮肤苍白或黄染。胸腔和腹腔以及心包腔内有积液，肝脏质硬、肿大，胆囊内充满胆汁，胆汁为胶冻样，膀胱黏膜有点状出血。

4. 诊断　根据临床症状和病理变化可以做出初步诊断，确诊需要实验室检查。

5. 防控技术要点　由于猪附红细胞体病暂时还没有行之有效的治疗方法，也没有预防该病的疫苗，因此有必要采取综合防控方法。在日常管理过程中，要注意控制蚊虫鼠害。母猪应定期检测猪附红细胞体，如果发现虫体，应立即隔离治疗或淘汰，不得用于种用，以免垂直传播。

猪常见病临床症状
的鉴别诊断

第四节　猪场其他常见疾病

随着养猪业的发展，养殖的密度增大，加之猪场连续多年养殖，以及养猪环境的变化，为猪皮肤病等疾病的发生流行创造了客观条件，成为养猪业发展的一个障碍。

一、皮肤病

（一）渗出性皮炎

1. 病原及流行病学　该病主要由葡萄球菌感染引起，哺乳仔猪最易感染。

2. 临床症状　发病后眼、鼻、唇、牙龈周围和耳后的皮肤，随着病变斑块变大，可出现皮脂、汗液和浆液相互混合形成潮湿、油腻的油状渗出物，病猪全身覆盖红斑。

3. 病理变化　病猪全身皮肤形成黑色痂皮，痂皮剥离后露出桃红色的真皮组织，体表淋巴结肿大，输尿管扩张，肾盂及输尿管

生猪养殖健康 Shengzhu Yangzhi Jiankang
技术指南 Jishu Zhinan

积聚黏液样尿液。

4. 诊断　根据临床症状、病理变化、病原微生物鉴定以及仅仔猪感染，母猪不发病，可做出诊断。

5. 防控技术要点　对患病猪立即采取隔离措施，及时针对饲养圈舍进行清洁处理，并将积水排净，确保圈舍保持清洁干燥的状态。

（二）脓疱性皮炎

1. 病原及流行病学　该病由链球菌引起，可造成皮肤坏死和脓疱性皮炎。可直接由母猪传染给新生仔猪，也可通过擦伤的皮肤或断尾、剪耳、剪牙、咬伤及外伤等组织病变而传播。

2. 临床症状　猪身体任何部位的创伤一经感染，都会发展为蜂窝织炎、坏死、化脓、溃疡。病猪皮肤出现凸起的小圆形的红色区域。

3. 诊断　根据临床症状及病原分离鉴定可诊断。

4. 防控技术要点

（1）消毒　加强环境消毒；断尾、剪耳、断尖牙及外伤伤口等及时消毒处理。

（2）治疗　肌内注射抗生素如林可霉素、阿莫西林或四环素等。

（三）耳坏死

1. 病原及流行病学　病原有葡萄球菌、链球菌和螺旋体等，导致坏死和溃疡。本病通常整圈暴发，感染率可高达80％。

2. 临床症状　病猪除耳坏死外，可能还有食欲不振、不愿活动、发热等症状，偶尔可见死亡。坏死区皮肤干燥、结痂、卷曲，最终部分耳朵或全部耳朵脱落。

3. 诊断　根据临床症状及病原分离鉴定可诊断。

4. 防控技术要点

（1）加强环境消毒。

（2）治疗　使用碘酊或紫药水涂抹患处，青霉素、磺胺间甲氧嘧啶等肌内注射。

（四）面部坏死

1. 病原及流行病学　病原菌主要包括坏死梭杆菌、链球菌、猪疏螺旋体等。本病常见于仔猪。

2. 临床症状　仔猪面部双侧坏死性溃疡，溃疡面常覆盖棕色硬痂，可由面部延伸至下颌区。

3. 诊断　根据仔猪面部病变的性质及分布情况，初步诊断。确诊需进行细菌学检查及鉴定。

4. 防控技术要点

（1）消毒　出生后 24 小时内，剪掉同窝所有仔猪高出牙床部分的犬齿和侧切齿。断牙器械必须严格消毒。注意产房消毒与卫生。

（2）饲养管理　窝产仔数多时，分散饲养，以避免吮乳时相互争抢乳头，造成外伤等。

（五）猪水疱病

1. 病原及流行病学　该病又称为猪传染性水疱病，是由猪水疱病毒引起的一种急性、热性的接触性传染病。

2. 临床症状　病猪体温增高，出现明显的全身症状，在蹄冠、蹄叉、蹄踵或副蹄部位出现水疱，细菌侵入之后会发生溃烂，严重的会导致蹄壳发生脱落，还有部分猪的口腔黏膜及鼻端位置有大量水疱出现。

3. 诊断　根据流行情况及临床症状诊断。

4. 防控技术要点

（1）加强源头控制工作，避免将病原带入到非疫区。

（2）严格消毒，确保猪舍干净卫生，通风条件良好。

（3）加强饲养管理，增强猪的抗病性。

（六）猪水疱疹

1. 病原及流行病学　病原为水疱疹病毒，该病是一种急热性的接触性传染病。

2. 临床症状　患病猪在短期内有发热症状。病初，患病猪的上皮发生肿胀，颜色变白，随后可发生水疱，水疱很快破溃形成溃疡灶。患病猪的蹄冠与皮肤交界处发生水疱，病猪跛行。病情轻微的猪仅出现少量水疱，或不出现水疱，而且传播很慢，往往被忽视。

3. 诊断　结合临床症状和实验室病原鉴定进行诊断。

4. 防控技术要点　免疫接种，同时，禁止在猪水疱疹流行的国家和地区进行引种。定期对饲养场内的猪进行猪水疱疹病毒的检测，发现阳性猪应立即淘汰，并进行无害化处理。

（七）猪虱

1. 病原及流行病学　猪虱，即只感染猪的猪血虱，能引起剧痒，导致猪在各种物体上持续蹭和摩擦。

2. 临床症状　虱吸血引起相当强烈的刺激，导致猪在各种物体上摩擦身体，造成皮肤撕裂、出血。虱偏向于集中在破损皮肤处。猪持续不安会使体重减轻，增重缓慢。

3. 诊断　在病猪颈周围、耳基底部、内耳、腿内侧和腹胁部，可以看见白色虫卵附于鬃毛，尤其是有色猪的鬃毛更明显。体表寄生部位观察到虫体也是重要的诊断依据。

4. 防控技术要点

（1）加强饲养管理，加强消毒及环境卫生。

（2）治疗。蝇毒磷、伊维菌素、敌百虫等体外驱虫。

（八）猪蚤

1. 病原及流行病学　感染猪的蚤类主要包括犬栉首蚤、猫栉首蚤、人蚤、禽嗜毛蚤等。蚤的寄生无严格的宿主特异性，成虫会在宿主皮肤内漫游。

2. 临床症状　蚤类叮咬食血后造成猪皮肤损伤，可发生在猪身体的任何部位，以腹部和四肢内侧为主。

3. 诊断　可依据临床症状进行判断。

4. 防控技术要点

（1）加强饲养管理，加强消毒及环境卫生。

（2）治疗。蝇毒磷、伊维菌素、敌百虫等体外驱虫。

（九）增生性皮炎

1. 病因及流行病学　该病的病因是源自丹麦长白猪的一种半致死性常染色体隐性因子。本病呈现红斑丘疹性皮炎，伴有蹄冠、蹄病变和肺炎。

2. 临床症状　皮肤病变，蹄异常，生长不良，呼吸功能紊乱。最初在腹部和股内侧出现小的粉红色隆起肿胀，后迅速扩大，遍及腹胁部和整个后躯。病变处覆有黄褐色、易碎、乳头状瘤样痂片，易脱落，脱落后露出粉红色颗粒状创面。病变处皮肤很厚、坚硬、角化，有裂纹，外观很像乳头状瘤。

3. 诊断　可依据临床症状和病史进行综合判断。

4. 防控技术要点　本病尚无治疗措施。防控应着眼于检测并淘汰已经生产过患病仔猪的种猪。

（十）猪皮炎/肾病综合征

1. 病因及流行病学　病因不清，但病理组织学和免疫学变化表明发病机理可能是某种感染因子引起免疫复合物异常（抗原抗体复合物沉积）所致。有报道认为猪圆环病毒 2 型可能是造成猪皮炎/肾病综合征的主要病原。本病多发于生长猪。

2. 临床症状　皮肤变化形式多样，从大的红斑、斑点、出血性丘疹，到深褐色至黑色坏死的厚痂。主要见于耳、面部、肢下部、臀部、公猪阴囊、母猪外阴。

其他的临床症状包括：腹部腹侧和四肢皮下水肿，腿远端明显肿胀，关节肿胀。

3. 病理变化　尸检可见肾脏变大、苍白、淤血，体腔积液，皮下胶样浸润，关节内滑液增多。常可见胃溃疡和胃出血。肾脏病理组织学病变为弥漫性坏死性和增生性肾小球肾炎。

4. 诊断　本病易与猪丹毒、皮肤坏死以及在早期易与疥螨病混淆。临床症状和病理变化与猪瘟和非洲猪瘟很相似，必须慎重对待。

5. 防控技术要点　防控本病有一定困难，建议早期诊断并及时淘汰病猪。

二、肢蹄病

（一）营养性肢蹄病

1. 病因及流行病学　猪饲料中若缺乏钙、磷等营养物质或者是钙、磷等比例不合适，均易引发猪肢蹄病。各生长阶段猪均可发生。

2. 临床症状　猪常会在站立的时候持续抖动猪蹄，甚至将蹄悬空。容易被其他细菌、病毒等侵蚀，从而引发其他感染。

3. 诊断　可通过临床症状及饲料营养成分分析进行判断。

4. 防控技术要点　饲喂符合生长年龄的全价饲料，确保饲料中营养元素充足，并且保证其中营养元素的比例合理。

（二）饲养环境性肢蹄病

1. 病因及流行病学　饲养环境主要分自然环境和人为环境。从自然环境看，冬季比较干燥，猪的体表毛细血管会收缩，因此皮肤和蹄壳容易发生皲裂。从人为环境看，猪栏地面、栏门等材质粗糙，容易导致猪的腿部皮肤和蹄面等刮伤、擦伤，进而使腿部和蹄部发生过度的磨损。又如饲养环境过于潮湿、阴冷，会导致猪受风湿性关节炎的影响，从而无法正常站立。

2. 临床症状　无法正常站立，出现跛行。

3. 诊断　病因较多，应结合饲养场地的设施设备、气候条件及疫病等综合判断。

4. 防控技术要点　保持圈舍环境清洁干燥。加强饲养管理，及时修理栏门和地面破损及不平整处。

（三）细菌感染性肢蹄病

1. 病原及流行病学　病原菌主要包括葡萄球菌、嗜血杆菌、猪链球菌、红斑丹毒丝菌等，可出现混合感染，无明显季节性。

2. 临床症状　蹄部、关节等会出现局部红肿、痛感和发热症状，运动失调，严重的病猪很难站立或者卧地不起。

3. 诊断　可结合临床症状和实验室诊断进行判断。

4. 防控技术要点　在感染的初期采取药物治疗。可对病猪肌内注射抗生素或抗风湿药物。

三、中暑

1. 病因及流行病学　病因主要包括管理因素、保健因素及自然因素。该病在夏季多发。

2. 临床症状　猪在中暑前会出现烦躁、走路不平稳、大量饮水、排泄量较大等征兆。在中暑后，猪很难长时间站立，并且会在走路的过程中出现颤动现象，体温大幅度升高，呼吸急促，会出现呕吐等现象。病情严重时，会出现四肢无力、倒地不起。病猪的体质虚弱，会在中暑后几个小时内死亡。

3. 诊断　主要依据临床症状进行判断。

4. 防控技术要点

（1）物理降温　立即将病猪转移至通风条件良好的阴凉区域，可以使用冷水在其头部与背部进行喷洒，并且使用冷水对其进行灌肠，促进体内热量的消散。

（2）酒精擦拭　使用酒精对病猪体表进行擦拭。

（3）药物降温　在猪尾部与耳尖位置进行放血处理后，再采取药物降温措施。强心利尿，静脉注射氯化钠溶液。

四、中毒

（一）硝酸盐与亚硝酸盐中毒

1. 病因及流行病学　生猪在短时间内大量进食含有硝酸盐及亚硝酸盐的物质，极易出现强烈的化学中毒性低血红蛋白血症。

2. 临床症状　急性症状表现为狂躁不安或蹦跳不止或起卧不安或倒地痉挛，口流白沫，眼及口部均可见黏膜发绀，腹部、鼻端、耳尖及四肢末端皮肤可见紫蓝色，体温偏低，肌肉震颤，多为四肢强直性痉挛，甚至死亡。

3. 诊断　主要依据临床症状和饲料成分分析进行判断。

4. 防控技术要点

（1）改善饲养管理，杜绝猪接触该类物品。

（2）用催吐剂内服进行催吐，以排除残余的毒物，并注意病猪的护理、保温。

（3）立即剪耳、断尾放血，随后全身泼冷水，驱赶运动。

（4）解毒。1%美蓝溶液（美蓝1克，酒精10毫升，生理盐水90毫升），每千克体重1毫升，肌内注射或静注；维生素C，配合应用美蓝、葡萄糖等。

（二）黄曲霉毒素中毒

1. 病因及流行病学　由黄曲霉毒素引起的猪中毒。

2. 临床症状　中毒初期食欲不佳，随后突然不食、嗜睡及精神沉郁。可视黏膜苍白，后期黄染。可见鼻镜干燥、粪便干燥等现象。母猪则呈现流产现象，体温正常或者出现偏低，心跳急速或者心跳衰竭而亡。

3. 病理变化　全身黏膜、浆膜、皮下和肌肉出血；肾、胃弥漫性出血，肠黏膜出血、水肿，肝脏肿大，脾脏出血。急性病例出现急性中毒性肝炎，慢性病例可见肝细胞和间质组织增生。

4. 诊断　结合病史、临床表现（黄疸、出血、水肿、消化障碍及神经症状）和病理变化（肝细胞变性、坏死）等情况，可进行初步诊断。

5. 防控技术要点　对饲料进行严格的筛选，立即停喂发霉的饲料，选择购买合格的玉米、谷物及豆类，拒绝喂食霉变的饲料。

（三）氨中毒

1. 病因及流行病学　氨中毒多发生于饲养环境卫生不达标、相对密闭的猪舍。

2. 临床症状　过度流泪、呼吸浅，出现清亮或化脓性鼻漏。咳嗽增多，呼吸频率增加，呼吸系统黏膜发炎，肺炎发病率升高；好动，焦躁不安，产生如咬尾、咬耳和咬腹等坏习惯。

3. 诊断　根据饲养员对猪舍内空气质量的评判并结合猪的行为可以做出初步诊断。用玻璃采样管可以快速检测氨气浓度。

4. 防控技术要点　加大猪舍的通风率。及时清理粪尿。经常性地清空贮粪池。调整饲料配方的原料也能减少氮的排放。

第五节　生猪不同阶段（公猪阶段、母猪阶段、仔猪阶段）的易发疾病

随着养猪业规模化、集约化发展，传染性疾病的混合感染越来越普遍、非传染性疾病时有发生。有些疾病贯穿于养猪生产的各个阶段，如猪瘟、非洲猪瘟、猪繁殖与呼吸障碍综合征、伪狂犬病、猪肺炎型巴氏杆菌病等。某些疾病主要在养猪生产的特定阶段发生，如母猪不发情、子宫内膜炎等只发生在母猪阶段。

一、公猪易发疾病及防控技术要点

养猪生产中，种公猪的配种能力和精液质量与生产水平直接相关。预防和控制种公猪易发疾病以及影响精液质量的疾病尤为关键。

（一）公猪易发传染性疾病及其防控技术要点

1. 公猪易发传染性疾病　公猪阶段易发细菌性疾病：猪肺炎

型巴氏杆菌病、猪传染性萎缩性鼻炎、猪胸膜肺炎放线杆菌病、猪链球菌病、布鲁氏菌病、猪丹毒、李氏杆菌病等。

公猪阶段易发病毒性疾病：猪瘟、非洲猪瘟、猪伪狂犬病、猪繁殖与呼吸道综合征、猪圆环病毒病、口蹄疫等。

公猪阶段易发寄生虫性疾病：猪蛔虫病、猪肺丝虫病、猪附红细胞体病、猪细颈囊尾蚴病、猪弓形虫病、猪疥螨病等。

2. 公猪易发传染性疾病的防控技术要点　具体见本章第一节至第三节。

（二）公猪易发非传染性疾病

1. 睾丸炎　睾丸炎是指睾丸实质的炎症。种公猪睾丸炎一般呈现出一侧或两侧睾丸肿大，阴囊皮肤红肿，温热。

（1）病因及流行病学　种猪睾丸炎主要有外伤性睾丸炎、急性睾丸炎、慢性睾丸炎和化脓性睾丸炎，发病原因主要是阴囊外伤化脓、尿道或输精管炎症化脓、布鲁氏菌感染等。

（2）临床症状　临床表现体温升高，食欲减退，后肢运动障碍。

病猪一侧或两侧睾丸肿大，阴囊皮肤红肿、发热，触诊睾丸紧张、疼痛，体温升高，食欲减退；并发化脓感染时，局部和全身症状加剧。慢性睾丸炎时，睾丸无明显热痛症状，睾丸变硬、变小。

（3）诊断　临床观察发现睾丸肿大、皮肤红肿即可推测为睾丸炎。具体病因/病原需具体分析。

（4）防控技术要点

①加强对圈舍的管理、清洁工作，及时清除舍内尖锐异物。

②将种公猪进行隔离饲养，减少种公猪之间互相咬伤、踢伤的可能性。

③对症治疗。针对外伤用绷带进行保护性包扎，避免二次伤害；化脓性睾丸炎可手术切开排脓，用0.9%氯化钠溶液清洗后撒

上青霉素粉，再对创口进行消毒、包扎处理；若情况严重，可直接摘除睾丸，淘汰公猪；肌内注射氨苄青霉素等。

2. 公猪性欲缺乏或减退　种公猪性欲缺乏或减退指公猪不能配种或配种后难于使母猪受孕的一种病症。

（1）病因及流行病学　主要病因包括：公猪使用过度，导致精力衰退而缺乏性欲；公猪过度肥胖；种公猪年老体衰或未达到体成熟或性成熟；长期营养不良，缺乏蛋白质、维生素 A、维生素 E 等，引起性腺机能退化；患某些急慢性疾病，如睾丸炎、肾炎、膀胱炎等，或者先天性生殖器官发育不全或畸形；种公猪感染病毒性或细菌性疾病，体内外寄生虫等；天气过冷或过热也可导致种公猪不射精或阴茎不能勃起。

（2）临床症状　表现为公猪配种时，性欲迟钝，拒配；交配时表现阳痿不举，或偶有爬跨表现，但不持久；射精不足，精子活力较差。

（3）防控技术要点

①加强饲养管理，科学喂养，防止公猪过于肥胖，饲喂全价饲料，补充饲料营养，特别是蛋白质、氨基酸成分，适当增加维生素 A、维生素 E 及微量元素等。

②建立科学配种制度，防止过度配种，推广人工授精。

③性欲低且未患传染性疾病的公猪的治疗，肌内注射丙酸睾丸素注射液，连用 5～7 天；也可 1 次肌内注射甲基睾丸酮。

④对于患有传染性疾病的种公猪，应先进行药物治疗，再选择性使用。

3. 公猪精液质量异常　公猪精液质量异常主要表现为精液量减少、弱精、畸形精增多，精子密度和活力低等。

（1）病因及流行病学　造成公猪精液质量异常的因素较多，包括饲养环境变化、营养不良、过度使用、公猪性腺发育不良、感染乙脑病毒和布鲁氏菌等。

（2）临床症状　主要表现为排出的精液中死精、弱精比较多，或者排出的精液量过少等。

（3）诊断　用显微镜进行精子计数，检查精子形态和活力，检查是否存在脓和血；同时进行实验室微生物学检验，检查是否有细菌污染或其他病原。

（4）防控技术要点

①饲养管理。饲喂专用公猪饲料，保证公猪营养［尤其是维生素和矿物质（镁、锌、硒）］充足，科学喂养，保证公猪合理体型。

②疫苗免疫。公猪进行疫苗接种，搞好公猪栏舍及周围的消毒和卫生工作。

③加强公猪舍饲养环境管理，采用水帘降温系统，利于公猪运动锻炼。

④严格控制公猪使用频次，每周使用次数应在 3～4 次或更少一些，具体情况视公猪的月龄而定。

⑤及时检查精液，发现并淘汰不能产生正常精液的公猪，对阴茎短小、精液质量正常的公猪采用人工授精的方式配种。

二、母猪易发疾病及防控技术要点

（一）母猪易发传染性疾病及其防控技术要点

1. 母猪易发传染性疾病　母猪阶段易发细菌性疾病：猪肺炎型巴氏杆菌病、猪传染性萎缩性鼻炎、猪胸膜肺炎放线杆菌病、猪链球菌病、布鲁氏菌病、猪丹毒、李氏杆菌病等。

母猪阶段易发病毒性疾病：猪瘟、非洲猪瘟、猪伪狂犬病、猪繁殖与呼吸道综合征、猪圆环病毒病、口蹄疫等。

母猪阶段易发寄生虫性疾病：猪蛔虫病、猪肺丝虫病、猪附红细胞体病、猪细颈囊尾蚴病、猪弓形虫病、猪疥螨病等。

2. 母猪易发传染性疾病的防控技术要点　具体见本章第一节至第三节。

（二）母猪易发非传染性疾病

1. 初情期迟缓　若生长发育正常的大型后备母猪在 7 月龄仍未见发情的，即可视为初情期迟缓。

（1）病因分析

①饲养管理因素。卵巢发育不全，使得卵巢内缺乏卵泡发育以致不能分泌足够的激素引起发情。异性刺激不够，母猪缺乏性成熟的公猪刺激。

②营养因素。营养水平过低或过高，使后备母猪过瘦或过胖。营养物质（如维生素 E、生物素等）的缺乏或失衡也会导致初情期迟缓。

③疾病因素。母猪疾病如猪繁殖与呼吸综合征、子宫内膜炎、圆环病毒病以及慢性消化系统、呼吸系统寄生虫病，影响母猪生殖器官正常发育，导致不发情。

（2）临床症状　母猪 7 月龄仍未见发情表现。

（3）病理变化　卵巢小（如米粒或大豆）而没有弹性，表面光滑没有凹凸形状。

（4）诊断　根据临床无发情表现及病理变化可诊断。

（5）防控技术要点

①营养调控。使用全价后备母猪饲料，科学饲喂，使其达到 7～8 成膘。过瘦母猪增加饲料量，过肥母猪饲料减量。

②管理措施。

A. 后备母猪调圈。将未发情的后备母猪每周调栏一次，与不同的公猪接触，以促进发情和排卵。

B. 后备母猪 160 日龄以后，应有计划地让其与结扎试情公猪接触来诱导发情，每天接触 2 次。

C. 激素诱导。对不发情后备母猪肌内注射 800～1 000 单位孕马血清，再注射 600～800 单位绒毛膜促性腺激素（HCG），3～5 天可发情、排卵。

D. 经处理后 9～10 月龄仍不发情母猪，及时淘汰。

2. 母猪断奶后不发情

（1）病因分析

①管理因素。后备母猪过早繁殖、过早或过晚断奶。

②营养因素。营养不良、营养过剩或者营养元素缺乏，如缺乏维生素 A、维生素 E、叶酸、生物素等，都将导致母猪发情延迟或不发情。

③环境因素。高温会导致母猪出现发情延迟或不发情；通风不良，湿度大和消毒不彻底也会影响母猪的发情。

④疾病因素。常见疾病，如子宫内膜炎、卵巢囊肿、传染病（猪伪狂犬病、猪圆环病毒病、猪瘟、猪细小病毒病、布鲁氏菌病等）、跛行、寄生虫病、便秘等，都可能导致母猪不发情。

（2）临床症状　正常经产母猪断奶后 3～7 天，会再次出现发情迹象，某些母猪在断奶后 20 天甚至 30 天仍未发情。

（3）诊断　结合临床症状进行诊断。

（4）防控技术要点

①提供舒适、良好的生存环境。夏季要做好母猪的防暑降温工作，冬天要保暖，并尽量避免母猪受冷。做好通风工作，确保猪舍中氨、硫化氢等气体的浓度在合理范围内，避免母猪异常的生理活动。

②科学合理的饲养管理。应避免饲喂过多或过少而使母猪太肥或太瘦。同时，饲料的营养成分应全面。

③疾病的预防和治疗。做好可能导致母猪繁殖障碍的猪繁殖与

呼吸综合征、猪细小病毒病、猪瘟等疾病的免疫接种。

④促进断奶母猪发情的方法。将母猪和种公猪放在一起，利用公猪刺激母猪发情；将不发情母猪和情欲旺盛的母猪圈养在一起，通过发情母猪刺激不发情母猪排卵发情；育种人员每天按摩乳房，促进母猪发情。

3. 产后瘫痪

（1）病因分析　母猪舍低矮、阴暗潮湿、通风不良、亮度不足，饲料营养不全，特别是缺钙等易导致母猪产后瘫痪。

（2）临床症状　精神萎靡，反应迟钝，人为赶走不动，无法站立、卧地不起，呈犬坐姿势，有的母猪坐着吃食，而有的食欲减退或废绝，粪便干硬呈羊粪状，随后很少排粪。伴随母猪病情的加重，母猪泌乳量减少，甚至无乳。

（3）诊断　结合临床症状进行诊断。

（4）防控技术要点

①合理搭配饲料，并补喂矿物质饲料和饲料添加剂等。处于怀孕期和哺乳期的母猪可饲喂优质骨粉，同时注意补充食用盐、维生素 A 和维生素 E 等。

②保持母猪分娩舍的清洁卫生、干燥，并控制好温度、湿度，助产时注意消毒，切勿损伤子宫及产道。

③用硫酸钠或硫酸镁缓泻剂或温肥皂水灌肠，清除直肠内蓄粪，同时静脉注射 10％葡萄糖酸钙，或 10％氯化钙。用毛草或粗麻布摩擦病猪皮肤，以促进血液循环和神经机能恢复；经常翻动病猪，防止发生褥疮。

4. 子宫内膜炎

（1）病因分析

① 饲养管理因素。猪体缺乏营养会导致产后伤口愈合速度和恶露排出速度减慢，从而易发子宫内膜炎。此外，妊娠母猪饲料中缺钙还会减弱子宫的收缩力，无法完成正常分娩而引起子宫内膜炎。

② 病原微生物感染。在人工授精、母猪配种或难产期间感染病原微生物可引起子宫炎症。母猪感染细小病毒、圆环病毒、链球菌、大肠杆菌、葡萄球菌、布鲁氏菌、沙门氏菌等都可发生子宫内膜炎。

（2）临床症状　母猪子宫内膜炎包括急性型、慢性型及隐性型，慢性型又分为慢性卡他子宫内膜炎、慢性卡他性化脓性子宫内膜炎、慢性化脓性子宫内膜炎。不同类型的疾病，症状各不相同。

① 急性子宫内膜炎。主要临床症状是食欲减退、体温升高、母猪尿频、外阴排出灰白色分泌物。

② 慢性卡他性子宫内膜炎。没有明显的症状，会出现低温，采食量和产奶量都会下降，同时，发情也不正常。

③ 慢性卡他性化脓性子宫内膜炎。病猪逐渐消瘦，发情异常，阴道分泌黄褐色脓液。

④ 慢性化脓性子宫内膜炎。患猪排出脓性分泌物，冲洗子宫时有浑浊物，呈糊状，有时是黄色脓液。

⑤ 隐性型子宫内膜炎。发情正常，但常伴有屡配不孕。同时，母猪发情期阴道分泌物增多，轻度混浊。

（3）病理变化　宫颈充血，严重时发生糜烂，且有脓性分泌物。

（4）诊断　根据病史调查、临床症状、阴道分泌物检查及实验室检查等做出诊断。

① 病史调查。对于疑似病例，分析病猪流产史、难产史或屡配不孕史，结合病史作出综合判断。

② 阴道分泌物检查 。对病猪阴道分泌物进行检查，并用输精管检查宫颈口闭合情况。

③ 实验室检查。无菌收集子宫分泌物并进行病原的分离培养，实验室检测、鉴定分泌物中的病原体类型。

（5）防控技术要点

① 加强饲养管理。要严格执行动物疫病防控方案，避免传染病的发生。同时，根据不同的喂养阶段，制定切实可行的喂养制度，保障全价日粮，实现营养均衡。

② 科学配种和助产。母猪交配过程应严格消毒，防止公猪将病原菌传染给母猪。人工授精时，应对手臂进行消毒，确保在一次性配种工具无菌的情况下进行授精。为避免子宫迟缓和细菌感染，母猪分娩时可静脉注射钙制剂、抗生素、高渗葡萄糖、维生素和生理盐水。

③ 治疗方案。本病的治疗原则是抗菌消炎，促进炎性分泌物的排出，恢复子宫肌功能。为提高抗菌效果，可向子宫内投入青霉素等抗菌药物。对宫颈闭合的病猪，肌内注射雌二醇可促进子宫颈开放，然后投入抗菌药物，4～6小时后肌内注射催产素可促进子宫内炎性渗出物的排出。

5. 母猪无乳综合征　母猪无乳综合征又称泌乳症、产褥热、败血症、乳腺炎、宫缩综合征。初产母猪和老龄母猪比较容易发病，而经产母猪较少发病。

（1）病因分析

① 品种因素。部分品系母猪泌乳能力低，容易发生产后疾病。

② 营养因素。特别是在母猪妊娠中期体况过肥，乳腺内会有大量脂肪沉积，影响乳腺腺泡的发育，导致泌乳障碍。相反，母猪在妊娠后期，没有满足身体所需的营养，导致母猪体况偏瘦，也会直接导致产后无乳综合征的发生。

③ 环境因素。母猪无乳综合征的主要发病对象是生产后1～3天的母猪。母猪无乳综合征的发病时间具有明显的季节性，尤其是夏季最为普遍。如果气温过高或光线不足、通风不好，母猪分娩后很容易发病。

④ 疾病因素。母猪患有繁殖障碍性病毒病、细菌病和寄生虫

病，常导致继发性乳腺炎、子宫内膜炎、子宫内膜异位症，从而导致发病。

（2）临床症状　分为急性型和亚临床型。

① 急性型。患病母猪精神萎靡，食欲不振，体温39.5～41.5℃。鼻盘干燥，拒绝站立，经常伏卧在地，处于昏睡状态。病猪乳房和外阴红肿，阴道流出脓性分泌物，同时会发生便秘现象。

② 亚临床型。病猪从分娩开始到分娩结束仍能泌乳，但在分娩后12～48小时泌乳量逐渐减少，最后完全停止泌乳。乳头和乳房不断干瘪、萎缩或松弛。

（3）诊断　根据母猪临床症状，综合母猪泌乳失败、对仔猪感情淡漠、对仔猪的尖叫和哺乳要求没有反应等，可做出判断。

（4）防控技术要点

①加强饲养管理。选择泌乳能力强的母猪的后代作为亲本进行育种。后备母猪不宜过早交配，以免乳房发育不健全而影响泌乳能力。哺乳期母猪多喂绿色、多汁、富含维生素的饲料，并提供足够的清洁饮水。

②实行严格合理的免疫措施。根据当地疫病流行情况，制订合理的母猪免疫程序，特别注意加强对猪繁殖与呼吸综合征、猪瘟、伪狂犬病等繁殖障碍性疾病的免疫。

③药物治疗。病猪可采用广谱抗生素治疗，如肌内注射青霉素、链霉素、庆大霉素和林可霉素等。

6. 阴道脱出

（1）病因分析　缺乏运动，日粮中常量元素和微量元素缺乏，阴道损伤，老龄母猪因固定阴道的结缔组织松弛，容易引起阴道脱出。腹压过高（产仔多、胎儿大、便秘等）、分娩和难产时努责也可引起阴道脱出。

（2）临床症状

①阴道部分脱出。多发生在产前，病初母猪卧下后，可见如鹅

卵到拳头大的红色或暗红色囊状物，突出于阴门之外，或夹于阴唇之间，站立后大多能自行恢复。随着病情的发展，可反复脱出，脱出的体积越来越大，变为阴道完全脱出。

②阴道完全脱出。一般由阴道部分脱出发展而来，不能自行回缩，时间久者，黏膜与肌肉分离。可见阴门外有似网球大的球状突出物，初呈粉红色，随着病情发展，呈紫红色冻肉状。

（3）诊断　根据临床症状诊断。

（4）防控技术要点

①加强饲养管理，饲喂易消化的全价饲料，日粮中要含有足够的蛋白质、无机盐及维生素，防止便秘。

②控制饲喂量，不要喂食过饱，以减轻腹压。

③让母猪适当运动，增强肌肉的收缩力。

④治疗。

A. 阴道部分脱出。站立不能自行回缩时，应进行整复固定，并结合药物治疗。

B. 阴道完全脱出。应整复固定，结合药物治疗。对于整复困难、脱出较多的母猪，应及时采取阴道部分切除术进行治疗，及时切除已经坏死的阴道，避免造成感染。

7. 非传染性流产

（1）病因分析

①营养性流产。母猪饲喂量较少，导致胎儿无法获得足够的营养而流产；妊娠母猪突然更换饲料，导致机体不能快速适应而流产；或者由于给母猪喂食过多饲料或能量过剩，导致身体状况过肥，同时子宫周围有较多脂肪沉积，造成子宫受压，导致流产。

②用药不当。使用宫缩药，可导致母猪流产。影响养分吸收利用的药物，如磺胺类药物会影响叶酸的吸收和利用，导致母猪叶酸不足和流产。

③挤压、打架及应激性流产。工作人员对怀孕母猪驱赶、鞭打

导致发生碰撞、挤压，或母猪之间打架导致母猪流产。母猪长时间处于潮湿、寒冷的环境中，易发流产。在母猪妊娠早期和妊娠晚期，由于接种疫苗的应激，导致流产。

④习惯性流产。近亲繁殖导致胚胎活力低下，容易流产。或母猪过早配种，导致胎儿发育不良，导致流产。

（2）临床症状

①妊娠前期流产。妊娠前期，胚胎很小，还没有形成骨架，胚胎通常被子宫吸收，不会排出体外，因此母猪不会出现明显的临床症状。

②妊娠中晚期流产。大部分或全部胎儿发生死亡，出现分娩症状，排出弱胎或死胎。

（3）防控技术要点

①营养因素。科学配制母猪饲料，保证各种营养物质的均衡摄入。不同年龄、不同体质的母猪应区别对待。

②合理用药。妊娠期母猪不随便使用药物，如确有必要使用药物治疗的，应在兽医指导之下用药。尤其不能乱用抗生素和激素类药物。

③提供舒适环境。妊娠初期不要转移母猪，保持圈舍安静。妊娠母猪舍温度保持在 15～20℃。空气质量良好，饲养密度适宜。

④保胎。如果母猪出现腹痛、胎动不安、呼吸急促、脉搏数增加等习惯性流产征兆，但胎儿未排出，应尽量保护胎儿，避免流产。此时，可注射孕酮。

⑤助产。对妊娠母猪采取保胎措施无效，其不能顺利排出流产胎儿时，按难产处理，并加强产后处理，避免今后不孕。

8. 难产

（1）病因分析

①母猪产力不足。母猪产力不足是导致难产的主要因素。在分娩时，母猪出现微弱努责和阵缩是产力不足的表现。

②母猪产道异常。

A. 母猪骨盆狭窄。过早配种、母猪骨盆受伤变形以及饲养管理不到位导致母猪骨盆发育不全。

B. 母猪盆腔狭窄。后备母猪培育期，喂养管理不到位，导致盆腔发育不全变得狭窄。

③胎儿过大。母猪怀孕后，营养过剩，造成胎儿肥胖过大，导致难产。

④胎向、胎位不正。母猪在妊娠期间，如果胎儿胎向呈横向或者竖向，胎位呈下位或者严重侧位，容易发生难产。

（2）临床症状　母猪在分娩的过程中胎儿无法顺利从母体产出。

（3）防控技术要点

①加强饲养管理。在母猪怀孕期间，要认真做好饲养管理工作，尤其是对于一些初产母猪，更要加强饲养管理，控制体况。

②药物治疗。在生产中出现母猪子宫收缩无力或者宫颈开张不够时，可使用催产素帮助母猪更快完成生产。

③胎位矫正法。母猪产子间隔时间超过 0.5 小时，要及时帮助母猪翻身，变换体位，矫正胎位，更快地完成生产。

④人工助产。助产人员使用消毒药物做好母猪外阴、产道的消毒，并佩戴无菌长臂手套，然后缓慢插入母猪产道，拉住仔猪的头部，然后结合母猪宫缩频率将仔猪缓慢地拉出来。术后，母猪子宫投入青霉素、链霉素等抗生素。

9. 便秘

（1）病因分析

①饲养因素。饮水不足；饲养密度大、拥挤、缺乏运动；肠道菌群失调；母猪妊娠后期饲喂过多或饲料营养水平过高等导致便秘。

②应激因素。外界环境条件的突然变化、在妊娠后期突然更换

饲料、转群等应激因素影响，导致肠道机能紊乱而发生便秘。

（2）临床症状　病猪出现精神沉郁，体温略有升高，食欲不振，排出干硬粪便，排便困难。

（3）诊断　结合临床症状进行诊断。

（4）防控技术要点

①饲养管理。科学饲喂营养全面的全价饲料。严禁在饲料中长期添加抗菌促生长剂，避免猪肠道菌群失调和发生便秘。治疗母猪疾病应有针对性地选择抗生素，把握好用药剂量和使用疗程，切忌用药时间过长或使用剂量过大，造成肠道菌群失衡，进而造成便秘现象。

②减少应激因素。应逐渐过渡更换饲料，同时适当补充青绿饲料，增加猪体肠道水分含量，防止便秘发生。同时提供舒适的生活环境，保持猪舍温度相对恒定，切忌忽高忽低引起应激反应。

③防治方法。在饲料中添加维生素和硫酸镁等。便秘症状严重的可以灌服植物油，来促进母猪肠道蠕动。

三、仔猪易发疾病及防控技术要点

仔猪在生理特性上缺乏先天免疫力，抵抗疾病的能力差；调节体温机能不完善，体内能量贮备有限；消化器官不发达，消化机能不完善；生长发育迅速，新陈代谢旺盛。容易遭受病原侵袭及外界不利因素影响，继而发生传染性疾病和非传染性疾病。

（一）仔猪易发传染性疾病及其防控技术要点

1. 仔猪易发传染性疾病

（1）仔猪阶段易发细菌性疾病　大肠杆菌引起的初生仔猪腹

泻、仔猪黄痢、仔猪白痢、断奶后仔猪腹泻及水肿病；仔猪红痢、猪痢疾、仔猪副伤寒、猪肺炎型巴氏杆菌病、猪支原体病、猪传染性萎缩性鼻炎、猪胸膜肺炎放线杆菌病、猪链球菌等。

（2）仔猪阶段易发病毒性疾病　猪瘟、非洲猪瘟、流行性腹泻、猪传染性胃肠炎、猪轮状病毒病、猪伪狂犬病、猪流行性感冒、猪繁殖与呼吸道综合征、猪圆环病毒病等。

（3）仔猪阶段易发寄生虫性疾病　猪蛔虫病、猪肺丝虫病、猪附红细胞体病、猪细颈囊尾蚴病、猪弓形虫病、猪疥螨病等。

2. 仔猪易发传染性疾病的防控技术要点　具体见本章第一节至第三节。

（二）仔猪易发非传染性疾病及防控技术要点

1. 压死/压伤

（1）病因　主要包括：母猪奶水不足、产床的空间和结构设计不合理、环境温度不当、母猪的健康及行为因素、仔猪护理不当等。

（2）临床症状　哺乳仔猪由于挤压导致皮肤有出血点和瘀斑，或出现跛行，严重者当场死亡。

（3）病理变化　脏器有明显的破损和出血现象。

（4）诊断　根据临床症状和病理变化可诊断。

（5）防控技术要点

①临产前对母猪产仔舍进行检查，安装或更换防压装置，能有效降低仔猪的压死率。

②局部保温，大环境室温尽量确保处于适宜的温度范围（16～20℃）内是非常重要的。

③及时调整饲喂程序，控制母猪膘情。

④及时治疗母猪肢蹄病和改善缺钙等影响母猪正常起卧的状况。

⑤产后对母猪进行及时护理，可输液促进其体力的恢复。同时，加强仔猪护理，可以降低仔猪的压死率。

2. 冻死

（1）病因　猪舍的保温条件差或个别饲养员对仔猪护理不当。

（2）临床症状　死亡仔猪全身僵硬、冰冷。

（3）防控技术要点　避开最寒冷季节产仔，把产仔季节安排在春、秋两季；在冬季应设有专用产房，做好防寒保暖措施。

3. 仔猪低血糖症

（1）病因及流行病学　仔猪发育不良、初乳摄入不足、消化系统疾病、母猪泌乳不足及舍内温度低等因素均可引起仔猪低血糖症。该病一年四季均可发生，其中以气候寒冷的冬春季节发病率较高。

（2）临床症状　病猪出现精神萎靡，嗜睡，停止吮乳，四肢无力或卧地不起，肌肉震颤，步态不稳，体躯摇摆，运动失调，颈下、胸腹下及后肢等处浮肿。病猪尖叫，痉挛抽搐，头向后仰或扭向一侧，四肢僵直，或做游泳状运动，皮温降低，后期昏迷不醒，意识丧失，很快死亡。

（3）病理变化　剖检时可见肝呈橘黄色，边缘锐利，质地易脆，稍碰即破。胆囊肿大。肾呈淡土黄色，有小出血点。

（4）诊断　根据母猪饲养管理不良，产后少乳或无乳等情况，结合仔猪临床症状和病理变化可诊断。

（5）防控技术要点

①一头仔猪发病，全窝防治，早期补糖。

②加强怀孕母猪后期的饲养管理，确保仔猪出生后及时吃到充足的乳汁。

③加强对初生仔猪人工固定乳头的管理。对于仔猪过多的，要进行人工哺乳或找代乳母猪，防止仔猪低血糖症的发生。

4. 仔猪缺铁性贫血

（1）病因及流行病学　仔猪缺铁性贫血又称营养性贫血，是指由于铁缺乏引起仔猪贫血和生长受阻的一种营养代谢病。本病在秋冬、早春比较常见，多发于2～4周龄的哺乳猪。

（2）临床症状　特征为皮肤、黏膜苍白，血液总量、血红蛋白和红细胞含量减少。

（3）病理变化　病猪肝脏出现脂肪变性、肿大，呈淡灰色，偶见出血点。血液稀薄如红墨水样，肌肉颜色变淡。胸腹腔内常有积液。心脏扩张，质地松软。

（4）诊断　根据病猪发病日龄、临床症状及病理变化等可做出诊断。

（5）防控技术要点　加强对怀孕后期及哺乳期母猪的饲养管理，多喂富含蛋白质、矿物质和维生素的全价饲料；对仔猪提早补料，增加铁、铜和其他矿物质的摄取。

5.白肌病

（1）病因及流行病学　哺乳仔猪饲喂缺硒地区种植的饲料引起。硒缺乏，则维生素E也缺乏。以20日龄到3月龄仔猪多见，多于3—4月发病，常呈地方性发生。

（2）临床症状　该病常发生于体质健壮的仔猪，有的病程较短，突然发病。病猪主要表现食欲减少，精神沉郁，呼吸困难。病程较长的，表现后肢强硬、拱背，站立困难，呈前腿跪立或犬坐姿势。严重者坐地不起，后躯麻痹表现神经症状，如转圈运动、头向一侧歪等，呼吸困难，心脏衰弱，最后死亡。

（3）病理变化　死猪尸体剖检时，四肢、腰、背、臀部等骨骼肌松弛，可见骨骼肌上有连片的或局灶性坏死，呈灰黄色，色淡，似煮熟的鸡肉，通常是对称性的。心脏容量增大，心肌松软有明显坏死；心内膜上有淡灰色或淡白色斑点；有时右心室肌肉萎缩，外观呈桑葚状。心外膜和心内膜有斑点状出血。肝脏淤血、充血、肿大，质脆易碎，边缘钝圆，呈淡褐色、淡灰黄色或黏土色；常见有脂肪变性，横断面肝小叶平滑，外周苍白，中央褐红；常发现针头大的点状坏死灶和实质弥漫性出血。

（4）诊断　根据临床症状和病理变化可诊断。

（5）防控技术要点　发生此病后，应即改善饲养管理条件，配合使用亚硒酸制剂和维生素 E。

6. 脐疝

（1）病因　本病发生的根本原因是先天性脐孔闭锁不全，腹腔内容物通过脐孔脱出于皮下。其次，断脐不当，仔猪自行断脐、脐部化脓和仔猪相互吮吸脐带等导致脐孔破损。

（2）临床症状　仔猪脐部有局限性球形肿胀物，无热痛，内容物柔软，挤压或仰卧时内容物可还纳腹腔，沿腹壁可在肿胀物中央摸到脐孔，饱食或挣扎等原因造成腹压增高时肿胀物可随之增大，病猪精神和食欲常不受影响。当内容物发生粘连、坏死或嵌闭时，病猪出现绝食、呕吐、胃肠臌气、体温升高等症状，内容物不易还纳，挤压有坚实感。后期出现精神委顿，心率加快，可视黏膜发绀，甚至发生休克。

（3）诊断　该病典型的临床症状是其诊断的重要依据。

（4）防控技术要点

①仔猪脐疝保守疗法。仔猪仰卧保定，脐部皮肤剪毛消毒，用手指还纳内容物并插入疝孔内防止肠管再度脱出，在疝环周围进行烟包缝合，抽紧缝线使脐孔闭合，打结后局部消毒。

②小猪脐疝手术疗法。对仔猪进行麻醉后，空腹仰卧或半仰卧保定，在疝囊基部做一直线切口（公猪避开阴茎及包皮口），采用皱襞切开法切开疝囊，暴露疝内容物。未发生粘连的，直接还纳；粘连的，可用手指或剪刀分离后还纳；肠管发生嵌闭的，用钝尖剪扩大疝环解除嵌顿；肠管坏死的，应切除坏死肠管，剔除坏死组织，吻合肠管。最后缝合疝环和皮肤。

7. 僵猪症

（1）病因及流行病学　僵猪指由于某种原因造成生长发育严重

受阻的猪，俗称"小老猪""小赖猪"等。该病多与母猪的近亲繁殖、年龄过大、营养不良，仔猪的营养不足和疾病有关。僵猪常发生在 10～20 千克体重的猪。

（2）临床症状　被毛粗乱，体格瘦小，弓背缩腹，只吃不长，平均每天长不到 50 克。因疾病的不同而临床表现各异，如咳嗽、气喘、长期腹泻且时好时坏、贫血、异嗜等。

（3）诊断　该病的诊断依据为仔猪典型的临床症状。

（4）防控技术要点　杜绝近亲交配，加强母猪管理，提高饲料质量，保证营养充足；严格控制仔猪的开料时间，及时补料，做好仔猪的免疫接种工作，加强疫病防控。

⬡ 参考文献

巴伯拉·E. 斯特劳等，2008. 猪病学［M］. 第 9 版. 赵德明，译. 北京：中国农业大学出版社.

常永义，2021. 仔猪常见死亡原因分析及解决措施［J］. 现代畜牧科技（1）：32-33.

陈溥言，2007. 兽医传染病学［M］. 第 5 版. 北京：中国农业出版社.

陈岩，2020. 仔猪缺铁性贫血的临床症状、剖检变化、鉴别诊断与防治措施［J］. 现代畜牧科技（5）：66-67.

冯艳彬，2018. 猪弓形虫病的流行病学、实验室诊断与防治［J］. 现代畜牧科技（11）：80.

付利芝，付文贵，等，2020. 猪病防控 170 问［M］. 北京：中国农业出版社.

付强民，2018. 猪弓形虫病的流行特点、检疫、实验室检查及防治［J］. 现代畜牧科技（6）：136.

郭立伟，2018. 猪中暑的发生原因、临床症状、鉴别诊断及防治措施［J］. 现代畜牧科技（12）：56.

郭雪莹，2018. 猪细颈囊尾蚴病的流行病学、临床症状、诊断及防治［J］.

现代畜牧科技（3）：76.

郭宗义，王金勇，2010. 现代实用养猪技术大全［M］. 北京：化学工业
　　出版社.

姜平，2005. 兽医生物制品学［M］. 第 2 版. 北京：中国农业出版社.

杰弗里·J. 齐默尔曼，等，2014. 猪病学［M］. 第 10 版. 赵德明，等，
　　主译. 北京：中国农业大学出版社：678-901.

蓝剑萍，2018. 母猪配种后返情的原因及有效防控［J］. 当代畜禽养殖业
　　（2）：27.

李海珍，2020. 仔猪白肌病的综合防治［J］. 中兽医学杂志（7）：43.

李丽莎，2020. 猪疥螨病的流行病学、临床症状、诊断与防治措施［J］.
　　现代畜牧科技（11）：124-125.

李瑞兴，2021. 猪囊虫病的流行病学、症状、检疫及防治措施［J］. 现代
　　畜牧科技（1）：94-95.

梁香葵，2021. 猪蛔虫病的诊断与防治［J］. 兽医导刊（5）：12-13.

梁志明，2020. 母猪子宫内膜炎的诊治方案［J］. 牧兽医科技信息
　　（12）：148.

廖修菊，2021. 猪蛔虫病及其防治措施［J］. 兽医导刊（3）：15-16.

刘艳，2020. 僵猪形成的原因及防治［J］. 兽医导刊（7）：11.

罗小娟，2019. 猪肺丝虫病的防治［J］. 中兽医学杂志（3）：123.

宋志坤，2021. 断奶母猪不发情的原因分析及防治措施［J］. 现代畜牧科
　　技（1）：47-48.

孙泉云，夏炉明，卢军，2012. 上海某种猪场猪耳坏死综合症的诊治［J］.
　　中国畜禽种业，8（11）：58-58.

唐文雅，2019. 猪常见中毒病的症状及预防策略分析［J］. 畜禽业，30
　　（1）：52.

王法奎，2018. 母猪无乳综合征预防和治疗措施［J］. 中国畜禽种业，14
　　（9）：8（4）.

王健春，宋晓军，周永燚，2021. 猪六种常见皮肤性疾病的分析、诊断和
　　治控措施［J］. 现代畜牧科技（3）：157-158.

王淑红，2019. 集约化猪场猪肢蹄病的成因及防治［J］. 中国畜禽种业，

15 (8)：113.

夏生林，李奇，2012. 猪断奶后多系统衰竭综合症的诊断与防治［J］. 农
技服务，29（10）：1159-1161.

谢政，2016. 后备母猪初情期迟缓的原因及对策［J］. 中国畜禽业，12
（8）：69.

许顺明，2020. 母猪子宫内膜炎的防治［J］. 畜牧兽医科技信息
（9）：128.

许志勇，2017. 猪肺丝虫病的检疫、实验室检查及其防治［J］. 现代畜牧
科技（11）：135.

闫雪萍，2021. 猪附红细胞体病的临床症状和诊治方法［J］. 今日畜牧兽
医，37（2）：90.

杨红，2017. 猪细颈囊尾蚴病的临床特点、鉴别诊断与防治措施［J］. 现
代畜牧科技（3）：107.

于月龙，2017. 猪肢蹄病的分类、病因与治疗措施［J］. 现代畜牧科技
（3）：117.

占今舜，2014. 猪肢蹄病形成原因及其防治措施［J］. 今日养猪业（3）：
44-47.

张健，2019. 猪疥螨病的诊断与防治［J］. 中国畜禽种业，15（4）：
139-140.

张景海，2021. 新生仔猪低血糖症的病因、临床特点和防治措施［J］. 现
代畜牧科技（4）：148-149.

张娜，2020. 猪疥螨病的临床症状和防治措施［J］. 中国畜禽种业，16
（1）：71.

张伟，艾金亮，2017. 仔猪脐疝的原因分析及治疗［J］. 畜牧兽医科技信
息（2）：95-96.

第五章
生猪减抗养殖用药规范

第一节 猪场临床合理用药技术

一、养猪科学用药基本知识

（一）药物的剂量单位

固体、半固体剂型药物常用药剂量单位：千克（kg）、克（g）、毫克（mg）、微克（μg）。液体剂型药物常用剂量单位：升（L）、毫升（mL）。

一般抗生素、激素、维生素等药物常用国际单位（IU）表示，有时也以毫克（mg）、微克（μg）等质量单位表示。

（二）药物的含量表示

兽药包装或说明书中一般用比号"："表示药物剂量与净含量的关系。例如，某兽药生产公司生产的恩诺沙星注射液规格标示为"10mL：0.25g"，则表示 10 毫升药液中含恩诺沙星的净含量为0.25 克。

（三）怎样计算个体给药剂量

个体给药治疗时，事先应弄清楚药物使用说明书对剂量是怎么规定的。

当药物使用说明书已标明每千克体重多少毫升（克）药物时，可直接根据猪的体重计算出一次给药量。例如，10％土霉素注射液标明猪每千克体重 0.1 毫升，则 50 千克猪一次用量为 0.1 毫升/千克×50 千克＝5.0 毫升，即 50 千克体重的猪一次注射 5.0 毫升。

当只标明每千克体重多少克（毫克）时，则需要用下列公式进行换算。

$$用药量（毫升）＝\frac{猪的体重（千克）×剂量率（毫克／千克）}{制剂单位标示量（毫克／毫升）}$$

例如：卡拉霉素注射液（10mL：1.0g），标明肌内注射一次量为每千克体重 15 毫克，20 千克体重的猪应注射多少毫升？换算方法如下：首先明确 10mL：1.0g 即 10 毫升药液中含卡拉霉素 1 克，再计算 50 千克体重需要多少毫升。

$$用药量（毫升）＝\frac{猪的体重 50 千克×15 毫克／千克}{100 毫克／毫升}＝7.5 毫升$$

即 50 千克体重的猪 1 次应肌内注射 7.5 毫升。

当未标明每千克体重用量时，通常指的是 50 千克标准体重的猪的用量，可以除以 50，换算出每千克体重的大体用量，再根据猪的重量计算出实际给药量。例如：安乃近注射液标示规格为 10mL：3.0g，用法用量为肌内注射，一次量猪 1～3 克，就是指 50 千克的重体猪一次可肌内注射 3.3～10 毫升，其他体重的猪可依此推算。

（四）饮水给药与混饲给药的关系

一般来说，饮水给药量是混饲给药量的 1/2，因为饮水量是采食量的 2 倍左右。

（五）合理用药原则

1. 要根据猪场与本地区猪病发生与流行的规律、特点、季节性等，有针对性地选择高疗效、安全性好、广谱抗菌的药物，方可收到良好的用药效果，切不可滥用药物。

2. 使用药物之前最好先进行药物敏感试验，以便选择高敏感性的药物。

3. 保证用药的有效剂量，严禁长期预防用药。不同的药物，达到预防传染病作用的有效剂量是不同的。因此，药物预防时一定要按规定的用药剂量，均匀地拌入饲料或完全溶解于饮水中，以达到药物预防的作用。食品动物长期使用抗菌药物容易诱发细菌产生耐药性，这种耐药性会通过一定的传播方式转移到人类的病原菌上来，给人类感染性疾病的治疗带来一定的困难，甚至失败。因此，不能在饲料中长期添加抗菌药物，尤其不能使用人医常用的抗菌药物作为饲料的促生长药物添加剂。

4. 防止药物蓄积中毒和毒副作用。有些药物进入机体后排出缓慢，连续长期用药可引起药物蓄积中毒，如猪患慢性肾炎，长期使用链霉素或庆大霉素可在体内造成蓄积，引起中毒。有的药物在治疗疾病的同时，也会产生一定的毒副作用。如长期大剂量使用喹诺酮类药物会引起猪的肝肾功能异常。

5. 考虑猪的品种、性别、年龄与个体差异。

6. 注意药物配伍禁忌。当两种或两种以上的药物配合使用时，如果配合不当，有的会发生理化性质的改变，使药物发生沉淀、分解、结块或变色，结果出现减弱药物效果或增加药物的毒性，造成不良后果。如磺胺类药物与抗生素混合产生中和作用，药效会降低。维生素 B_1、维生素 C 属酸性，遇碱性药物即可分解失效。

7. 选择最合适的用药方法。不同的给药方法，可以影响药物的吸收速度、利用程度、药效出现时间及维持时间，甚至还可引起药物性质的改变。药物的给药方法有混饲给药、饮水给药及注射给药等，猪场在生产实践中可根据具体情况，正确地选择给药方法。

二、影响药物作用的主要因素

（一）药物方面的因素

1. 剂量　药物的作用或效应在一定剂量范围内随着剂量的增加而增强，如巴比妥类药小剂量催眠，随着剂量增加可表现出镇静、抗惊厥和麻醉作用。但是也有少数药物，随着剂量或浓度的不同，作用的性质会发生变化，如人工盐小剂量是健胃作用，大剂量则表现为下泻作用。因此，药物剂量是决定药效的重要因素。临床用药时，除根据兽药典、兽药使用规范等决定用药剂量外，还要根据药物的理化性质、毒副作用和病情发展适当调整剂量，以更好地发挥药物的治疗作用。

2. 剂型　剂型对药物作用的影响，主要表现为吸收快慢、多少的不同，影响药物的生物利用度。例如，内服溶液剂比片剂吸收的速率要快得多。再如缓释、控释和靶向制剂的临床应用，不仅改进或提高药物的疗效、减少毒副作用而且方便临床给药。

3. 给药方案　给药方案包括给药剂量、途径、时间间隔和疗程。给药途径不同主要影响生物利用度和药效出现的快慢，静脉注射几乎可立即出现药物作用，其次为肌内注射、皮下注射和内服。一般危急病例宜静脉注射；治疗肠道感染或驱虫时，宜口服；严重消化道感染并发败血症、菌血症时应内服配合注射给药。

大多数药物治疗疾病时必须重复给药，确定给药的时间间隔主要根据药物的消除半衰期。一般情况下，在下次给药前要维持血中的最低有效浓度，尤其是抗菌药物要求血中浓度高于最小抑菌浓度。研究表明抗菌药由于可产生较长时间的抗菌后效应（PAE），则给药间隔可大大延长。例如大环内酯类的红霉素代谢缓慢，具有明显 PAE，服药 3 天可以抑菌 5～7 天。

有些药物给药一次即可奏效，如解热镇痛药、抗寄生虫药等，但大多数药物必须按一定的剂量和时间间隔给药一段时间，才能达到治疗效果，称为疗程。抗菌药物更要求有充足的疗程才能保证稳定的疗效，避免产生耐药性，不能给药 1～2 次出现药效立即停药。例如，抗生素一般要求 2～3 天为一疗程，磺胺类药则要求 3～5 天为一疗程。

（二）动物方面的因素

1. 生理状态　不同年龄、性别、怀孕或哺乳期动物对同一药物的反应往往有一定差异，这与机体器官组织的功能状态，尤其与肝脏药物代谢酶系统有密切的关系。例如动物初生时，生物转化途径和有关的微粒体酶系统功能不足，因此，在幼畜由微粒体酶代谢和由肾排泄消除的药物的半衰期将被延长，给药的时间间隔应适当增加。老年动物亦有上述现象，一般对药物的反应较成年动物敏感，所以临床用药剂量应适当减少。

除了作用于生殖系统的某些药物外，一般药物对不同性别动物的作用并无差异，只是妊娠母猪对拟胆碱药、泻药或能引起子宫收缩加强的药物比较敏感，可能引起流产，临床用药必须慎重。详见表 5-1。

表 5-1　妊娠母猪禁用或慎用药物一览表

类别	药物类别	兽药名称
禁用药	子宫收缩类	缩宫素（催产素）注射液、垂体后叶素注射液、马来酸麦角新碱注射液等
	前列腺素类	前列腺素 F2α 注射液、氯前列醇钠注射液等
	利尿类	呋塞米

生猪养殖减抗技术指南　Shengzhu Yangzhi Jiankang Jishu Zhinan

类别	药物类别	兽药名称
禁用药	性激素类	丙酸睾丸酮、苯甲酸雌二醇等
	解热镇痛类	安乃近、水杨酸钠、阿司匹林等
	拟胆碱类	氨甲酰甲胆碱注射液、硝酸毛果芸香碱注射液、甲硫酸新斯的明注射液等
	糖皮质激素类	地塞米松磷酸酯钠注射液、醋酸泼尼松龙注射液等
	抗生素类	链霉素、替米考星注射液等
	中药类	桃仁、红花、当归、大黄、芒硝、巴豆、番泻叶等
慎用药	氨基糖苷类	庆大霉素、链霉素、硫酸小诺霉素注射液等
	酰胺醇类	氟苯尼考注射液或可溶性粉
	四环素类	强力霉素（多西环素）可溶性粉
	抗寄生虫类	芬苯达唑、伊维菌素等

2. 病理状态　药物的药理效应一般都是在健康动物试验中观察得到的，动物在病理状态下对药物的反应性存在一定程度的差异。不少药物在疾病动物的作用较显著，甚至在病理状态下才呈现药物的作用，如解热镇痛药能使发热动物降温，对正常体温没有影响；洋地黄对慢性充血性心力衰竭有很好的强心作用，对正常功能的心脏则无明显作用。

严重的肝、肾功能障碍，影响药物的生物转化和排泄，引起药物蓄积，延迟药物半衰期，从而增强药物的作用，严重者可能引发毒性反应。但也有少数药物在肝生物转化后才发挥作用，如可的松、泼尼松，在肝功能不全的动物中作用减弱。

炎症过程使动物的生物膜通透性增加，影响药物的转运。例如恩诺沙星在健康兔和巴氏杆菌感染兔的消除相半衰期存在显著差异（$P < 0.05$）。

严重的寄生虫病、失血性疾病或营养不良患畜，由于血浆蛋白质大大减少，可使药物与血浆蛋白结合率降低，血中游离药物浓度增加，一方面使药物作用增强，同时也使药物的生物转化和排泄增加，半衰期缩短。

3. 个体差异　同种动物在基本条件相同的情况下，有少数个体对药物特别敏感，称高敏，另有少数个体则特别不敏感，称耐受性，这种个体之间的差异，在最敏感和最不敏感之间约差10倍。

产生个体差异的主要原因是动物对药物的吸收、分布、生物转化和排泄的差异，其中生物转化是最重要的因素。研究表明，药物代谢酶类（尤其是细胞色素 P450）的多态性是影响药物作用个体差异的最重要的因素之一，不同个体之间的酶活性可能存在很大的差异，从而造成药物代谢速率上的差异。因此，相同剂量的药物在不同个体中，有效血药浓度、作用强度和作用维持时间便产生很大差异。

个体差异除表现药物作用量的差异外，还出现质的差异，这就是个别动物应用某些药物后产生变态反应，也称为过敏反应。

（三）环境因素

动物的健康还取决于饲养和管理水平。饲养方面要注意饲料营养全面，根据动物不同生长时期的需要合理调配日粮成分，以免出现营养不良或营养过剩。管理方面应考虑动物群体的大小，防止密度过大，圈舍的建设要注意通风、采光和动物活动的空间，要为动物的健康生长创造良好的条件。上述要求对患病动物更有必要，动物疾病的恢复，除了依靠药物，还需要良好的饲养管理条件。加强病畜的护理，可使药物的作用得到更好的发挥。例如，用镇静药治疗破伤风时，要注意环境的安静，最好把患畜安放在黑暗的圈舍。

环境条件对药物的作用也能产生直接或间接的影响。例如，不同季节、温度和湿度均可影响消毒药、抗寄生虫药物的疗效。环境中若存在大量的有机物可大大减弱消毒药的作用；通风不良、空气污染（如高浓度的氨气）可增加动物的应激反应，加重疾病过程，影响药效。

三、猪常用药物的给药方式

（一）口服给药

1. 部位　口腔。

2. 方法

（1）小猪（10 千克以下的猪）　事先把药调成糊状，将小猪口打开，用钝型竹片或药匙取一小团药糊涂在小猪舌根上，猪能自行吞下。

（2）大猪　糊状药物按上法。液状药物先装入斜口的细竹筒内，拎起猪耳，两腿挟住猪体以保定。用一细棍卡入猪嘴，使其张开口腔，将药徐徐灌入。

3. 注意事项　当猪极度挣扎或大叫时，易把药物灌入气管，造成事故，应暂停灌药。

（二）注射给药

1. 静脉注射

（1）部位　耳静脉或前腔静脉。

（2）方法

① 耳静脉注射　将猪站立或横卧保定，耳静脉局部按常规消毒处理。一人用手指捏压耳根部静脉处或用胶带于耳根部结扎，使静脉充盈、怒张（或用酒精棉反复于局部涂擦以引起其充血）；术者左手固定注射部位，右手持链接针头的注射器，沿耳静脉管使针头与皮肤呈 30°～45°角，刺入皮肤及血管内，轻轻抽动活塞手柄，

如见回血即为已刺入血管，然后将注射器放平沿血管稍微向前伸入，解除结扎或放松压迫的手指，注入药液。

② 前腔静脉注射　注射部位在第1肋骨与胸骨柄结合处之前。猪可采取仰卧或站立保定。站立保定时，在右侧由耳根至胸骨柄的连线上，距胸骨端1～3厘米斜向中央刺向第1肋骨间胸腔入口处，见有回血，即可注入药液。仰卧保定时，术者持接有针头的注射器由右侧沿第1肋骨与胸骨接合部前侧方的凹陷处刺入，稍偏刺向中央及胸腔方向，见有回血，即可注入药液。拔出针头后局部常规消毒处理。

（3）注意事项

① 严格无菌操作，所有注射用具、注射部位均应严格消毒。

② 看清注射局部血管，明确注射部位，防止乱扎，以免局部血肿。

③ 排净注射器或输液胶管中的气泡。

④ 注意检查药物的质量，防止有杂质、沉淀；混合注射多种药液时注意配伍禁忌；油剂不能进行静脉注射。

2. 肌内注射

（1）部位　选肌肉层厚并能避免开大血管及神经干的部位，如耳后、臀部或股内侧。

（2）方法　猪保定后，局部按常规消毒处理。术者左手固定注射部位，右手持链接针头的注射器，与皮肤呈垂直角度，迅速刺入肌肉，一般刺入深度2～4厘米，以右手推动活塞手柄，注入药液。

（3）注意事项

① 刺入时应与皮肤呈垂直角度并且用力方向应与针头方向一致。

② 不可将针头的全长完全刺入肌肉中，一般只刺入全长的2/3即可。

3. 皮下注射

（1）部位　猪耳根后或股内侧皮肤较薄且皮下疏松的部位。

（2）方法　猪实行必要的保定和局部消毒后，术者用左手捏起局部的皮肤，形成一皱褶，右手持注射器由皱褶的基部刺入，一般针头可刺入1～2厘米，注完药液后拔出针头局部消毒。

（3）注意事项

① 刺激性强的药物不能进行皮下注射。

② 药量多时，可分点注射，注射后最好对注射部位轻度按摩或温敷。

4. 腹腔注射

（1）部位　较小的猪，在两侧后腹部。

（2）方法　将猪两后肢提起，倒立保定，局部剪毛消毒。术者一手把握猪的腹侧壁，一手持连接针头的注射器，于耻骨前缘3～5厘米处的中线旁，垂直刺入2～3厘米，注入药液后拔出针头，局部消毒处理。

（3）注意事项　腹腔注射宜用无刺激性的等渗药液，并将药液加温至近似体温。

5. 后海穴注射

（1）部位　后海穴位于猪肛门与尾根之间的凹陷处。

（2）方法　猪保定后，按常规进行后海穴消毒。术者手持注射器，将针头与猪的脊柱方向平行刺入后海穴，注射深度小猪2～3厘米，大猪3～5厘米。然后缓慢注入药液，注完后拔出针头，局部消毒处理。

（3）注意事项　针头不可往下刺，以防刺伤直肠。

6. 气管注射

（1）部位　气管腹侧正中，两个气管软骨环之间。

（2）方法　猪仰卧或侧卧保定，前躯稍高于后躯，局部剪毛消毒。术者右手持链接针头的注射器，于气管软骨环间垂直刺入，缓缓注入药液，注毕拔出针头，局部消毒处理。

（3）注意事项　注射前宜将药液加热至近似体温，减轻刺激；为避免咳嗽，可先注入 2％普鲁卡因注射液 2～5 毫升后再注入所需药液。

（三）混饲与饮水给药

1. 部位　口腔。

2. 方法

（1）混饲给药　将药物按一定比例以逐级稀释的方法均匀拌入饲料，让猪群通过采食把药物摄入体内，达到给药目的。

（2）饮水给药　将能溶于水的药物溶入猪群饮水中，通过饮水将药物摄入体内，达到给药目的。一般现配现用，当天用完。

（3）注意事项

①混饲给药一定要混合均匀，并确保拌过药物的饲料当天能吃完。

②饮水给药时，为保障给药剂量，一般给药前要停止给水，夏天禁水 1～2 小时，冬天禁水 3～4 小时。

（四）皮肤给药

1. 部位　局部或全身皮肤。

2. 方法　将药液或软膏涂擦在局部皮肤，或者通过喷雾方式喷洒在猪体皮肤上。例如，用 2％敌百虫溶液或软膏治疗猪疥螨和体外寄生虫。

3. 注意事项　皮肤用药必须是脂溶性的。

（五）黏膜给药

1. 部位　猪体腔道黏膜，如子宫黏膜、直肠黏膜给药。

2. 方法　猪保定后，将腔道外周按常规消毒后，然后将药物通过给药器或导管直接投放子宫或直肠内。

3. 注意事项　子宫给药时注意器具消毒灭菌，避免损伤黏膜。

四、安全用药与药物配伍禁忌

（一）安全用药

1. 严禁使用违禁药物　为确保动物性食品安全，要严格执行《兽药管理条例》和农业农村部相关公告规定。详见表5-2、表5-3。

表5-2　食品动物中禁止使用的药品及其他化合物清单

序号	药品及其他化合物名称
1	酒石酸锑钾（Antimony potassium tartrate）
2	β-兴奋剂（β-agonists）类及其盐、酯
3	汞制剂：氯化亚汞（甘汞）（Calomel）、醋酸汞（Mercurous acetate）、硝酸亚汞（Mercurous nitrate）、吡啶基醋酸汞（Pyridyl mercurous acetate）
4	毒杀芬（氯化烯）（Camahechlor）
5	卡巴氧（Carbadox）及其盐、酯
6	呋喃丹（克百威）（Carbofuran）
7	氯霉素（Chloramphenicol）及其盐、酯
8	杀虫脒（克死螨）（Chlordimeform）
9	氨苯砜（Dapsone）
10	硝基呋喃类：呋喃西林（Furacilinum）、呋喃妥因（Furadantin）、呋喃它酮（Furaltadone）、呋喃唑酮（Furazolidone）、呋喃苯烯酸钠（Nifurstyrenate sodium）

序号	药品及其他化合物名称
11	林丹（Lindane）
12	孔雀石绿（Malachite green）
13	类固醇激素：醋酸美仑孕酮（Melengestrol Acetate）、甲基睾丸酮（Methyltestosterone）、群勃龙（去甲雄三烯醇酮）（Trenbolone）、玉米赤霉醇（Zeranal）
14	安眠酮（Methaqualone）
15	硝呋烯腙（Nitrovin）
16	五氯酚酸钠（Pentachlorophenol sodium）
17	硝基咪唑类：洛硝达唑（Ronidazole）、替硝唑（Tinidazole）
18	硝基酚钠（Sodium nitrophenolate）
19	己二烯雌酚（Dienoestrol）、己烯雌酚（Diethylstilbestrol）、己烷雌酚（Hexoestrol）及其盐、酯
20	锥虫砷胺（Tryparsamile）
21	万古霉素（Vancomycin）及其盐、酯

来源：农业农村部公告第 250 号。

表 5-3　禁止在饲料和动物饮水中使用的物质

序号	药物名称	药物类别
1	苯乙醇胺 A	
2	班布特罗	
3	盐酸齐帕特罗	
4	盐酸氨丙那林	β-肾上腺素受体激动剂
5	马布特罗	
6	西布特罗	
7	澳布特罗	

生猪养殖减抗 Shengzhu Yangzhi Jiankang
技术指南 Jishu Zhinan

序号	药物名称	药物类别
8	酒石酸阿福特罗	长效型 β-肾上腺素受体激动剂
9	富马酸福莫特罗	
10	盐酸可乐定	抗高血压药
11	盐酸赛庚啶	抗组胺药

来源：农业部 1519 号公告（2010）。

此外，2015 年 9 月 7 日，农业部发布 2292 号公告规定：除用于非食品动物的产品外，停止受理洛美沙星、培氟沙星、氧氟沙星、诺氟沙星 4 种原料药的各种盐、酯及其各种制剂的兽药产品批准文号的申请。

2016 年 7 月，农业部发布 2428 号公告规定：停止硫酸黏菌素用于动物促生长。

2018 年 1 月 12 日，农业部发布 2638 号公告规定：停止在食品动物中使用喹乙醇、氨苯砷酸、洛克沙胂 3 种兽药。

2019 年 7 月 9 日，农村农业部第 194 号公告规定：自 2020 年 1 月 1 日起，退出除中药外的所有促生长类药物饲料添加剂品种，同时注销相应的兽药产品批准文号和进口兽药注册证书；2020 年 7 月 1 日起全面禁止促生长药物饲料添加剂，饲料抗生素全面禁用。

2. 严格执行国家规定的兽药休药期　休药期是指畜禽最后一次用药到该畜禽许可屠宰或其产品（乳、蛋）许可上市的时间间隔。执行兽药休药期规定是为了避免供人食用的动物组织或产品中残留药物超量，保证人在食用其组织或产品后不会危害身体健康。

为加强兽药使用管理，保证动物性产品质量安全，根据《兽药管理条例》规定，农业农村部组织制定了兽药国家标准和专业标准中部分品种的休药期规定（表 5-4）。

表 5-4　猪用兽药休药期规定

	兽药名称	执行标准	休药期
1	土霉素片	兽药典 2020 版	7 日
2	土霉素注射液	部颁标准	28 日
3	双甲脒溶液	兽药典 2020 版	8 日
4	甲砜霉素片	兽药典 2020 版	28 日
5	甲砜霉素粉	兽药典 2020 版	28 日
6	甲磺酸达氟沙星注射液	部颁标准	25 日
7	吉他霉素片	兽药典 2020 版	7 日
8	吉他霉素预混剂	兽药典 2020 版	7 日
9	乳酸环丙沙星注射液	部颁标准	10 日
10	注射用苄星青霉素（注射用苄星青霉素 G）	兽药典 2020 版	5 日
11	注射用苯唑西林钠	兽药典 2020 版	5 日
12	注射用青霉素钠	兽药典 2020 版	0 日
13	注射用青霉素钾	兽药典 2020 版	0 日
14	注射用氨苄青霉素钠	兽药典 2000 版	15 日
15	注射用盐酸土霉素	兽药典 2000 版	8 日
16	注射用盐酸四环素	兽药典 2000 版	8 日
17	注射用酒石酸泰乐菌素	部颁标准	21 日
18	注射用喹嘧胺	兽药典 2020 版	28 日
19	注射用硫酸卡那霉素	兽药典 2020 版	28 日
20	注射用硫酸链霉素	兽药典 2020 版	18 日
21	复方磺胺对甲氧嘧啶片	兽药典 2020 版	28 日
22	复方磺胺对甲氧嘧啶钠注射液	兽药典 2020 版	18 日
23	复方磺胺甲噁唑片	兽药典 2020 版	28 日

生猪养殖减抗
技术指南
Shengzhu Yangzhi Jiankang
Jishu Zhinan

（续）

	兽药名称	执行标准	休药期
24	复方磺胺氯哒嗪钠粉	兽药典 2020 版	4 日
25	复方磺胺嘧啶钠注射液	兽药典 2020 版	20 日
26	氟苯尼考注射液	兽药典 2020 版	14 日
27	氟苯尼考粉	兽药典 2020 版	20 日
28	恩诺沙星注射液	兽药典 2020 版	10 日
29	盐酸多西环素片	兽药典 2020 版	28 日
30	盐酸沙拉沙星注射液	部颁标准	0 日
31	盐酸林可霉素片	兽药典 2020 版	6 日
32	盐酸林可霉素注射液	兽药典 2020 版	2 日
33	盐酸环丙沙星可溶性粉	部颁标准	28 日
34	盐酸环丙沙星注射液	部颁标准	28 日
35	普鲁卡因青霉素注射液	兽药典 2020 版	7 日
36	硫酸卡那霉素注射液	兽药典 2020 版	28 日
37	硫酸安普霉素可溶性粉	部颁标准	21 日
38	硫酸安普霉素预混剂	部颁标准	21 日
39	硫酸庆大-小诺霉素注射液	部颁标准	40 日
40	硫酸庆大霉素注射液	兽药典 2020 版	40 日
41	硫酸黏菌素可溶性粉	部颁标准	7 日
42	硫酸黏菌素预混剂	部颁标准	7 日
43	磺胺二甲嘧啶片	兽药典 2020 版	15 日
44	磺胺二甲嘧啶钠注射液	兽药典 2020 版	28 日
45	磺胺对甲氧嘧啶	兽药典 2020 版	28 日
46	磺胺对甲氧嘧啶片	兽药典 2020 版	28 日

	兽药名称	执行标准	休药期
47	磺胺甲噁唑片	兽药典 2020 版	28 日
48	磺胺间甲氧嘧啶片	兽药典 2020 版	28 日
49	磺胺间甲氧嘧啶钠注射液	兽药典 2020 版	28 日
50	磺胺脒片	兽药典 2020 版	28 日
51	磺胺嘧啶钠注射液	兽药典 2020 版	10 日
52	磺胺噻唑片	兽药典 2020 版	28 日
53	磺胺噻唑钠注射液	兽药典 2020 版	28 日
54	磷酸泰乐菌素预混剂	部颁标准	5 日

3. 注意鉴别真假兽药　目前市场上的兽药种类、数量繁多，假兽药也混杂其中，真假难辨，可通过二维码辨别、专业网站查询、通过常识加经验辨别，同时到正规经营单位购买兽药，购买通过国家 GMP 验收及有批准文号、生产许可证的药品。

（二）常用抗菌药物的配伍禁忌

1. β-内酰胺类

（1）联合配伍

①β-内酰胺类与 β-内酰胺酶抑制剂如克拉维酸、舒巴坦、他佐巴坦合用有协同增效作用。如克拉维酸、舒巴坦常与氨苄西林或阿莫西林组成复方制剂用于治疗猪消化道、呼吸道或泌尿道感染。

②青霉素类与丙磺舒、水杨酸类合用有协同作用。

③青霉素类与氨基糖苷类合用具有协同作用，但剂量应基本平衡。

（2）配伍禁忌　青霉素类不能与四环素类、酰胺醇类、大环内酯类、磺胺类抗菌药合用。但治疗脑膜炎病例外，青霉素可与磺胺嘧啶合用，但必须分别注射，否则发生理化性配伍禁忌。

2. 氨基糖苷类

（1）联合配伍

①氨基糖苷类与β-内酰胺类配伍有较好的协同作用。如青霉素与链霉素合用。

② 氨基糖苷类与抗菌增效剂［如二甲氧苄氨嘧啶（DVD）、三甲氧苄氨嘧啶（TMP）］均可联合应用，可增强其作用。如丁胺卡那霉素与 TMP 合用对各种革兰氏阳性杆菌有效。

③氨基糖苷类与多黏菌素类合用。

④链霉素与四环素合用，能增强对布鲁氏菌的治疗作用。

⑤链霉素与红霉素合用，对猪链球菌病有较好的疗效。

⑥庆大霉素或卡那霉素可与喹诺酮类药物合用。

⑦硫酸新霉素与阿托品类可配伍用药治疗仔猪腹泻。

（2）配伍禁忌

①氨基糖苷类不能同类之间联合应用，以免增强毒性。

②氨基糖苷类不能与酰胺醇类合用，以免降低杀菌效果。

③链霉素与磺胺类药物配伍应用会发生水解失效，故一般不配伍使用。

3. 四环素类

（1）联合配伍

①四环素类药物与本品同类药物及泰乐菌素、泰妙菌素配伍用药治疗胃肠道和呼吸道感染有协同作用。

②TMP、DVD 对四环素类有明显的增效作用。

③四环素类与酰胺醇类有较好的协同作用。

（2）配伍禁忌

①碱性物质如碳酸氢钠、氨茶碱以及含钙、镁、铁、锌等金属离子的药物不能与四环素类药物合用，影响药物的吸收。

②土霉素不能与吉他霉素合用。

4. 大环内酯类

（1）联合配伍

①红霉素与磺胺二甲嘧啶、磺胺嘧啶、磺胺间甲氧嘧啶、TMP 等合用可用于治疗呼吸道疾病。

②红霉素与泰乐菌素或链霉素合用，具有协同作用。

③吉他霉素常与链霉素合用；泰乐菌素可与磺胺类合用。

④碳酸氢钠可增强本类药物的吸收，可联合使用。

（2）配伍禁忌　红霉素不宜与 β-内酰胺类、林可霉素、四环素联合应用。

5. 酰胺醇类

（1）联合配伍　可与四环素类药物联用用于合并感染的呼吸道病。

（2）配伍禁忌

①酰胺醇类与林可霉素、红霉素、链霉素、青霉素类、氟喹诺酮类具有拮抗作用。

②酰胺醇类不可与磺胺类、碳酸氢钠、氨茶碱、人工盐等碱性药物配合使用。

6. 林可酰胺类

（1）联合配伍

①林可酰胺类与庆大霉素联合应用，对葡萄球菌、链球菌等革兰氏阳性菌有协同作用。

②林可酰胺类可与四环素配合应用治疗合并感染。

③林可霉素可与壮观霉素（利高霉素）合用治疗慢性呼吸道疾病。

④林可霉素可与新霉素、恩诺沙星合用。

（2）配伍禁忌

①林可酰胺类不宜与抗蠕动止泻药同用。

②林可酰胺类与红霉素合用有拮抗作用，与卡那霉素类同瓶静

脉注射时有配伍禁忌。

7. 磺胺类

（1）联合配伍

①磺胺类与 TMP/DVD 合用具有协同作用。

②磺胺类与碳酸氢钠合用，可减少尿酸盐结晶。

（2）配伍禁忌

①磺胺类尽量避免与青霉素类同时使用。

②液体型磺胺类药物不能与酸性药物如维生素 C、青霉素、四环素等合用，否则析出沉淀。

③固体型磺胺类药物与氯化钙、氯化铵合用会增加泌尿系统的毒性。

8. 喹诺酮类

（1）联合配伍

①喹诺酮类与杀菌性抗菌药（青霉素类、氨基糖苷类）合用具有协同作用，如环丙沙星＋氨苄青霉素对金黄色葡萄球菌表现相加作用。

②喹诺酮类可与磺胺类配伍使用。

（2）配伍禁忌

①喹诺酮类与利福平、酰胺醇类、大环内酯类合用有拮抗作用。

②喹诺酮类避免与抗胆碱类药（如阿托品）同时使用，防止减少氟喹诺酮类的吸收。

③喹诺酮类慎与氨茶碱合用，避免出现氨茶碱的毒性反应。

④不宜与含钙、镁、铁等金属阳离子的药物合用，影响药物的吸收。

9. 多肽类

（1）联合配伍　可与四环素类、喹诺酮类合用，疗效增强。

（2）配伍禁忌　与阿托品、新霉素、庆大霉素合用，毒性增强。

第二节　生猪减抗养殖精准用药规范

一、β-内酰胺类药物使用规范

β-内酰胺类抗生素（β-lactam antibiotics）系指化学结构中含有 β-内酰胺环的一类抗生素，主要包括临床最常用的青霉素类与头孢菌素类。此类抗生素通过抑制细菌细胞壁的合成进行杀菌，主要对革兰氏阳性和阴性球菌、革兰氏阳性杆菌、放线菌、螺旋体等敏感，具有杀菌活性强、毒性低、适应证广及临床疗效好的优点。

（一）青霉素类

主要分为天然青霉素和半合成青霉素。天然青霉素杀菌力强、毒性低且价格低廉，但抗菌谱窄、水溶液中不稳定且易被胃酸及 β-内酰胺酶水解，常见有青霉素及其盐类；半合成青霉素具有广谱、耐酶和抗假单胞菌的特点，常见有氨苄西林、阿莫西林等。

青霉素钠（钾）

【作用与用途】用于放线菌及钩端螺旋体等的感染，如猪丹毒、炭疽、乳腺炎、蜂窝组织炎等。

【剂型】注射用青霉素钠

【用法与用量】以青霉素钠计。肌内注射：一次量，猪 2 万～3 万单位/千克。一天 2～3 次，连用 2～3 天。临用前，加灭菌注射用水适量使溶解。

【不良反应】主要是过敏反应，但发生率较低。局部反应表现为注射部位水肿、疼痛，全身反应为荨麻疹、皮疹，严重者可引起休克或死亡。

【注意事项】青霉素钠在水中易降解，现用现配；必须保存时，

生猪养殖减抗
技术指南
Shengzhu Yangzhi Jiankang
Jishu Zhinan

应置冰箱中（2～8℃），可保存 7 天，在室温只能保存 24 小时；大剂量注射可能出现高钠血症。对肾功能减退或心功能不全的猪会产生不良后果；治疗破伤风时宜与破伤风抗毒素合用。

【休药期】6 天。

氨苄西林

【作用与用途】用于猪肠炎、肺炎、仔猪白痢、猪丹毒、猪胸膜肺炎等。

【剂型】注射用氨苄西林钠

【用法与用量】肌内、静脉注射：一次量，猪 10～20 毫克/千克。一天 2～3 次，连用 2～3 天。

【不良反应】本类药物可出现与剂量无关的过敏反应，表现为皮疹、发热、嗜酸性粒细胞增多、白细胞和血小板减少、贫血、淋巴结病或全身性过敏反应。

【注意事项】对青霉素酶敏感，不宜用于耐青霉素的金黄色葡萄球菌感染。

【休药期】15 天。

阿莫西林

【作用与用途】用于猪链球菌、巴氏杆菌和副猪嗜血杆菌的早期感染；仔猪黄白痢、猪丹毒及母猪全身感染、产后消炎。

【剂型】注射用阿莫西林钠

【用法与用量】以阿莫西林计。皮下或肌内注射：一次量，猪 5～10 毫克/千克。一天 2 次，连用 3～5 天。

【不良反应】偶见过敏反应，注射部位有刺激性。

【注意事项】对耐药及过敏猪禁用。

【休药期】14 天。

苯唑西林

【作用与用途】用于猪败血症、肺炎、乳腺炎、烧伤创面感染等。

【剂型】注射用苯唑西林钠

【用法与用量】肌内注射：一次量，猪 10～15 毫克/千克。一天 2～3 次，连用 2～3 天。

【休药期】3 天。

（二）头孢菌素类

半合成抗生素，共分为四代，具有杀菌力强、抗菌谱广、对酸及酶较青霉素类稳定、副作用小等特点，但同时价格也偏高。目前在猪上运用最多为第三代头孢菌素，常见有头孢噻呋、头孢喹肟等。

头孢噻呋

【作用与用途】主要用于猪链球菌病、猪肺疫、猪传染性胸膜肺炎、副猪嗜血杆菌病及母猪产后三联症、产后消炎等。

【剂型】注射用头孢噻呋钠

【用法与用量】以头孢噻呋计。肌内注射：一次量，猪 3 毫克/千克。一天 1 次，连用 3 天。

【不良反应】可能引起胃肠道菌群紊乱或二重感染；有一定的肾毒性。

【注意事项】现配现用；对肾功能不全的猪应调整剂量。

【休药期】4 天。

头孢喹肟

【作用与用途】用于治疗由多杀性巴氏杆菌或胸膜肺炎放线杆菌引起的猪呼吸系统疾病。

【用法与用量】肌内注射：一次量，猪 2 毫克/千克。一天 1 次，连用 3～5 天。

【不良反应】按规定的用法用量使用尚未见不良反应。

【注意事项】对 β-内酰胺类抗生素过敏的动物禁用；现用现配。

【休药期】3 天。

二、氨基糖苷类药物使用规范

氨基糖苷类抗生素（Aminoglycosides）是由两个或三个氨基糖分子和一个非糖部分称苷元的氨基环醇通过醚键连接而成，此类抗生素通过抑制细菌核糖体循环中的多个环节，从而阻碍细菌的蛋白质合成来进行杀菌。具有抗菌谱广（主要对金黄色葡萄球菌和需氧革兰氏阴性菌）、内服吸收少（可作为肠道感染用药）、性质稳定等优点。目前猪常用有：链霉素、卡那霉素、庆大霉素、安普霉素等。

链霉素

【作用与用途】用于猪呼吸道感染（肺炎、支气管炎）、泌尿道感染、巴氏杆菌引起的猪肺疫、猪放线杆菌病、钩端螺旋体病、细菌性胃肠炎、仔猪黄白痢、乳腺炎、子宫炎、败血症、膀胱炎等以及皮肤和伤口感染。

【剂型】注射用硫酸链霉素

【用法与用量】以链霉素计。肌内注射：一次量，猪 10 毫克/千克。一天 2 次。

【不良反应】耳毒性比较强，最常引起前庭损害，这种损害可随连续给药的药物积累而加重，呈剂量依赖性；剂量过大易导致神经肌肉阻断作用；长期应用可引起肾脏损害。

【注意事项】与其他氨基糖苷类有交叉过敏现象，对氨基糖苷类过敏的猪禁用；猪出现脱水（可致血药浓度增高）或肾功能损害时慎用；用本品治疗泌尿道感染时，猪可同时内服碳酸氢钠使尿液呈碱性，以增强药效。

【休药期】18 天。

卡那霉素

【作用与用途】主要用于治疗猪喘气病，亦用于猪败血症及泌尿道、呼吸道感染。

【剂型】硫酸卡那霉素注射液

【用法与用量】以卡那霉素计。肌内注射：一次量，猪 10～15 毫克/千克。一天 2 次，连用 3～5 天。

【不良反应】卡那霉素与链霉素一样有耳毒性、肾毒性，而且其耳毒性比链霉素、庆大霉素更强；神经肌肉阻断作用常由剂量过大导致。

【注意事项】与其他氨基糖苷类有交叉过敏现象，对氨基糖苷类过敏的猪禁用；猪出现脱水或者肾功能损害时慎用；治疗泌尿道感染时，同时内服碳酸氢钠可增强药效；Ca^{2+}、Mg^{2+}、Na^{+}、NH_4^{+} 和 K^{+} 等阳离子可抑制本品抗菌活性；与头孢菌素、右旋糖苷、强效利尿药、红霉素等合用，可增强本品的耳毒性。

【休药期】28 天。

庆大霉素

【作用与用途】用于猪败血症、泌尿生殖道感染、呼吸道感染（肺炎、支气管炎）、胃肠道感染（包括腹膜炎）、乳腺炎、骨关节炎及皮肤和软组织感染等。

【剂型】硫酸庆大霉素注射液

【用法与用量】以庆大霉素计。肌内注射：一次量，猪 2～4 毫克/千克。一天 2 次，连用 2～3 天。

【不良反应】常引起耳前庭损害，且呈剂量依赖性；偶见过敏反应；大剂量可引起神经肌肉传导阻断；可导致可逆性肾毒性。

【注意事项】庆大霉素可与 β-内酰胺类抗生素联合治疗严重感染，但在体外混合存在配伍禁忌；本品与青霉素联合，对链球菌具有协同作用；有呼吸抑制作用，不宜静脉推注；与四环素、红霉素等合用可能出现拮抗作用；与头孢菌素合用可能使肾毒性增强。

【休药期】40 天。

安普霉素

【作用与用途】用于猪细菌性腹泻、痢疾、发育不良等。

【剂型】硫酸安普霉素可溶性粉

【用法与用量】以安普霉素计。混饮：猪 12.5 毫克/千克，连用 7 天。

【不良反应】内服可能损害肠绒毛而影响肠道对脂肪、蛋白质、糖、铁等的吸收。也可引起肠道菌群失调，发生厌氧菌或真菌等二重感染。

【注意事项】本品遇铁锈易失效，混饲器械要注意防锈，也不宜与微量元素制剂混合使用；饮水给药，必须当天现配现用。

【休药期】21 天。

三、四环素类药物使用规范

四环素类抗生素（Tetracyclines）是由放线菌产生的一类广谱抗生素，对革兰氏阳性菌、革兰氏阴性菌以及厌氧菌、立克次体属、支原体属、衣原体属、非典型分枝杆菌属、螺旋体等均敏感。目前猪常用有：土霉素、四环素、金霉素、多西环素等。

土霉素

【作用与用途】用于猪副伤寒、附红细胞体病、炭疽、猪喘气病、痢疾、猪肺疫等。

【剂型】土霉素注射液

【用法与用量】以土霉素计。肌内注射：一次量，猪 10～20 毫克/千克。

【不良反应】肌内注射可引起注射部位疼痛、炎症和坏死；影响牙齿和骨发育；肝、肾损害；可引起氮质血症、代谢性酸中毒及电解质失衡。

【注意事项】避光保存，避免接触金属容器；猪肝肾功能损害时禁用。

【休药期】28天。

四环素

【作用与用途】用于猪喘气病、急性呼吸道感染、巴氏杆菌病、布鲁氏菌病、炭疽、大肠杆菌病等。

【剂型】注射用盐酸四环素

【用法与用量】静脉注射：一次量，每千克体重，猪5~10毫克，一天2次，连用2~3天。

【不良反应】刺激性、肝肾损伤、心血管效应及影响牙齿、骨骼等发育。

【注意事项】妊娠猪、哺乳猪、肝肾功能不良的猪禁用。

金霉素

【作用与用途】治疗断奶仔猪腹泻；防治猪附红细胞体病、猪肺疫、胸膜肺炎、子宫炎、乳房炎及黄白痢等。

【剂型】金霉素预混剂

【用法与用量】以金霉素计。混饲：每1 000千克饲料，猪400~600g，连用7天。

【不良反应】按规定的用法与用量使用尚未见不良反应。

【注意事项】低钙日粮（0.4%~0.55%）中每1千克饲料添加100~200毫克金霉素时，连续用药不得超过5天；在猪丹毒疫苗接种前2天和接种后10天内，不得使用金霉素。

【休药期】猪7天。

多西环素

【作用与用途】用于猪附红细胞体病（首选）、猪胸膜肺炎、猪肺疫、猪喘气病、母猪流产等。

【剂型】盐酸多西环素注射液

【用法与用量】以多西环素计。肌内注射，一次量，猪5~10

毫克/千克，每天 1 次。

【不良反应】肌内注射可引起注射部位疼痛、炎症和坏死；具有一定的肝、肾毒性，过量可致严重的肝损害，偶尔可见致死性肾中毒。

【注意事项】妊娠猪、哺乳猪禁用；肝肾功能不良的猪禁用；避免与乳制品和含钙量高的饲料同服。

【休药期】28 天。

四、大环内酯类药物使用规范

大环内酯类抗生素（Macrolides）是具有大环内酯环基本结构的一类抗生素，主要通过阻碍细菌蛋白质合成来抑制细菌生长，对革兰氏阳性菌、部分革兰阴性菌、支原体、螺旋体等敏感。在猪上常用有红霉素、泰乐菌素、替米考星、吉他霉素等。

红霉素

【作用与用途】用于猪慢性呼吸道疾病（由胸膜肺炎放线杆菌、巴氏杆菌、支原体等感染引起）。

【剂型】注射用乳糖酸红霉素

【用法与用量】以乳糖酸红霉素计。静脉注射，一次量，猪 3～5 毫克/千克，2 次/天，连用 2～3 天。临用前，先用灭菌注射用水溶解（不可用氯化钠注射液），然后用 5％葡萄糖注射液稀释，浓度不超过 0.1％。

【不良反应】按规定的用法与用量使用尚未见不良反应。

【注意事项】刺激性强，不宜肌内注射；静脉注射浓度过高或速度过快，易发生局部疼痛和血栓性静脉炎；注射溶液的 pH 应维持在 5 以上（pH 过低的溶液中易失效）。

【休药期】7 天。

泰乐菌素

【作用与用途】用于猪喘气病、猪红痢、猪坏死性肠炎、猪丹毒、猪支原体关节炎等。

【剂型】注射用酒石酸泰乐菌素

【用法与用量】以酒石酸泰乐菌素计。皮下或肌内注射，一次量，猪 5～13 毫克/千克。

【不良反应】具有肝毒性，可导致胆汁淤积、呕吐或腹泻。

【注意事项】刺激性强，肌内注射可引起疼痛；静脉注射可引起血栓性静脉炎。

【休药期】21 天。

替米考星

【作用与用途】用于猪支原体肺炎、胸膜肺炎、抗炎等。

【剂型】替米考星预混剂

【用法与用量】以替米考星计。混饲：每 1 000 千克饲料 200～400 克，连用 15 天。

【不良反应】可导致心动过速或收缩力减弱；可导致胃肠道紊乱，如呕吐、腹泻、腹痛等。

【注意事项】对眼睛有刺激性，可引起过敏反应。

【休药期】14 天。

吉他霉素

【作用与用途】用于猪革兰氏阳性菌、支原体及钩端螺旋体等感染。

【剂型】吉他霉素片

【用法与用量】以吉他霉素计。内服：一次量，猪 20～30 毫克/千克，2 次/天，连用 3～5 天。

【不良反应】可导致胃肠道功能紊乱。

【休药期】7 天。

五、酰胺醇类药物使用规范

酰胺醇类抗生素（Chloram phenicols）是从链霉菌中分离提取的广谱抗生素，主要通过阻碍肽酰基转移酶的转肽反应来抑制细菌蛋白质合成，从而抑制细菌生长。对大部分革兰氏阳性菌、革兰氏阴性菌、少数衣原体、立克次体等敏感。在猪上常用有甲砜霉素、氟苯尼考等。

甲砜霉素

【作用与用途】用于猪传染性萎缩性鼻炎、猪繁殖与呼吸综合征、猪传染性胸膜肺炎、猪喘气病、猪肺疫、仔猪黄白痢、仔猪副伤寒等。

【剂型】甲砜霉素片

【用法与用量】以甲砜霉素计。甲砜霉素片：内服，一次量，猪5～10毫克/千克，2次/天，连用2～3天。

【不良反应】可抑制红细胞、白细胞及血小板生成；有较强免疫抑制作用。

【注意事项】疫苗接种期或免疫功能严重缺损的猪禁用；妊娠期及哺乳期母猪慎用；肾功能不全猪需减量或延长给药间隔。

【休药期】28天。

氟苯尼考

【作用与用途】用于猪喘气病、猪肺疫、猪传染性胸膜肺炎、猪传染性萎缩性鼻炎、链球菌病等呼吸道疾病。

【剂型】氟苯尼考预混剂、氟苯尼考注射液

【用法与用量】以氟苯尼考计。氟苯尼考预混剂：混饲，每1 000千克饲料20～40g，连用7天；氟苯尼考注射液：肌内注射，一次量，猪15～20毫克/千克，每隔48小时一次，连用2次。

【不良反应】有胚胎毒性，妊娠期及哺乳期母猪慎用。

【注意事项】疫苗接种期或免疫功能严重缺损的猪禁用；妊娠期及哺乳期母猪慎用；肾功能不全猪需减量或延长给药间隔。

【休药期】14 天。

六、多肽类药物使用规范

多肽素类抗生素是一类具多肽结构的化学物质，属窄谱杀菌剂，在猪上常用有硫酸黏菌素、杆菌肽。

硫酸黏菌素

【作用与用途】用于革兰氏阴性杆菌引起的肠道感染，对绿脓杆菌感染（败血症、尿路感染、外伤创面感染）也有效。

【剂型】硫酸黏菌素预混剂

【用法与用量】以黏菌素计。混饲：每千克饲料 40～80 毫克；混饮：每升饮水 40～100 毫克。

【不良反应】具肾毒性、神经毒性。

【注意事项】毒性大、安全范围窄，按推荐剂量使用。

【休药期】7 天。

杆菌肽

【作用与用途】用于梭菌等革兰氏阳性菌引起的皮肤伤口、眼部等外部感染。

【剂型】杆菌肽软膏

【用法与用量】外用局部涂敷或点眼。

【不良反应】具肾毒性，能引起肾功能衰竭。

【注意事项】低温保存；仅限于局部应用。

【休药期】0 天。

七、磺胺类药物使用规范

磺胺类抗生素（Sulfonamides）是一类化学合成的抗微生物药物。优点：抗菌谱广、价格低廉、性质稳定；缺点：抗菌作用较弱、易产生耐药性等。在猪上常用有磺胺嘧啶、磺胺对甲氧嘧啶、磺胺间甲氧嘧啶、磺胺二甲嘧啶、磺胺甲噁唑、磺胺噻唑等。

磺胺嘧啶

【作用与用途】用于链球菌、葡萄球菌、淋球菌、流感杆菌等敏感菌感染（脑部细菌感染首选药），也可用于弓形虫感染。

【剂型】磺胺嘧啶片、磺胺嘧啶钠注射液

【用法与用量】以磺胺嘧啶计。磺胺嘧啶片：内服，一次量，首次 140～200 毫克/千克，维持量 70～100 毫克/千克，2 次/天，连用 3～5 天；磺胺嘧啶钠注射液：静脉注射，一次量，猪 0.05～0.1 克/千克，1～2 次/天，连用 2～3 天。

【不良反应】可导致结晶尿、血尿或肾小管堵塞。

【注意事项】用药期间应大量饮水，可同时给予等量的碳酸氢钠。

【休药期】10 天。

磺胺对甲氧嘧啶

【作用与用途】用于猪链球菌病、弓形虫病、水肿病、萎缩性鼻炎、附红细胞体病、猪喘气病等。

【剂型】磺胺对甲氧嘧啶片

【用法与用量】以磺胺对甲氧嘧啶计。肌内注射：一次量，猪 15～20 毫克/千克，1～2 次/天，连用 2～3 天。

【不良反应】可导致结晶尿、血尿或肾小管堵塞。

【注意事项】肾功能受损的猪禁用，用药期间应大量饮水，可同时给予等量的碳酸氢钠。

【休药期】28 天。

磺胺间甲氧嘧啶

【作用与用途】用于猪敏感菌感染，也可用于猪弓形虫病、球虫病、附红细胞体病。

【剂型】磺胺间甲氧嘧啶钠注射液

【用法与用量】以磺胺间甲氧嘧啶计。静脉注射：猪 50 毫克/千克，1～2 次/天，连用 2～3 天。

【不良反应】可导致结晶尿、血尿或肾小管堵塞。

【注意事项】肾功能受损的猪禁用，用药期间应大量饮水，可同时给予等量的碳酸氢钠；注意交叉过敏反应。

【休药期】28 天。

磺胺二甲嘧啶

【作用与用途】用于猪敏感菌感染，也可用于猪球虫病和弓形虫病。

【剂型】磺胺二甲嘧啶钠注射液

【用法与用量】以磺胺二甲嘧啶计。静脉注射：猪 50～100 毫克/千克，1～2 次/天，连用 2～3 天。

【不良反应】可导致结晶尿、血尿或肾小管堵塞；注射液为强碱性溶液，具刺激性。

【注意事项】肾功能受损的猪禁用，用药期间应大量饮水，可同时给予等量的碳酸氢钠；注意交叉过敏反应。

【休药期】28 天。

磺胺甲噁唑

【作用与用途】用于敏感菌引起的猪呼吸道、消化道、泌尿道感染等。

【剂型】磺胺甲噁唑片

【用法与用量】以磺胺甲噁唑计。内服：一次量，首次 50～100 毫克/千克，维持量 25～50 毫克/千克，2 次/天，连用 3～5 天。

【不良反应】可导致结晶尿、血尿或肾小管堵塞；注射液为强碱性溶液，具刺激性。

【注意事项】肾功能受损的猪禁用，用药期间应大量饮水，可同时给予等量的碳酸氢钠；注意交叉过敏反应。

【休药期】28 天。

磺胺噻唑

【作用与用途】用于猪敏感菌所致的肺炎、出血性败血症、子宫内膜炎等。

【剂型】磺胺噻唑片、磺胺噻唑钠注射液

【用法与用量】以磺胺噻唑计。磺胺噻唑片：内服，一次量，首次 140～200 毫克/千克，维持量 70～100 毫克/千克，2～3 次/天，连用 3～5 天；磺胺噻唑钠注射液：静脉注射，一次量，猪 50～100 毫克/千克，2 次/天，连用 2～3 天。

【不良反应】可导致急慢性中毒、泌尿系统损伤、消化系统障碍；仔猪可导致免疫抑制。

【注意事项】遇酸可析出结晶，不宜用 5% 葡萄糖溶液稀释；长期或大剂量用药可导致结晶尿，应同时使用碳酸氢钠并大量饮水。

【休药期】28 天。

八、喹诺酮类药物使用规范

喹诺酮类抗生素（Quinolones）是一类具有 4-喹诺酮环结构的药物。具有抗菌谱广、抗菌活力强、无交叉耐药性和毒副作用小等特点。其抗菌机理为干扰细菌 DNA 复制实现杀菌，在猪病防治中，对包括绿脓杆菌、克雷伯氏菌、大肠杆菌、志贺氏菌属、沙门氏菌属、嗜血杆菌属、变形杆菌属等在内的革兰氏阴性杆菌和球菌，对布鲁氏菌属、葡萄球菌、支原体属和衣原体也有效。此外，对增效磺胺耐药菌、庆大霉素耐药绿脓杆菌、青霉素耐药金黄葡萄球菌及泰乐菌素或泰妙菌素耐药支原体均有良效。目前在猪上使用较多有恩诺沙星、环丙沙星、甲磺酸达氟沙星、盐酸沙拉沙星等。

恩诺沙星

【作用与用途】用于猪链球菌病、大肠杆菌性肠毒血症、沙门氏菌病、传染性胸膜肺炎、支原体性肺炎、乳腺炎等。

【剂型】恩诺沙星注射液

【用法与用量】以恩诺沙星计。肌内注射：一次量，猪 2.5 毫克/千克，1～2 次/天，连用 2～3 天。

【不良反应】对仔猪骨骼发育有影响；消化系统反应；皮肤反应（红斑、瘙痒、荨麻疹等）。

【注意事项】可诱导癫痫；肾功能不全猪慎用；耐药菌株较多，不宜亚治疗剂量下长期使用。

【休药期】10 天。

环丙沙星

【作用与用途】用于仔猪黄白痢、猪痢疾、猪丹毒、猪传染性肺炎等。

【剂型】盐酸环丙沙星注射液

【用法与用量】以环丙沙星计。静脉、肌内注射，一次量，猪 2.5 毫克/千克，2 次/天，连用 2～3 天。

【注意事项】可诱导癫痫；肾功能不全猪慎用；耐药菌株较多，不宜亚治疗剂量下长期使用；孕猪及哺乳母猪禁用。

【休药期】28 天。

达氟沙星

【作用与用途】用于巴氏杆菌引起的猪呼吸系统疾病，如猪喘气病、传染性胸膜肺炎、支原体肺炎等。

【剂型】甲磺酸达氟沙星注射液

【用法与用量】以达氟沙星计。肌注：一次量，猪 1.25～2.5

毫克/千克，1次/天，连用3天。

【不良反应】对仔猪骨骼发育有影响；消化系统反应；皮肤反应（红斑、瘙痒、荨麻疹等）。

【注意事项】孕猪及哺乳母猪禁用；勿与含铁制剂同一天内使用。

【休药期】25天。

沙拉沙星

【作用与用途】用于猪大肠杆菌、沙门氏菌、支原体及葡萄球菌等感染。

【剂型】盐酸沙拉沙星片、盐酸沙拉沙星注射液

【用法与用量】以沙拉沙星计。盐酸沙拉沙星片：内服，一次量，猪5～10毫克/千克，1～2次/天，连用3～5天。盐酸沙拉沙星注射液：肌内注射，一次量，猪2.5～5毫克/千克，2次/天，连用3～5天。

【不良反应】对仔猪骨骼发育有影响；消化系统反应；皮肤反应（红斑、瘙痒、荨麻疹等）。

【注意事项】孕猪及哺乳母猪禁用。

【休药期】10天。

九、其他抗菌药物使用规范

乙酰甲喹

属喹噁啉类抗菌药物，抗菌机理是抑制菌体DNA合成，具广谱抗菌效果，对革兰氏阴性菌强于阳性菌，对猪痢疾短螺旋体的作用尤其突出。

【作用与用途】用于猪大肠杆菌、沙门氏菌、巴氏杆菌、变形杆菌等感染，是治疗猪短螺旋体痢疾的首选药。

【剂型】乙酰甲喹片、乙酰甲喹注射液

【用法与用量】以乙酰甲喹计。乙酰甲喹片：内服，一次量，猪50～100毫克/千克；乙酰甲喹注射液：肌内注射，一次量，猪2～5毫克/千克。

【注意事项】剂量过高或长时间使用可能引起毒性反应。

【休药期】35天。

盐酸小檗碱

【作用与用途】用于猪胃肠炎、细菌性痢疾等肠道感染。

【剂型】盐酸小檗碱片

【用法与用量】内服：一次量，猪0.5～1克。

【不良反应】偶见恶心、呕吐；静脉注射可引起血管扩张，血压下降。

【注意事项】与环丙沙星连用可增加抗菌效果。

【休药期】28天。

乌洛托品

【作用与用途】用于猪尿路感染。

【剂型】乌洛托品注射液

【用法与用量】静脉注射：一次量，猪5～10克。

【注意事项】忌与碳酸氢钠、噻嗪类利尿药和含有钙、镁的抗酸药合用。

【休药期】暂无规定。

十、兽用抗菌药替代品使用规范

目前市场上的饲用抗生素替代品有如下7类：抗菌肽、噬菌体、有机酸、酶制剂、寡糖、中草药、微生态制剂。

（一）抗菌肽

由宿主产生的一类能够抵抗外界病原体感染的内源性小分子多肽，广泛存在于各种生物体内。它与传统抗生素的作用机制不同，故细菌不易对它产生耐药性。目前世界上已知的抗菌肽共有 1 700余种，并且不断有新发现的抗菌肽补充到抗菌肽数据库中。因为从动植物中分离和化学合成抗菌肽成本高昂，所以主要通过蛋白重组和发酵工艺规模化生产抗菌肽。通过对抗菌肽分子的有效改造，能够提升其抗菌效力。

（二）噬菌体

在所有抗生素替代品中，噬菌体（即攻击细菌的病毒）在临床上使用时间最久。与抗生素相比，噬菌体有很多优势：每一种噬菌体只攻击一种类型的细菌，因此，噬菌体治疗不会损伤机体内无害的细菌。

（三）有机酸

由于猪胃肠道内乳酸杆菌等有益菌适宜在酸性环境中繁殖，而病原菌生长的适宜 pH 大多呈中性或偏碱性，因此酸化剂可以通过降低胃肠道 pH，从而抑制有害微生物繁殖，同时促进有益菌的增殖。研究表明，乳酸、柠檬酸或冰醋酸等有机酸可以起到促进猪食欲、促进日增重和提高饲料转化率等功效。但使用有机酸给生产带来的问题必须考虑，如对设备、料槽等造成的腐蚀等，而且目前使用的有机酸添加剂大都成本较高。

（四）酶制剂

酶制剂在饲料工业中的应用已经有几十年，饲用酶制剂主要为补充猪（尤其是幼龄猪）体内消化酶分泌量和功能的不足。作为抗生素替代品，酶的添加可增加消化道中酶浓度，提高日粮的消化率，可强化幼龄动物的消化功能，消除或降低非水溶性多糖等抗营养因子的副作用，同时使营养物质易于被消化吸收。目前酶制剂的研究热点主要是稳定性、有效性、安全性及不同种类酶的配合等。

（五）寡糖

寡糖又称寡聚糖、低聚糖，通常指单糖通过糖苷键连接形成的直链或支链，聚合度为 2～10 的单糖基聚合物。一般具有低热、稳定、安全、无毒等良好的理化性能。目前作为抗生素替代品的寡糖有果寡糖、甘露寡糖等。寡糖具有促进猪肠道有益菌的生长繁殖、直接吸附病原菌、增强机体免疫力、改进猪健康状况等功效。但目前来说，寡糖的作用机理、与其他营养素和天然寡聚糖的拮抗和协调关系、不同寡糖的组合对饲养效果的影响和猪种类、年龄、生理状态对寡糖作用的影响以及成本的控制都不同程度地影响了寡糖的使用。

（六）中草药

中草药作为饲料添加剂具有促进食欲、增强抵抗力、防病治病等优点。据有关部门不完全统计，兽用中药和中药添加剂已有 50 多种。但大部分中草药作用较慢，所需剂量较大，而且某些中草药的作用类似抗生素，对体内有益菌及病原菌均有杀灭作用。另外适口性以及价格问题是中草药在饲料中应用需要解决的主要问题。

（七）微生态制剂

微生态制剂是采用已知有益的微生物经培养、提取、干燥等特殊工艺制成的用于动物的活菌制剂。微生态制剂有助于扶持猪体内益生菌生长，拮抗致病菌繁殖，促进饲料消化吸收，提供营养，增强猪免疫功能，改善体内外生态环境。微生态制剂主要使用菌种有三类，乳酸菌类、芽孢菌类和真菌类，其中乳酸菌类被众多学者认为是最有前途的饲用抗生素替代品。但目前我国养殖者对微生态制剂普遍存在信心不足的现象。究其原因，主要是前几年低质低效产品太多，目前市场上流通的产品也大都存在不耐热、易灭活、生物活性低的缺点，而且大部分乳酸菌都存在对不良环境抗性差的特点，所以开发高稳定性乳酸菌制剂是微生态制剂的必然发展方向。

十一、抗寄生虫药物使用规范

（一）驱线虫药

1. 阿维菌素类　由阿维链霉菌产生的一组大环内酯类抗寄生虫药，是目前应用最广泛、销量最大的一类新型广谱、高效、安全的抗内外寄生虫药。目前猪常用有：阿维菌素、伊维菌素、多拉菌素等。

阿维菌素

【作用与用途】用于猪线虫病、螨病和寄生性昆虫病等。

【剂型】阿维菌素注射液、阿维菌素片

【用法与用量】以阿维菌素计。阿维菌素注射液：皮下注射，一次量，猪0.3毫克/千克；内服：一次量，猪0.3毫克/千克；阿维菌素片：内服，一次量，猪0.3毫克/千克。

【不良反应】注射部位有暂时性水肿。

【注意事项】泌乳期禁用；对水生生物有剧毒，勿污染水源；阴暗避光保存。

【休药期】28天。

伊维菌素

【作用与用途】用于猪蛔虫、线虫和体表节肢动物、猪血虱、猪疥螨。

【剂型】伊维菌素注射液

【用法与用量】以伊维菌素计。皮下注射：一次量，猪0.3毫克/千克；内服：一次量，0.3毫克/千克。

【不良反应】注射部位有暂时性水肿。

【注意事项】泌乳期禁用，妊娠前期45天慎用；对水生生物有剧毒，勿污染水源；仅限皮下注射。

【休药期】28天。

多拉菌素

【作用与用途】用于猪线虫病、猪血虱、猪疥螨等。

【剂型】多拉菌素注射液

【用法与用量】以多拉菌素计。肌内注射：一次量，猪0.3毫克/千克。

【注意事项】对水生生物有剧毒，勿污染水源；避光保存；操作人员应及时洗手。

【休药期】28天。

2. 苯并咪唑类　该类药物主要用于猪线虫、绦虫、吸虫的驱杀，具有驱虫谱广、驱虫效果好、毒性低，对幼虫及虫卵也有一定效果。在猪上常用有阿苯达唑、奥苯达唑、奥芬达唑等。

阿苯达唑

【作用与用途】用于猪线虫病、绦虫病和吸虫病。

【剂型】阿苯达唑片

【用法与用量】以阿苯达唑计。内服：一次量，猪5～10毫克/千克。

【不良反应】对妊娠早期母猪有致畸和胚胎毒性作用。

【注意事项】按推荐剂量给药；长期给药可导致耐药性。

【休药期】7天。

奥苯达唑

【作用与用途】用于猪胃肠道线虫病。

【剂型】奥苯达唑片

【用法与用量】以奥苯达唑计。内服：一次量，猪 10 毫克/千克。

【不良反应】对妊娠早期母猪有致畸和胚胎毒性作用。

【注意事项】不用于妊娠前期 45 天。

【休药期】28 天。

奥芬达唑

【作用与用途】用于猪线虫病、绦虫病。

【剂型】奥芬达唑片

【用法与用量】以奥芬达唑计。内服：一次量，猪 4 毫克/千克。

【不良反应】具有致畸作用。

【注意事项】按推荐剂量给药；长期给药可导致耐药性。

【休药期】7 天。

3. 其他驱线虫药

左旋咪唑

【作用与用途】用于猪胃肠道线虫、肺线虫及猪肾虫。

【剂型】盐酸左旋咪唑片

【用法与用量】以左旋咪唑计。内服：一次量，猪 7.5 毫克/千克。

【不良反应】可引起流涎或口鼻冒泡。

【注意事项】泌乳期母猪禁用；肝肾损伤慎用；中毒可用阿托品解毒。

【休药期】3 天。

噻嘧啶

【作用与用途】用于猪胃肠道线虫，对呼吸道线虫无效。

【剂型】酒石酸噻嘧啶

【用法与用量】以噻嘧啶计。内服：一次量，猪 22 毫克/千克（每头不得超过 2 克）。

【不良反应】具有拟胆碱样作用，妊娠及虚弱猪禁用。

【注意事项】用量应精确；避光保存。

【休药期】1 天。

（二）驱绦虫、吸虫药

目前，猪常用驱绦虫药除苯并咪唑类药物（阿苯达唑、奥苯达唑、奥芬达唑等）兼有抗绦虫效果外，主要有吡喹酮、氯硝柳胺、硫双二氯酚、硝氯酚、硝硫氰酯等。

吡喹酮

【作用与用途】用于猪的血吸虫病，也用于绦虫病和囊尾蚴病。

【剂型】吡喹酮片

【用法与用量】以吡喹酮计。内服：一次量，猪 10～35 毫克/千克。

【不良反应】高剂量可出现毒性反应。

【注意事项】按推荐剂量给药。

【休药期】28 天。

氯硝柳胺

【作用与用途】用于猪各类绦虫病，也可杀灭钉螺（血吸虫中间宿主）。

【剂型】氯硝柳胺片

【用法与用量】以氯硝柳胺计。内服：一次量，猪 40～60 毫克/千克。

【注意事项】给药前应禁食一夜。

【休药期】28 天。

硫双二氯酚

【作用与用途】用于猪姜片吸虫病。

【剂型】硫双二氯酚片

【用法与用量】以硫双二氯酚计。内服：一次量，75～100毫克/千克。

【不良反应】高剂量可出现暂时性腹泻、下痢。

【注意事项】按推荐剂量给药。

【休药期】暂未制定。

硝氯酚

【作用与用途】用于抗肝片吸虫。

【剂型】硝氯酚片

【用法与用量】以硝氯酚计。内服：一次量，猪3～6毫克/千克。

【不良反应】高剂量可出现毒性反应。

【注意事项】按推荐剂量给药。

【休药期】28天。

硝硫氰酯

【作用与用途】用于猪的血吸虫病、肝片吸虫病的治疗。

【剂型】硝硫氰酯片

【用法与用量】以硝硫氰酯计。内服：一次量，猪15～20毫克/千克。

【不良反应】有胃肠道刺激性。

【休药期】尚未制定。

（三）抗球虫药

盐霉素

【作用与用途】用于猪各类球虫病的治疗。

【剂型】盐霉素钠预混剂

【用法与用量】以盐霉素计。混饲：猪25～75克/1 000千克饲料。

【不良反应】高剂量可抑制宿主对球虫免疫力的产生。

【注意事项】禁与其他抗球虫药合并使用，否则增加毒性；按规定剂量使用。

【休药期】5 天。

莫能霉素

【作用与用途】用于猪各类球虫病的治疗。

【剂型】莫能霉素钠预混剂

【用法与用量】以莫能霉素计。混饲：猪 50～75 克/1 000 千克饲料。

【注意事项】禁与其他抗球虫药合并使用，否则增加毒性；禁与泰妙菌素合用。

【休药期】5 天。

磺胺二甲嘧啶

【作用与用途】用于抗猪球虫病。

【剂型】磺胺二甲嘧啶片、磺胺二甲嘧啶注射液

【用法与用量】以磺胺二甲嘧啶计。磺胺二甲嘧啶片：内服，一次量，猪 50～100 毫克/千克，1～2 次/天，连用 3～5 天；磺胺二甲嘧啶注射液：静脉注射，一次量，猪 50～100 毫克/千克，1～2 次/天，连用 2～3 天。

【注意事项】长期使用可导致耐药性。

【休药期】磺胺二甲嘧啶片（15 天）、磺胺二甲嘧啶注射液（28 天）。

（四）抗原虫药

地美硝唑

【作用与用途】用于猪短螺旋体痢疾。

【剂型】地美硝唑预混剂

【用法与用量】以地美硝唑计。混饲：一次量，猪每 1 000 千克饲料 200～500 克。

【注意事项】不能与其他抗组织滴虫药联合使用。

【休药期】28 天。

盐酸吖啶黄

【作用与用途】用于猪梨形虫病。

【剂型】盐酸吖啶黄注射液

【用法与用量】以盐酸吖啶黄计。静脉注射：一次量，猪 3 毫克/千克。

【不良反应】毒性较强，可致心跳加速、呼吸急迫等；对组织有强烈刺激性。

【注意事项】缓慢注射，勿漏出血管。

【休药期】暂未规定。

（五）杀虫药

双甲脒

【作用与用途】用于杀螨、蜱、虱等外寄生虫。

【剂型】双甲脒溶液

【用法与用量】药浴、喷洒或涂擦：配成 0.025%～0.05%的溶液。

【不良反应】对皮肤和黏膜有一定刺激性。

【注意事项】对鱼类有剧毒，勿污染水源。

【休药期】8 天。

马拉硫磷

【作用与用途】用于杀灭蚊、蝇、螨、蜱、虱等外寄生虫。

【剂型】马拉硫磷溶液

【用法与用量】药浴、喷洒或涂擦：1：350 倍稀释（以马拉硫磷计算 0.2%～0.3%）的水溶液。

【不良反应】过量使用，猪可产生胆碱能神经兴奋症状。

【注意事项】禁止与碱性物质或氧化物质接触；对眼睛、皮肤有刺激性；猪体表使用后，数小时内避日光照射和风吹；1 月龄内猪禁用。

【休药期】8 天。

敌百虫

【作用与用途】用于驱杀猪胃肠道线虫、猪姜片吸虫。

【剂型】敌百虫片

【用法与用量】内服：一次量，猪 80～100 毫克/千克。

【不良反应】过量使用可致流涎、腹痛、呼吸困难、昏迷等。

【注意事项】禁与碱性药物合用；妊娠猪禁用；中毒用阿托品解毒。

【休药期】28 天。

第三节　常用中药及其使用规范

用法用量，除另有规定外，用法均指经口给药；饮片的用量系指成年中等体型猪的一日常用剂量，必要时可根据需要酌情增减，制剂的用量系指成年中等体型猪的一日用剂量。

一、辛温解表药

主要由麻黄、桂枝、荆芥、防风等辛温解表类药味组成，具有较强的发汗散寒作用，适用于外感风寒引起的表寒证。

荆防败毒散

【主要成分】荆芥、防风、羌活、独活、柴胡等。

【性状】本品为淡灰棕色的粉末；气微香，味甘苦、微辛。

【功能】辛温解表，疏风祛湿。

【主治】风寒感冒，流感。

【用法与用量】口服：猪 40～80 克。

二、辛凉解表药

主要由桑叶、菊花、薄荷、牛蒡子等辛凉解表类药味组成，具有清解透泄作用，适用于外感风热引起的表热证。如发热明显，可配以清热解毒的金银花、连翘等。

双黄连可溶性粉

【主要成分】金银花、黄芩、连翘。

【性状】本品为黄色至淡棕黄色的粉末。

【功能】辛凉解表，清热解毒。

【主治】感冒发热。

【用法与用量】饮水：每 1 升水，仔猪 1 克，连用 3 天。

银翘散

【主要成分】金银花、薄荷、连翘、桔梗等。

【性状】本品为棕褐色粉末，气香，味微甘、苦、平。

【功能】辛凉解表，清热解毒。

【主治】风热感冒，咽喉肿痛，疮痈初起。

【用法与用量】口服：猪 50～80 克。

三、清热解毒药

凡能清解热毒或火毒的药物叫清热解毒药。这里所称的毒，为火热壅盛所致，有热毒或火毒之分。本类药物于清热泻火之中更长于解毒的作用。主要适用于痈肿疔疮、丹毒、瘟毒发斑、痄腮、咽喉肿痛、热毒下痢、虫蛇咬伤、癌肿、水火烫伤以及其他急性热病等。

止痢散

【主要成分】雄黄、藿香、滑石。

【性状】本品为淡棕红色的粉末；气香，味辛、微苦。

【功能】清热解毒，化湿止痢。

【主治】仔猪白痢。

【用法与用量】口服：仔猪 2～4 克。

白头翁口服液

【主要成分】白头翁、黄连、秦皮、黄柏。

【性状】本品为棕红色液体；味苦。

【功能】清热解毒，凉血止痢。

【主治】湿热泄泻，下痢脓血。

【用法与用量】口服：猪 30～45 毫升。

板蓝根片

【主要成分】板蓝根、茵陈、甘草。

【性状】本品为棕色的片；味微甘、苦。

【功能】清热解毒，除湿利胆。

【主治】感冒发热，咽喉肿痛，肝胆湿热。

【用法与用量】口服：猪 10～20 片（每片相当于原生药 0.5g）。

四、清热泻火药

热与火均为六淫之一，统属阳邪。热为火之渐，火为热之极，故清热与泻火两者密不可分，凡能清热的药物，皆有一定的泻火

生猪养殖减抗 *Shengzhu Yangzhi Jiankang*
技术指南 *Jishu Zhinan*

作用。清热泻火药，以清泄气分邪热为主，主要用于热病邪入气分而见高热、烦渴、汗出、烦躁，甚或神昏、脉象洪大等气分实热证。

清胃散

【主要成分】石膏、大黄、知母、黄芩等。

【性状】本品浅黄色粉末，气微香，味咸、微苦。

【功能】清热泻火，理气开胃。

【主治】胃热食少、粪干。

【用法与用量】口服：猪50～80克。

五、化痰止咳平喘药

凡能祛痰或消痰，治疗"痰证"为主要作用的药物，称化痰药；以止咳减轻哮鸣和喘息为主要作用的药物，称止咳平喘药，因化痰药每兼止咳、平喘作用；而止咳平喘药又每兼化痰作用，且病证上痰、咳、喘三者相互兼杂，故统称为化痰止咳平喘药。

麻杏石甘散

【主要成分】麻黄、苦杏仁、石膏、甘草。

【性状】本品为棕黄色至棕褐色的颗粒。

【功能】清热化痰，止咳平喘。

【主治】肺热咳喘。

【用法与用量】口服：猪30～60克。

止咳散

【主要成分】知母、枳壳、麻黄、桔梗、苦杏仁等。

【性状】本品为棕褐色的粉末；气清香，味甘、微苦。

【功能】清肺化痰，止咳平喘。

【主治】肺热咳喘。

【用法与用量】口服：猪 45～60 克。

清肺散

【主要成分】板蓝根、葶苈子、桔梗、浙贝母、甘草。

【性状】本品为浅棕黄色的粉末；气清香，味微甘。

【功能】清热平喘，化痰止咳。

【主治】肺热咳喘，咽喉肿痛。

【用法与用量】口服：猪 30～50 克。

六、温里药

温里药，又叫祛寒药，以温里祛寒、治疗里寒证为主要作用的药物。本类药物多味辛而性温热，以其辛散温通、偏走脏腑而能温里散寒、温经止痛，有的还能助阳、回阳，故可以用于治疗里寒证。

四逆汤

【主要成分】淡附片、干姜、炙甘草。

【性状】本品为棕黄色的液体；气香，味甜、辛。

【功能】温中祛寒，回阳救逆。

【主治】四肢厥冷，脉微欲绝，亡阳虚脱。

【用法与用量】口服：猪 30～50 毫升。

理中散

【主要成分】党参、干姜、甘草、白术。

【性状】本品为淡黄色至黄色粉末；气香，味辛、微甜。

【功能】温中散寒，补气健脾。

【主治】脾胃虚寒，食少，泄泻，腹痛。

【用法与用量】口服：猪 30～60 克。

七、祛湿药

祛湿药，系由祛湿类药味为主组成的，具有胜湿、化湿、燥湿作用，用以治疗湿邪病证的药物制剂。

藿香正气散

【主要成分】广藿香油、紫苏叶油、茯苓、白芷、大腹皮等。

【性状】本品为灰黄色的粉末；气香，味甘、微苦。

【功能】解表化湿，理气和中。

【主治】外感风寒，内伤食滞，泄泻腹胀。

【用法与用量】口服：猪60～90克。

苍术香连散

【主要成分】黄连、木香、苍术。

【性状】本品为棕黄色的粉末；气香，味苦。

【功能】清热燥湿。

【主治】下痢，湿热泻痢。

【用法与用量】口服：猪15～30克。

八、平肝药

平肝药，系由清肝明目、疏风解痉和平肝熄风类药味为主组成，具有清肝泻火、明目退翳、祛风、熄风、解痉作用，用以治疗肝火上炎、肝经风热、风邪外感和肝风内动等证的一类药物制剂。

龙胆泻肝散

【主要成分】龙胆、车前子、柴胡、当归、栀子等。

【性状】本品为淡黄褐色的粉末；气清香，味苦、微甘。

【功能】泻肝胆实火，清三焦湿热。

【用法与用量】口服：猪 30～60 克。

九、补中益气药

补中益气药，是指能调和中焦、补益正气，调整脾胃脏腑功能，治疗中焦气虚病的药物制剂。脾胃气虚是兽医临床的常见证，表现采食量低下、生长迟缓，益用补中益气类药物。

五味健脾颗粒

【主要成分】白术（炒）、党参、六神曲、山药、炙甘草。

【性状】本品为淡黄色至棕黄色颗粒；味甜。

【功能】健脾益气，开胃消食。

【用法与用量】混饲：每 1 千克饲料，仔猪 3 克，连用 7 天。

补中益气散

【主要成分】炙黄芪、党参、白术（炒）、炙甘草、当归等。

【性状】本品为淡黄棕色的粉末；气香，味辛、甘、微苦。

【功能】补中益气，升阳举陷。

【主治】脾胃气虚，久泻，脱肛，子宫脱垂。

【用法与用量】口服：猪 45～60 克。

四君子散

【主要成分】白术（炒）、党参、茯苓、炙甘草。

【性状】本品为灰黄色粉末；气微香，味甜。

【功能】益气健脾。

【主治】脾胃气虚，食少，体瘦。

【用法与用量】口服：猪 30～45 克。

十、活血化瘀药

活血化瘀药，是由活血、逐瘀和止血类药物所组成，具有调理血脉、通经络等作用，以治疗瘀血和出血病症的一类药物制剂。

益母生化合剂

【主要成分】益母草、当归、川芎、桃仁、炮姜等。

【性状】本品为淡橙黄色至棕黄色的液体。气香，味微甜。

【功能】活血祛瘀，温经止痛。

【主治】产后恶露不行，血瘀腹痛。

【用法与用量】口服：猪 30～50 毫升。

十一、益气固表药

益气固表药，是由补益正气、固护卫气类药物所组成，具有益气、固表、止汗等作用，以治疗气虚、肌表不固的一类药物制剂。代表性药物为：玉屏风颗粒。

玉屏风颗粒

【主要成分】黄芪、白术（炒）、防风。

【性状】本品为浅黄色至棕黄色颗粒；味微苦、涩。

【功能】益气固表，提高机体免疫力。

【主治】用于提高猪对猪瘟疫苗的免疫应答。

【用法与用量】混饲：每 1 千克饲料，仔猪 1 克，连用 7 日。

参考文献

陈杖榴，朱蓓蕾，等，2009. 兽医药理学［M］. 北京：中国农业出版社．

国家药典委员会.2020. 中国药典［M］. 北京：中国医药科技出版社，2020.

刘业兵，刘建柱，等，2018. 猪场兽药规范使用手册［M］. 北京：中国农业出版社.

吕惠序，杨赵军，2013. 猪场兽药使用与猪病防治技术［M］. 北京：化学工业出版社.

曾振灵，沈建忠，等，2012. 兽药手册［M］. 2 版. 北京：化学工业出版社.

生猪养殖减抗 Shengzhu Yangzhi Jiankang
技术指南 Jishu Zhinan

第六章
猪场生物安全标准作业程序

　　建立生物安全体系是生猪健康养殖、绿色养殖的前提，也是最经济有效的疫病防治措施。2018年我国发生非洲猪瘟以来，疫情对我国生猪养殖业带来深远影响，在未来很长一段时间内该病都将是我国猪场的常态化疫病。目前我国养猪业已将生物安全防控技术作为疫病防控的首要手段，并且建立了能够有效应对疫情常态威胁的生物安全技术体系，近年的防控实践证明，建立生物安全防控体系、落实生物安全措施是猪场疾病防治的前提，也是最经济有效的疾病防治措施。猪场的生物安全防控是指采取各种措施清除环境中的病原微生物源头，切断病原传播途径，以保障动物健康的过程与手段。猪场的生物安全防控要点是，通过对人员、动物、车辆、物品等采用严格的隔离、消毒和检疫措施来阻止病原微生物进入猪场，同时也包括采取各种措施切断传播途径，控制场内不同猪群、个体之间的病原传播。本章对猪场的生物安全体系建设和管理措施进行了梳理与总结，并对养殖工作中的关键环节及注意事项进行了归纳，可作为猪场开展生物安全防控体系建设的参考依据。

第一节　生物安全体系建立的基本原则

　　建立猪场生物安全体系的宗旨，是围绕消灭传染源、切断传播途径、保护易感动物、净化养殖环境四项关键因素，制定一系列工作流程与方法。其目的是通过对与猪场生产经营相关的人流、车流、物流、动物等实行有效管控，阻断场外一切有害病原感染猪群，维护猪群健康安全，保障猪场正常生产。

一、病原体的源头与传播途径

（一）常见病原体源头

　　做好生物安全防控，以切断病原体的传播途径，阻止疫病发生、蔓延，是预防猪场发病的重要工作，应从病原体的源头与传播途径两方面进行管控。

　　1. 病原体的源头　饲料兽药等物品的外包装、含有被污染的猪源原料如肉骨粉等、污染的河流等地表水，都是病原体的重要源头。来自农贸市场的果蔬，尤其是农民用农家肥自种的果蔬，是风险极高的病原体源头。除此之外，在疫病高发期及高发区养猪场内的犬、猫、鼠、禽、蜱、蚊蝇和场外的野猪、鼠、鸟等，既是病原体的源头，也是病原体的重要传播途径。

　　2. 病原体的传播途径　猪只、车辆、人员是病毒传入猪场的主要途径，其中猪场引种、精液进场可带入病原体，猪只转运过程中的回流、返场，存在传入外界病原体的风险。外来车辆如运猪车、无害化处理车、拉粪车、饲料车、物资车、私人车辆等，是病

生猪养殖减抗
技术指南
Shengzhu Yangzhi Jiankang
Jishu Zhinan

原体传入的重要途径。贩猪人员、车辆司机、保险理赔员、兽医顾问、兽药与饲料销售人员、猪场采购人员、外出员工和外来维修员等外来人员，是使疫病在场间传播的重要媒介。

（二）鼠的防控要点

鼠可破坏建筑物、养殖设备、电线电缆等，并且由于猪场是鼠食物来源丰富的场所，鼠还会盗食粮食、污染饲料、传播疫病。由鼠传播的疫病主要有钩端螺旋体病、伪狂犬病、沙门氏菌病和非洲猪瘟等重要疫病。目前控制鼠患最主要的还是投放毒饵，选择无二次中毒风险的安全、有效、使用方便的毒饵，可有效达到灭鼠的目的。

1. 常用灭鼠药　市场常用的有 0.75％杀鼠醚追踪粉和氟鼠醚（Flocumafen），该药物的作用原理均是干扰鼠的凝血功能造成慢性出血，具有较好的效果和安全性。

2. 使用方法　使用时可使用碎玉米 550 克、碎麦粒 350 克、食糖 50 克、植物油 100 克、0.75％杀鼠醚追踪粉 50 克进行混合，在屋顶、电线绳索、鼠洞、饲料库等老鼠活动区域投喂。配制饵料时可将玉米油、花生油、菜籽油、芝麻油等不同植物油交替使用，经常改变毒饵的风味，可达到更好的灭鼠效果。

（三）流浪猫犬防控要点

流浪猫、流浪犬以及其他小型动物可顺利通过猪场围栏进出养殖场，具有隐蔽性强、不易被发现的特点，由于流浪猫犬在野外的活动范围非常广泛，会捕食野生动物、啃食动物尸体，且自身携带蜱虫、跳蚤等寄生虫，因此流浪猫犬不仅可传染细菌性、病毒性疫病，而且可以传播寄生虫疾病。

1. 物理阻挡　对猪场周边 1 000 米范围内区域进行清点，避免出现裸露在外的垃圾桶、餐厨垃圾堆放点，避免吸引野生动物与流浪动物采食。猪场应选用密闭式大门，大门与地面的缝隙不得超过1厘米，日常保持关闭状态。清理并检查环绕场区的围墙，去除可攀爬的植物、修补围墙存在的缺口，禁止种植攀墙植物。

2. 定期巡查　定期巡查猪场周边，驱赶流浪猫狗等，防止其进入生物安全防控线范围。

（四）蚊蝇与昆虫防控要点

猪场中的蚊蝇以及常见昆虫，不仅是传播病毒性疾病的主要源头，还可影响猪只健康生长，对猪场危害较大的几种昆虫主要包括蚊子、钝缘软蜱、苍蝇、蟑螂等。蜱虫是世界性分布体外吸血性寄生虫，其中钝缘软蜱可以携带和贮存非洲猪瘟病毒，在蜱虫的参与下，蜱-猪水平传播可导致非洲猪瘟在饲养环境与野生环境间持续循环传播，这也是非洲猪瘟在世界范围内难以根除的原因。蚊子和厩螫蝇可以通过叮咬传播多种病毒性疾病，而且可通过体表机械性传播众多其本身不携带的病毒。苍蝇和蟑螂的主要危害是通过体表机械性传播来自污水、淤泥、粪便、餐厨垃圾等各类污染源的病原体。如果场区内存在适于蚊蝇等昆虫滋生的地点，将很快被蚊蝇污染，从而变成猪场内的病原体源头。

为控制猪场内的蚊蝇与昆虫，需定期清除猪场周边一定区域内的水塘、草窝、水（粪）沟、墙根等死角，并进行蚊蝇消杀，及时处置场区内与场区周边的猪粪、生活垃圾和餐厨剩余物，减少蚊蝇蟑螂的生存条件。对于猪场周边几千米范围内的死水塘要投喂鱼苗与溴氰菊酯类灭蚊药，从源头上减少猪场的蚊蝇数量。在养殖场内的厨房、厕所、圈舍等重要地点，需安装灭蚊灯与防蚊网，在蚊子严重的夏秋季节，使用畜牧专用蚊香来杀灭蚊子，并定期喷洒菊酯类灭蚊药。在场区的卫生死角区域，可专门针对蜱虫使用倍硫磷、毒死蜱、顺式氯氰菊酯或溴氰菊酯等杀虫剂。

二、生物安全管理的基本制度

（一）生物安全管理的范畴

猪场的生物安全工作是比疫病防控工作更深层次、内容更广泛的安全管理工作，因此生物安全管理制度的建立也具有更深刻的内涵和更高的要求。建立生物安全管理制度首先应明确管理的范围包括猪场、猪场周边区域、猪场与外界发生的物质交换。生物安全管理制度建立的核心管理思路为消灭源头、切断传播途径、保护易感动物，制度的内容主要包括场区与周边环境、人流、物流、车流以及物资等方面。在生物安全管理制度的设计过程中，要将猪只假想为完全没有抵抗能力的机体、且将猪只以外的管理范畴假想为均带有致病因素的环境，以建立完善的生物安全管理制度。

与此同时，为保障猪场生物安全体系的长期稳定运行，生物安全工作持续有效开展，需配备生产管理、疫病防控技术及门卫等关键岗位人员，制定完善的免疫制度、隔离制度、消毒制度、无害化处理制度、疫情报告和处置制度、检疫和疫病监测制度、养殖档案管理制度等生物安全制度，以及人员管理、工作职责、定期培训等制度。此外，猪场需组建最高领导为第一负责人的生物安全领导小组，负责猪场内的生物安全管理制度建立、督查与管理等工作。

（二）四流管控的管理要点

"人、车、猪、物"四流管控是生物安全管理的核心内容，四流的严格管理，可以在很大程度上切断养殖环境中的疫病传播途径，为猪场建立起一道生物安全屏障。

1. 人流管控　人流管控主要是管控生产人员的活动范围及规律，主要管控方法是规定和规范工作人员的活动路线，杜绝工作交叉现象。制度制定时应明确具体操作细节，如生产人员在出入生产区时需沐浴清洗、更换衣物，且沐浴时间不得低于 10 分钟。

2. 车流管控　车流管控包括内部车辆与外部车辆两个部分。内部车辆包括饲料中转车、猪只转运车、粪污无害化转运车等专用车辆，在制度制定时，应实行专车专用、专车专道的洗消与运输管控。其中饲料中转车使用后，应消毒、冲洗且放置在指定的地点，并注意防止鸟、鼠接触；猪只转运车每天使用后应进行清洗、消毒及干燥，且放置在运输的起始地。外部车辆及部分内部运输车辆应建立两级三步法洗消制度，检测合格后方可开始作业。饲料运输车只能到中转中心的转料塔进行饲料中转，不能进入场区范围内。员工私家车辆经洗消后需停放于指定区域内，且场外车辆与场内车辆的停车地点应尽量远离，从而避免交叉污染。

3. 猪流管控　猪流管控主要是指对场内猪只流动进行规范管理，猪场内应制定由高至低的生猪健康等级，一般为：公猪→母猪群→保育猪→育肥猪，猪场生物安全体系的建立原则就是猪群要依据健康等级单向流动，即猪群流动方向必须是从高健康等级到低健康等级，不可逆向流动。如分为不同的猪场，生猪在场间的流动顺序应为：原种场→祖代扩繁场→父母代猪场→商品场→体系以外猪场的顺序流动。同时应制定各阶段转群、生产、流转及销售猪只的固定道路，猪只只能在固定道路上单向流动。

4. 物流管控　物流管控指所有生产物资必须严格执行不同物品的相关消毒程序，进入内部生活区及生产区的所有物品均需经过严格的消毒与检验后方可入场，同时对物资的使用过程也应建立严格的消毒程序。

（三）场内道路的管理要点

猪场内应根据工作需求、场内布局等条件，设置场内工作人员道路、场外运输车道路、场内运输车道路、猪只流动道路、污染物道路。把人、车、猪、物、运输等工作彻底进行区分。各类道路应

生猪养殖减抗 Shengzhu Yangzhi Jiankang
技术指南 Jishu Zhinan

用不同颜色或标识标牌加以区分，防止工作时产生交叉污染。

1. 场内工作人员道路　场内工作人员道路包括办公区、生活区、工作区等区域内的人员走道、消毒通道等道路，应遵循相应的消毒与管理制度。

2. 场外运输车道路　场外运输车道路应配合车辆管理制度进行设立，对外部运输猪只、饲料、一般物资的车辆建立相应的两级三步消毒管理制度。对病死猪运输车、污染物运输车等车辆，应另行设立管理制度与规范。

3. 场内运输车道路　场内运输车辆道路仅针对疫苗、兽药、饲料等正常工作所需的物资与设备的运输，并应设立符合各类物资运输的消毒制度的管理规范。

4. 猪只流动道路　猪只流动道路主要用于健康猪只在工作区内不同区域或圈舍的正常转运与流动，不应与病死猪运输通道重合或交叉。

5. 污染物道路　污染物道路主要用于病死猪、粪污等具有生物安全风险的物品运输。污染物道路应远离其他道路，严禁出现共用道路的情况。同时，与无害化处理区相连的道路，均应设为污染物道路，并应建立严格的清洗、消毒等生物安全管理制度。

第二节　人员的生物安全管理

人员管理主要可分为内部工作人员与外来人员，其中场内人员包括猪场管理者、行政后勤工作人员、兽医与养殖人员等全部工作人员。场外人员主要包括从事运输、检查、维修人员及员工家属等与猪场产生密切关系的来访人员，同时也包括在周边一定区域内定居的农民、商贩等群体。无论是场内或外来人员，均属于猪场生物安全的高风险因素，应由高至低建立不同风险等级。人员的风险等级应随时动态调整，针对不同风险等级人员采取不同的管理办法。

一、人员的生物安全管理

（一）人员管理的基本原则

内部工作人员必须严格执行区内生物安全管理制度，工作人员仅能在自己工作岗位区域范围活动，非必要不得跨区域活动。进入各自工作区域时，需更换本区域工作服，且区域内工作服不得穿出本区域，所穿戴一次性防护服需在区域内指定地点销毁。为方便生产区内生物安全管理，各区域内工作服及物品应采用不同颜色，并进行相应标识。

（二）内部工作人员的生物安全等级与管理要点

根据人员的工作性质将内部工作人员分为高、中、低风险等级。

1. 高风险等级人员　高风险等级人员包括采购人员、销售人员、猪场场长、财务人员、行政人员等与外界保持长期接触的人员，以及驻场兽医与无害化处理人员等病、死猪接触人员。高风险人员在正常工作状态下，严禁进入生活区、生产区、无害化处理区。

2. 中风险等级人员　中风险等级人员包括饲养员、饲料加工人员、猪只运输人员等日常接触猪只的工作人员。中风险人员应严格遵守各项生物安全管理制度，严禁随意跨区域作业、严禁进入无害化处理区，未经场长批准严禁随意出入生产区，休假返场时需严格遵循隔离与消毒程序。

3. 低风险等级人员　低风险等级人员包括一般管理人员、厨房人员、后勤人员、一般工作人员等日常生活与工作均处于较封闭环境、一般情况下不与猪只及外界环境接触的人员。低风险人员未经场长及驻场兽医批准，不得进入生产区与无害化处理区。

（三）外来人员的生物安全等级与管理要点

各类外来人员无特殊情况，均不许进入办公区以外区域，并禁止与生活、生产、无害化处理区工作人员接触。外来人员根据职业、身份特点以及来场目的，也可分为高、中、低风险等级。

1. 高风险等级人员　高风险等级人员包括运输人员、小商贩、员工家属、周边商户与农民等，其中病、死猪运输人员严禁下车或走出车辆消毒区域，其余人员在获得场长批准并经过消毒后方可进入办公区。

2. 中风险等级人员　中风险等级人员包括参观检查人员、动物疫病防控人员等具备专业知识人员。中风险人员获得场长及驻场兽医批准后，经过严格消毒程序，并穿戴一次性防护服后，方可进入场区指定区域。

3. 低风险等级人员　低风险等级人员包括乡镇村工作人员、业务对口单位工作人员、建筑维修工人等不接触生产的人员。低风险人员在获得场长审批后，经过消毒后可在办公区及指定区域开展工作。

（四）进入猪场外来人员管理制度

需要进入生产区的防疫人员、兽医等外来人员，需按每人每场一套工作衣服、鞋帽进行准备，采样工具应优先准备一次性工具，可重复使用的采样工具按每场一套以上充足准备，经过清洗消毒干燥后按场分开封装，并配备相应的消毒物品。注射器械优先使用一次性注射器，使用可重复使用注射工具的，针头应尽量按一猪一针头准备好，同时配备相应的消毒物品。阉割工具经过清洗消毒干燥后封装，配备相应的消毒物品。工作用车应做好清洗消毒，并剔除车内非工作必须用品。根据需要预备存放采集样品、工作废料的容器和独立空间。工作人员及其衣物鞋帽、工作必须器物进入生活区、生产区时，请遵守相应管理办法进行重复消毒。

（五）登记审批制度的建立要点

无论内部工作人员还是外来人员，因为正常工作需要来访、进入场区或场内跨区域作业，需建立登记制度，并实施场长与驻场兽医的交叉审批制度。外来人员实施登记制度，登记内容包括来访人员的姓名、工作单位、来访因由、来访工作内容、最近一次接触敏感地点（猪场、屠宰场、病死动物等污染源）的具体时间等内容。内部工作人员休假、返场、跨区域作业等均应实施登记审批制度，登记内容主要涵盖姓名、原岗位、登记审批事项、事项缘由、近期工作内容、最近一次从事风险操作（接触病死猪、接触中高风险人员、接触场外风险性食品、其他应说明的事项）等内容。登记表交给场长或驻场兽医签署审批，按相关生物安全管理制度进行彻底洗澡消毒后方可进入相关区域。其中涉及驻场兽医参与及对接的技术性工作，由场长审批。涉及场长及管理层参与及对接的事务性工作，由驻场兽医审批。涉及生活区及生产区内相关工作以及其他猪场重要工作，由场长与驻场兽医双重审批。

二、人员流动管理流程

（一）人员进出场管理制度

1. 人员出场　工作人员休假前需安排好顶岗人员并经驻场兽

医、场长或指定主管领导审批后，携带出门条出门。人员一旦踏出原工作区域，不得随意折返。

2. 人员进场　工作人员休假结束后，先到猪场附近乡镇宾馆或指定地点隔离 24 小时，进行沐浴、更换衣物、消毒等初步处理。进场前先由消毒人员采样并进行病原体检测，待检测结果合格后，返回猪场并进入隔离区进行隔离。工作人员在隔离点要反复沐浴，并清理指甲缝、鼻孔、耳后等容易藏污纳垢的区域，同时对自身所携带物品进行熏蒸消毒，所穿衣物用消毒液进行浸泡消毒。人员彻底清洗并消毒后，在隔离区隔离 48 小时方可进入生活区。进入生产区时，继续重复进行沐浴、清洗、消毒工作，更换专用衣物后进入生产区。眼镜、手机、药物等个人随身携带物品经熏蒸消毒后，由传递窗传入生产区，零食等与工作无关物品不得进入生产区。

（二）人员的流动管理原则

人员流动是猪场生物安全防控工作中最容易被关注也最容易被忽略的一个重要环节，其中容易被关注的原因是每个管理人员、一般工作人员、以及饲养人员都了解人员流动对疫病防控的重要性。同时容易被忽视的原因是，大部分猪场都存在外紧内松现象，对外严格要求、对内熟视无睹，尤其是老员工对各项制度麻痹大意的现象极其严重。因此对人员流动管理工作首先要在全场职工心中树立正确的观念，将一切人员均作为"假想敌"，明确进出猪场的人员是外部病原微生物的主要携带者和传播者，人员的流动是病原体传播的主要媒介和载体。而且需要认识到，只要管理好人员的流动，猪场可很大程度降低疫病的传播与发生，大大提高猪场的经济效益。

人员流动管理需从两方面入手，一是生产区以外的人员管理，二是生产区以内的人员管理。

1. 生产区以外的人员管理　生产区以外人员管理中，除了进场前严格按照消毒制度执行消毒，更要严格区分行政人员和生产人员。非生产人员除非特别情况，严禁进入隔离区、生产区、生活区等重要区域，而且尽量避免不同性质人员共同就餐以及公用卫生间。将非生产人员排除在重点区域以外，不仅可以大幅度降低生物安全风险，也可有效地减少管理成本。

2. 生产区以内的人员管理　生产区以内的人员管理需要建立严格的工作流程与检查制度，工作人员在进入猪舍前要换上干净的外套，并且洗手消毒，鞋子消毒，严禁生产区人员互串猪舍、跨区域作业。为了方便进行生产区内工作人员的管理，不同工作区域应配发不同颜色的工作服，并且工作区域以及区域内工具也应建立不同颜色的标识标志，以避免人员与工具无意间的混乱流动。

（三）人员返场隔离管理

猪场作为一个相对封闭的地方，每个月总会涉及工作人员回家休假以及返场上班的情况，由于回家休假人员有可能接触市场肉食品或在返场途中接触污染源，所以返场人员的隔离与消毒管理制度牵涉着整个猪场的生物安全防控工作。休假返场工作人员不允许携带火腿肠、香肠、腊肉等猪肉制品，返场前需在猪场附近乡镇的宾馆或指定地点中隔离 24 小时，进行沐浴并更换干净衣物。返回猪场后，工作人员进入隔离区隔离不少于 48 小时，进行反复沐浴消毒后更换场内衣物，并清理指缝、耳后、鼻孔等容易藏污纳垢的区域。自身所带物品放置消毒室内进行臭氧和紫外线反复消毒，衣物放置洗衣机清洗后，用专用消毒水浸泡不少于 2 小时，之后烘干保存。隔离期间内，工作人员不允许随意出入隔离区，不允许与其他人员共同进餐，需严格执行每日沐浴与消毒制度。隔离结束后，方可按相关生物安全要求进入生活区及工作区。

（四）后勤工作人员管理制度

猪场的后勤人员主要包括厨师、采购员等工作人员，其中采购人员一般不需要进入办公区以外区域，可按照外来人员或行政人员方式管理。但厨房是猪场的重要公共场所，厨师与其他厨房工作人员虽然不进入工作区、不接触猪只，但属于重要的生物安全风险防控范围，因此猪场需将厨房与厨房内工作人员作为一个整体，统筹建立生物安全管理制度。

1. 食材管理 猪场的厨房严禁使用外来的所有猪肉制品，包括火腿、香肠、腊肉、猪油等一切原材料与深加工产品，相关工作人员也不允许接触上述物品。同时猪场内尽量不使用、不接触未知来源的禽肉、牛羊肉等产品。厨师及工作人员严禁使用或接触农民自家种植的蔬菜、散养的鸡鸭等食材。厨房所用蔬菜应自行种植，或在正规超市购买大棚种植的、来自非疫区的、未施过农家肥的蔬菜；肉类应在正规超市购买经过检验检疫的、有独立包装的肉类产品。食材采购回场后，应对外包装进行清洗消毒，之后再进入厨房指定保存地点。在烹调方面，厨房应尽量避免制作凉拌或冷盘实物，食材应经过充分的蒸煮加热或油炸，以保证非洲猪瘟等病原能被彻底灭活。

2. 人员管理 在非特殊情况下，厨师与工作人员不应随意出场，也不应出入生活区以外区域。厨房工作人员的工作服应每天更换，换下的衣物应每天清洗消毒。

3. 厨房环境控制 厨房的地面、桌面等地，应定期彻底清洗消毒，每次消毒前均应先使用强力去污剂对油污进行彻底清洁，同时厨房出入口应安装防鼠板，门窗应安装防蚊网，地面拐角、下水口等处应放置灭蟑螂药。厨房垃圾桶需定期清理，且须设置顶盖，防止裸露垃圾引诱流浪小动物，做到对鼠、流浪犬猫、蚊蝇、蟑螂的严格管控。

第三节　猪的生物安全管理

自非洲猪瘟在我国暴发后，不到一年的时间即在全国 30 多个省份大规模流行，造成大批生猪死亡、生猪存栏量大幅度下降。市场上猪肉供需矛盾增加，对居民的日常生活与经济运转都造成了严重的影响。目前为止，全世界对于非洲猪瘟以及其他烈性疾病都缺乏有效的治疗与预防手段，因此生物安全体系的建立、强化生物安全管理意识，对健康养殖、高效养殖具有重要意义。

一、生猪管理的基本原则

（一）建立全进全出管理制度

猪只引进需进行严格的生物安全评价，猪只引进只能从健康等级更高的猪场引进，严禁从平行或低等级猪场引进猪只。引种前由本场生物安全小组对引进场进行生物安全评估，摸清种源基本健康状况、猪群整体临床表现、非洲猪瘟、口蹄疫等重要疾病的流行病学史与血清学背景。正式引种前必须由检疫部门进行检疫，开具健康检疫证明。猪只引进后必须先进行 4～6 周的隔离观察，隔离结束后进行病原学检测等健康检疫，并根据检测结果进行疫苗免疫，待抗体水平达标后，方可混群。

全进全出的饲养模式是指在同一时间内将处于同一生长发育或繁育阶段的猪群全部移入一栋猪舍，完成本阶段饲养任务后，在同一时间全部移出。全进全出制可以对猪舍及猪舍周围进行彻底清洗、消毒、干燥和空栏，有利于对环境中病原体的杀灭。其中生产母猪只能在配种舍、妊娠舍和分娩舍之间流动，仔猪出生后只能顺着分娩舍、保育舍、生长育肥舍单向流动，直至最后出栏。每一次猪群整体转移前后，应制定详细的消毒灭菌工作流程，对圈舍、道路、设备设施进行彻底消毒处理。

（二）引种猪只的驯化

猪场如需从外界进行引种，在做好前期疫病筛查、疫苗免疫以及运输途中的生物安全管理工作后，引种回来的猪只要放在专门的隔离舍单独饲养3～6个月。隔离期内需定期用健康母猪或种猪的粪便对引种猪只进行风土驯化，驯化方法可采用粪便涂抹、饮水中添加粪便浸出液等方式进行接触。经过风土驯化的引种猪只，可有效避免引种后1～3个月内猪只的腹泻、生长与精神状态不佳等不稳定状态。同时可改变猪只的肠道菌群，使猪只更加适应本场的饲养条件，提高经济效益。

（三）减少人猪接触技术要点

进入猪舍工作人员仅能穿本舍专用鞋、帽、手套、袖套等工作服，工作服不得混用。在开展维修、检查患猪或处理病死猪时，需在本舍工作服外穿一次性防护服，工作产生的废料、病猪、死猪等，在本舍内专用传递区域进行打包封装后进行传递。完成一次工作后，将所有接触环节进行彻底消毒。在分娩舍中，将单个产床当成独立猪舍看待，工作人员进出不同产床按进入独立猪舍标准进行操作。分娩舍中的饲料、工具等不能在产床间混用，应分别按独立猪舍标准处置。

（四）猪只管理的分段作业方法

怀孕母猪转入产房时，由怀孕舍内工作人员将母猪赶到舍外，消毒后交于怀孕舍外工作人员，由怀孕舍外工作人员将母猪赶至跨区域间的隔离消毒池边，消毒后交于分娩舍外工作人员。分娩舍外工作人员将母猪赶到分娩舍门口，消毒后交于分娩舍内工作人员。在猪只转运过程中，工作人员均穿戴一次性防护装备，禁止在区域间以及舍内外流动。母猪返回怀孕舍、断奶仔猪进入保育舍、仔猪进入育肥舍、大猪出栏等猪只周转工作，均按同样工作流程进行分段作业。

二、病残猪的生物安全管理

(一) 病残猪管理要点

猪场在生产过程中会因各种原因产生病残猪，这些病残猪一方面是病原的携带者、传播者，另一方面也是需要特殊照顾的弱者，因此不同规模猪场对待病残猪，通常采取淘汰、治疗等不同的方法。从生物安全角度出发，猪只出现病理指征或出现异常行为后，应立即转移至隔离区内隔离饲养，在隔离区中对个体或群体开展适当的治疗，猪只恢复健康后继续在隔离舍内饲养至出栏，不允许转回原圈舍。当猪只确诊为传染性疫病，且治疗后没有明显好转时，说明猪只已失去治疗价值，应及时做淘汰处理，避免疫病大规模传播。对于疫病已经治愈，但猪只体况未得到完全恢复的情况，应根据不同情况给予猪只持续性的护理，直到猪只达到出栏标准或失去继续护理价值。

(二) 腹泻导致病残猪的管理

腹泻导致的病残猪在转入隔离舍后，在及时治疗的同时，为病残猪提供温暖、干净的生存环境。在饲料中添加蒙脱石等可保护肠黏膜的保健药品。同时更换更易消化吸收的饲料，减轻肠道负担、注重肠道护理，在饮水中添加电解多维等电解质补充剂，补充营养、促进体力恢复，对个别严重脱水的病猪需及时进行人工补液。在疾病的恢复期大剂量使用酶制剂或微生态制剂以快速补充肠道菌群，使其能快速到达菌群平衡的状态以减少僵猪的出现。

（三）呼吸道疾病病残猪的管理

呼吸道疾病传播速度较快，治疗难度较大，因此，猪场内一旦发现呼吸异常的病猪应迅速隔离治疗，注重肺部炎症的控制和环境的改善。肺部炎症在早期时应选择快速杀菌剂，中期时需选择渗透性较强的药物，并保证药物摄取剂量达到要求。在使用药物治疗时需结合快速控制体温和炎症的药物配合使用，以提高病猪的耐受能力，增加病猪的采食量。隔离舍中需保证猪只密度不能过大，加大通风，提高隔离舍内氧气含量。

（四）苍白病残猪的管理

苍白病残猪多由慢性消耗性疾病引起，意味着机体的各器官功能衰竭。与僵猪类似，这种苍白猪绝大多数已经使用过多种药物，且治疗无效。苍白猪可停止药物治疗，并给予高糖、高蛋白的营养强化饲养，有所改善后立即补充铁制剂以及电解多维等营养补充剂，并利用健脾开胃的中兽药促进生长。如高营养饲养 2 周后仍没有明显改善，说明已无护理价值，应及时做淘汰处理。

（五）神经症状病残猪的管理

猪只感染链球菌或副猪嗜血杆菌后可引起脑膜炎，出现神经症状，通过连续多次的大剂量注射青霉素或磺胺类药物可消除病理指征，但由于很难彻底治愈，因此此类神经症状的病残猪没有治疗与护理意义，应及时淘汰。同时，由病毒感染或病毒与细菌混合感染而导致的神经症状病残猪，也无治疗与护理意义，均应及时淘汰。对于其他生理原因以及未知原因导致的神经症状病残猪，除及时对其进行隔离观察外，应及时确诊病因，如无治疗价值也应及时淘汰。

三、病死猪的生物安全管理

（一）病死猪的无害化处理

常规操作中，病死猪的处理方法主要是深埋与焚烧。这两种方法都是病死动物的有效处理方法，但实际操作过程中却不能达到预期效果。首要原因是埋藏深度不够，容易被流浪动物挖掘并啃食，造成病原体的大面积传播；二是焚烧与深埋都会对环境造成污染，尤其对地下水或地表水的污染可能使病原体在大面积内扩散开来。因此，目前对病死动物更倾向于使用无害化与资源化处理方法，在保护环境不受污染的同时，可对病死动物实现资源化利用。目前技术成熟且利于推广的病死动物无害化处理方法主要是与特定菌种或辅料混合后进行堆肥，通过微生物将病死动物分解为肥料。在堆肥过程中，由于微生物的自发产热，病原体或寄生虫均可被杀灭，达到生物安全标准，而且所产生的有机肥也可弥补因动物死亡而产生的经济损失。

（二）堆肥法处理病死猪

堆肥法指将病死猪、胎盘、死胎等与甘蔗秆、秸秆等可提供碳源的植物混合堆积，通过细菌与真菌等自然发酵，经过 2 次发热、1 次移堆后，实现全部降解。使用堆肥法处理病死猪时，需在无害化处理区域开辟专用的堆肥区域，并增加围栏等基础设施。病死母猪的堆肥时间应不少于 6 个月、病死保育猪应不少于 3 个月、病死仔猪与胎盘等不少于 1 个月。病死猪经过堆肥处理后可用作肥料，实现病死猪处理的无害化与资源化，堆肥法非常适合环保压力较大的区域使用。

（三）高温生物降解法处理病死猪

高温生物降解法是一种在专用设备中进行的堆肥的方法，具有安全、高效以及更易控制的特点，整个流程分为切割、绞碎、发酵、杀菌、干燥5道工序。病死猪及胎盘先由人工进行初步分割后，放置在专用设备内进行进一步切割、粉碎。病死猪粉碎后，添加粗糠粉、秸秆粉、甘蔗渣以及特定的菌种，在常温状态下进行发酵。发酵结束后，通入120℃干燥热风进行消毒与干燥，之后可作为生物肥料用于种植。由于脂肪与蛋白质已完全降解，因此处理后的有机肥对环境完全无害，且质量较好。

（四）高温化制法处理病死猪

高温化制法是将病死猪在专用设备中进行高温、高压烘干的一种方式。病死猪先进行初步分解后，在130～180℃条件下可完全干燥，并可进一步制成骨肉粉。高温化制法的优点是整个流程全部密闭，没有任何污水或气体等排放，产生的骨肉粉也可作为有机肥或蛋白饲料使用。但缺点是能耗过高，不适于推广应用。

第四节　物资的生物安全管理技术要点

猪场的生物安全防控要点是，通过对人员、动物、车辆、物品等采用严格的隔离、消毒和检疫措施来阻止病原微生物进入猪场，同时也包括采取各种措施切断传播途径，控制场内不同猪群、个体之间的病原传播。各类物资是连接猪场与外部环境的桥梁，从生物安全角度来说，各类物资设备不仅是病原体的传播途径，也是病原体的源头。

一、一般物资的管理

（一）一般物资的管理规范

将进场物资作为传染源管控，严禁任何动物类生鲜食品及其内外包装进入养殖区域，非肉食类食材仅能选择产地明确、流通背景清晰、干净清洁无病原污染的果蔬，严禁来自农贸市场、周边农户等有重大交叉感染风险的食材入场。卸货人员穿戴上隔离服、鞋套、手套，把货物搬入消毒间外侧，物品除掉外包装后进入消毒间，进行熏蒸、臭氧、或紫外线消毒。间隔不少于 24 小时后，物品由场内工作人员从消毒间内侧运走。

为了防止各类病原体通过物资运输进入猪场内部，需建立针对一般物资及生产工具的管理制度。首先，物资应由采购人员带回猪场，在猪场大门进行一次消毒，之后由专人带入生产区门口消毒间进行第二次消毒。消毒结束后撕掉外包装或更换为无菌外包装后，再带入生产区内物资存放处，并将废弃的外包装进行统一销毁。其次，猪场必须配备生产区内部专用的运输车辆，车辆不准出猪场，且只能按既定路线与流程行驶，严禁随意跨区域作业。猪场内需设立专用的单向物资运输通道，严禁与病死猪运输通道、粪便运输通道重合或交叉，且通道在跨区域处需由消毒池连接，严禁打破区域间的物理阻隔。运输工作结束后，车辆需回到消毒存放间，进行彻底消毒后存放备用。

（二）兽药、疫苗、消毒剂的管理

兽药、疫苗等药品按计划购入后首先由财务与保管员入账、入库。财务与保管员要核实清单、发票和实物，无误后方可统一交于仓库保管员。保管员填写《药品入库登记表》，需包含药品及疫苗等名称、入库时间、生产厂家、数量、批号等内容。物品入库后，疫苗、兽药、消毒药等要分类保管。其中疫苗需按冷冻与冷藏分开保管，兽药需按解热镇痛类、消炎类、抗生素类、呼吸道类、消化道类、神经系统类、激素类等分门别类存放，消毒剂等物资应远离其他药品存放，以免发生混用与错用。物资保存仓库整体应保证通风、干燥、阴凉，物资应以方便取用为原则，摆放整齐。疫苗等物资的取用需有驻场兽医或指定技术人员开具取用单，仓库保管员根据先进先出原则，将在填报好出库记录后，发放最接近保质期的药品，以防止药品过期而产生的浪费。

除保持物资的正常取用以外，管理员还应每天检查仓库，确保仓库内没有鼠、保证冰箱的正常运转、核对物品与取用清单。如果发现冰箱运行不正常，应迅速上报场长，并将该冰箱内的疫苗或其他物资转入正常工作的冰箱内。管理员每周应开展一次库存物品盘点，核对库存物资、取用记录、驻场兽医开具的取用单等记录，如发现不一致，应及时上报场长，避免因药物使用错误而产生重大损失。

（三）一般物资的管理与消毒规范

一般物资进入猪场时，按可浸泡物品与不可浸泡物品分别进行管理与消毒。可浸泡物品包括玻璃、金属、密封包装类制品，由专人送至进场通道处后，由场内专职人员拆除外包装，同时严格检查该物品是否属禁进品。拆除包装后，有计划地将物品放入适宜的消毒水中浸泡不少于 30 分钟，并静置晾干。如需进入下一级区域（如经过生活区再进入生产区），需按同样方法再次进行消毒处理。浸泡消毒后的金属与玻璃制品，应经过包装后进行 60℃ 烘干不少于 1 小时，烘干后保持包装完整，进入库房保存备用。物资使用当天，应重复浸泡消毒操作，静置晾干后立即使用。浸泡消毒后超过 6 小时的物品如需使用，应重复一次浸泡消毒操作。不可浸泡的电器、元器件、配件等物品采取擦拭、雾化、烘干的方式进行反复消毒。第一次消毒时将物品外包装拆封，之后使用适宜的消毒液进行喷雾消毒并仔细擦拭，并在干燥阴凉处静置晾干，随后经过包装后在 60℃ 条件下烘干不少于 1 小时。烘干后的物品在不拆包装的条件下置于干燥阴凉处暂时保存 1 周，之后再次进行 60℃ 烘干后方可使用。猪场内长期存放的不可浸泡物品，需每周进行一次烘干处理。

二、重要物资的管理

（一）饲料的管理原则

猪场在选择饲料时应优先选择符合安全生产标准、加工过程中需高温制粒、具备安全可靠运输过程的颗粒料，严格禁止用泔水饲喂。饲料贮存过程中要确保仓库具备良好的通风条件，温湿度适宜，定期消毒，避免饲料发霉或滋生细菌。饲料贮存与饲料场内运输过程，均需做好防鼠灭鼠工作，以防污染饲料，并对饲料以及原料进行定期检测，确保饲料没有被病原菌污染。

猪场要明确饲料管理的具体负责人，负责饲料的由场外到场内的运输、在仓库的保存及由仓库到各生产单元的运输过程。在自配料猪场中，管理员要负责原料的运输、饲料的保存以及饲料到各生产单元的运输过程。自配料农场饲料管理员负责原料的运输、饲料的保存、饲料到生产单元的运输。负责人对场外运输进场内的饲料要进行严格的检查，确保产品质量合格、没有霉变和异味。在饲料的保存过程中，需要保持保存地点的干燥、洁净，对不同品种的饲料分区域保存，原料和饲料成品分开存放，存放室需在底部加垫板，同时确保所存饲料离墙距离不小于 15 厘米。在南方多雨季节时候，应在仓库内放置生石灰等吸水物质来控制环境湿度，防止饲料出现结块、变质、发霉的现象。及时检查仓库地面与墙面是否存在鼠洞，在饲料出入库结束后及时关闭门窗、在门口放置防鼠板，做好防虫、防鸟、防鼠、防潮、防霉变等工作。同时应及时检查饲料存放过程中的通风换气工作，保证饲料的安全贮存。

（二）饮用水的管理要点

目前猪场用水多直接取自临近的地表水或者地下水，主要包括湖泊、水库、河流、浅井水和深井水，直接抽取进水塔，然后输送到猪场各区域。地表水大多都存在氮磷、微生物、泥沙含量超标的问题，如果必须选用地表水，取水点必须在污水排放口的上源，在湖泊、河流的中心。地下水一般存在钙镁离子超标及猪场自身产生的污水下渗造成的污染等问题，如果需要选用，最好选择深井水。无论是哪种水源，水源必须经过储水池的沉淀、氯处理消毒才能进入水塔，有条件的猪场应配备水净化系统。在水源选择时，应首先选择深井水和自来水作为猪场的水源，尽量避免使用河水、山泉水等地表水，且应将地表水作为污染源进行生物安全风险防控。

（三）饮用水的消毒规范

猪场应从水质定期检测消毒、饮水系统定期检测消毒、饮用水定期酸化三个方面进行日常管理。首先需要对猪场饮用水源进行检测，并定期对场内饮水系统进行排空并彻底清洗消毒，以免细菌数超标。如水塔等饮水储藏设备中细菌数超标，应进行一次饮用水消毒，连续进行3～5天，之后每15天进行一次预防性消毒。猪场的饮水系统是病毒传播以及再次感染的渠道，尤其是母猪繁殖障碍综合征、断奶仔猪多系统衰竭综合征以及消化道紊乱细菌等病原的重要来源。

饮水系统消毒时，首先要选择适宜的消毒剂，确保消毒剂可以带猪消毒，同时保证消毒剂的残留对猪只不会产生危害。之后要对所有饮水系统进行通常性检查，确保管线不存在堵塞、死角、渗水等情况。最后，在饮水系统消毒时应严格计算水量与消毒液的使用剂量，并保证消毒液的剂量在合理范围之内。在消毒时，并在水箱中配制足够量的消毒液，之后打开水箱使消毒液充满整个饮水系统管线，关闭饮水器并保持30分钟后排空。在进行饮水系统消毒时，还应注意此时猪只的用药情况，避免消毒剂残留与药物产生副作用，从而产生经济损失。

猪场如果采用非深井水与自来水作为水源，应对水质定期进行酸化处理。由于非洲猪瘟等重要病毒在酸性条件下无法保持稳定结构，且会迅速失活，因此应选用适宜的水体酸化剂对猪场的水塔等储水设备进行处理，可有效避免因水质问题而产生的病毒性疾病传播。

第五节　车辆与运输环节生物安全管理

日常工作中，猪场面临的车辆主要有外部运输车辆、内部运输车辆以及员工自有车辆等。车辆作为猪场的高风险因素，如果存在管控疏漏，很容易为猪场带来重大经济损失，因此猪场建立各类车辆的消毒、管理等生物安全措施是非常有必要的。

一、车辆的生物安全管理要点

（一）外部运输车辆的管理

外部运输车辆卸货前，需先停靠在场外一定距离外的指定地点清洗消毒点，洗消人员穿戴一次性隔离服，先用高压水枪对车辆外表进行冲洗，保证去掉所有可见污物。然后用 1：100 倍稀释的洗衣粉喷雾洗涤，保证洗衣粉泡沫能在汽车表面停留不少于 15 分钟。之后用高压水枪再次清洗，确保车辆表面的油污已被冲洗掉以后，再用消毒剂进行喷洒消毒，喷洒消毒剂后，车辆在原地停留不少于15 分钟。清洗消毒符合标准后，由清洗监督人员开具洗消记录并夹于挡风玻璃前，司机无特殊情况不允许下车、不允许丢弃驾驶室内垃圾。车辆继续驶入猪场指定的卸货区域，并停靠在车辆消毒通道的中间位置，洗消人员穿戴一次性隔离服，在卸货区域外按相同方法进行第二次清洗消毒，消毒后车辆停靠在指定卸货位置，停留不少于 30 分钟。卸货时由场内、场外工作人员共同完成，卸货时场外工作人员穿一次性防护服，将货物搬放在指定区域，之后由场内工作人员转运至指定消毒地点或仓库消毒地点。场外卸货的工作人员不允许进入场内，场内工作人员也不允许跨区域作业。

（二）外部运猪车辆管理

外部运猪车辆与其他运输车辆一致，在进入场区前，应先停靠在场外一定距离外的指定清洗消毒点，先用高压水枪对车辆外表进行冲洗，保证去掉所有可见污物，之后用 1：100 倍稀释的洗衣粉喷雾洗涤，并用高压水枪清洗掉泡沫后，再用消毒剂进行喷洒消毒。运猪车辆做好初步消毒处理后，应驶入猪场指定的洗消中心或装猪台等区域，司机不允许下车，由本场工作人员对车辆外部、轮胎、车厢等重点区域进行深度清洁。首先用适宜的消毒剂对车辆重点区域进行喷洒消毒，保证车辆不留死角、消毒药剂全覆盖。之后自然晾干，或在有条件的情况下，采用 60℃ 的热风对车辆重点区域进行烘干。车辆消毒结束后，由本场一般工作人员参与猪只装载等销售工作，场内养殖人员等重点人员不允许参与猪只销售工作或接触运猪车。

（三）场内一般工具车辆管理

场内应纳入生物安全管理范畴的车辆主要有接触污物、猪只以及人员的高风险车辆，包括装粪车、物资运输车等车辆。虽然对于规模化猪场来说，装粪车并不存在疫病传播风险，但粪污的处理属于生物安全的重要关注点，因此猪场应提高对装粪车的重视程度。对装粪车进行管理时，首先应在场区外墙处设置干湿分离点，先由装粪车将粪污运送到场内指定地点，再由场外车辆进行下一步处理。装粪车在场内应为单向行驶，每使用过一次的装粪车不可再返回圈舍，应通过高压水枪依次用清水、洗衣粉水、消毒液对车辆进行清洗与消毒，待自然风干后再驶入圈舍进行下一次作业。

猪场中运输健康猪只、药物、疫苗、注射器等物资应设置专用车辆，日常消毒管理方式应参考外部运输车辆的两级三步法消毒。即先在工作区域外用清水、洗衣粉水、消毒液进行初步清洗，之后在进入工作区域的消毒点再重复一次清洗与消毒。物资运输车在工作区域内可不遵循行驶，且在区域间必须遵守单向行车规则。

（四）病死猪转运车管理

转运病死猪的车辆应铺上密封性好、不漏水的加厚塑料布，病死猪装车后需保证密闭，做到不漏水、不渗水滴水。病死猪转运车只能在污道行驶，工作前用干生石灰粉铺撒车辆底板，停放在专门固定的停车房，不随意停放。病死猪转运车在使用后也应遵循两级三步法进行清洗，在使用之后，先进入指定区域，先用高压水枪对车辆外表依次进行清水、洗衣粉水、消毒液的清洗与消毒，之后进入存放地点，再按照同样方法进行消毒，待自然晾干后铺撒生石灰后存放。如病死猪转运车沾染血液、粪便、体液等重要污染物，在第一次消毒后，应采取火焰消毒方法或在不低于60℃条件下干燥烘干1～2小时，对病原体进行彻底灭活，之后再进行第二次消毒，并铺撒生石灰后存放。

（五）其他运输车辆管理

猪场的工作人员的汽车、摩托车、自行车等交通工具应停放在场外专用停车区，不允许进入生活区与生产区内，且应停靠在远离无害化处理区的区域，不可与运猪车、饲料车等车辆区域重合，避免交叉污染。自有车辆猪场应针对自有车辆建立消毒与管理制度，除定期进行彻底消毒与检验外，还应建立消毒证、合格证的审核制度。食堂、生活用品等物资采购车辆设置专用停车区域与专用通道，严禁与生活区、一般区域通道交叉。运送大宗原料如玉米、豆粕、麦皮等的原料车，临时停在饲料加工厂外门口处，经喷雾消毒30分钟后将原料用绞龙输送入加工厂内原料贮存塔，加工生产成品全价料。参加作业人员都要穿戴上隔离服、鞋套、袖套、手套。运输司机不允许下车，待卸货完毕后应立即驶离。场内运送成品饲料的送料专用车停在加工厂的生产区侧，成品料用绞龙送入场内运料车，由场内专用司机把成品料送到各栋猪舍边的料塔中，再由自动料线输送到各栋猪舍的料槽中，送料车在各生产区的隔离围墙外的专线行驶。

二、运输环节的生物安全管理要点

（一）运输人员的生物安全要求

参与生猪运输的司机或押运员等运输人员应先参加动物管理、检疫、疫病防控等方面的培训，要求掌握并执行动物运输相关的法律法规、运输环节的生物安全操作要求和动物福利相关知识等，同时，养猪场要具有良好的相关设备及操作程序。生猪运输过程中应配备押运员，其主要职责是确保动物得到充足的食物和饮水，对患病或死亡动物进行紧急护理，必要时对运输动物实施无害化处理等。

（二）运输车辆的生物安全要求

生猪运输过程中保持良好的生物安全意识和操作，对于切断疫病跨区域传播具有至关重要的作用。运输过程中应避免对生猪造成伤害和痛苦，确保生猪安全。运输车辆应方便清洁及消毒，防止生猪逃跑或跌落，并能承受生猪运动的压力；确保空气质量及数量能够满足动物需求；配备生猪进出的快速通道，以便进行检查和照顾；配有防渗漏地板，最大程度减少尿液或粪便渗漏。运输车辆应有显著标志，标明载有活动物。

（三）运输车辆的消毒规范

对运输车辆进行深度清洗消毒时，应移除车辆内的衣服、鞋子、工具箱等所有物品，要彻底清理车辆内外部的动物粪便、垫草、泥块等，彻底清理角落、合页、管道、隔板等隐蔽部位的残存污垢。先用含有洗涤剂或脱脂剂的温水低压冲洗浸润车辆，然后高压快速冲洗，冲洗后要求车辆无可见污垢，无积水、清洁剂及有机物质残留，之后选用合适的消毒剂按同样方法对车辆进行喷洒消毒。车辆消毒后应停放在洁净区进行通风干燥，不得与污染的道路和车辆接触。具备条件的，还可以定期进行微生物质量控制测试，比如测量生物荧光性物质。

三、运输过程中生物安全管理要点

（一）运输计划的制订

完整的运输计划包括运输路线、猪群数量、运输途中的停靠地点、运输时间以及应遵守的生物安全准则等要素，并综合考虑猪群健康状况、易感病毒、运输距离等要素，灵活调整运输计划。运输路线应该尽量避开农业密集区以及发生过生猪疫病的高风险区域，以防止病原跨区域携带和传播。运输途中应慎重选择停靠地点，确保停靠区域近期内未发生生猪疫情，且无其他动物靠近。猪只最长运输时间为 24 小时，且运输过程中要保障充足饮水。同时，在运输过程中还要选择合适的并在有效期内的消毒剂，准备好防护服等。

（二）运输过程中需密切防范的风险因素

1. 使用符合要求的运输工具　对运输工具的要求同前介绍的"运输车辆的生物安全要求"。

2. 运输前的准备工作　运输车辆进场前，要对与猪群接触的所有设备和物品进行消毒，并应注意车辆底部和车轮等易被忽视部位的清洗消毒。运输人员以及运载生猪的工具不得进入猪场圈舍内，运输途中所需的垫料、水和食物等应由猪场提供。运输工作人员所需的衣物、鞋子、手套等防护装置，应选用一次性无菌产品。

3. 猪只装载时应避免引入外界病原体　猪只由场内工作人员通过场内转运车运至装猪台，转运车不可直接与运输车辆接触。转运车使用后经彻底消毒，在60～70℃的条件下彻底烘干，自然冷却后才可再次使用。

4. 运输过程中密切防范风其他险因素　由于运输人员和车辆接触到病原的风险增大，会增加猪群、装卸场所、运输设备和物品、人员之间病原交叉污染的可能性。因此在运输过程中应将猪群区域划分为洁净区，并与一般区进行相应隔离。运输人员在进入洁净区时，需更换洁净的衣物和鞋子，注意手、衣服、鞋子的消毒，经常清洗、消毒手部，避免将病原带入，相应物品应保存在洁净区域，不得带出洁净区。运输途中停车休息时，应对停车区域潜在风险进行评估，避免与其他车辆、周围的人群和动物接触，避免共享和使用公用的工具（铲车、水桶、叉子、绳索等），严格禁止不知来源的或不健康的动物接近运输动物。

第六节　养殖环境的生物安全管理

消毒的本质目的是杀灭环境中的传染源，切断致病源的传播途径，保证动物的健康生产，而且消毒是能切断传染病传播、提升猪场经济效益的最有效措施。但目前养殖户对消毒的重视程度与认知程度均存在不足与偏差，导致消毒不科学、不合理的现象较为广泛。因此，猪场要制定符合本场实际情况的消毒制度、构建针对性的环境消毒方案，及时消灭致病源，确保疫情不传播流行。

一、消毒设备与设施建设要点

（一）消毒通道设计要点

以进入生产区的消毒通道为例，消毒通道主要包括生活区入口、生产区出口、更衣室1、喷雾消毒间、洗澡间、更衣室2、换鞋区、洗衣消毒房、消毒洗澡间等功能室，各功能室由连接通道单向连接。其中连接通道应设计为单向通道，不仅用于连接功能室，还可用于更换拖鞋、悬挂标识标牌、张贴管理制度等。更衣室1用于脱掉非生产区专用工作服，然后进入喷雾消毒间。喷雾消毒间应为双扉消毒通道，人员按开关从第一道门进入后，两侧门禁则无法打开，喷雾消毒30秒后第二道门打开，进入洗澡间。洗澡间用于人员洗澡，之后人员可通向更衣室2。更衣室2连通生产区与消毒洗衣房，人员更换生产区工作服之后进入生产区，人员从生产区出来时，在更衣室2脱掉生产区衣物交于消毒洗衣房进行洗涤与消毒，之后按反向流程进入生活区。更衣室1与更衣室2均应配备单独的衣柜，用于存放衣服，并配备梳子、镜子、电吹风等，用于整理妆容。洗澡间应安装上浴霸等保温设备，避免由于寒冷天气而导致员工疏于洗澡消毒。消毒洗衣间应具备浸泡消毒、洗涤、烘干功能，以保证生产区衣物的洁净与干燥。

在生活区与生产区之间应设立一个紫外线消毒箱，用于消毒所有带入生产区的记录本、照相机等随身小设备，随身物品要放在紫外线灯箱消毒5分钟以上。人员在进入消毒洗澡通道前，将要带进

第六章
猪场生物安全标准作业程序

281

去的小设备放到紫外线消毒箱进行消毒，待经过消毒洗澡通道，更换好生产区工作服后，再打开紫外线消毒柜的另外一边门，将消毒好的物品拿出，经过 70％酒精擦拭消毒后方可带入生产区。

（二）高压清洗消毒机选择与使用要点

清洗消毒是猪场生物安全防护体系的重要环节，而高压清洗机是主要采用的工具，目前市场上高压清洗消毒剂的售价与功能差距较大，因此选择合适的高压清洗消毒机对开展猪场清洗消毒工作至关重要。清洗机的工作原理是通过机器产生较高的水压，将汽车轮胎、车厢、猪舍栏位、地板等地的污垢冲洗干净，之后通过调整喷雾喷头，使消毒液以雾化的形式喷洒开来，覆盖所需消毒物体表面，从而达到消毒作用。为确保清洗消毒能达到预期效果，清洗消毒机应具备良好的安全性与抗腐蚀性，防止漏电出现意外伤害。应选择压力 15 帕以上、380 伏特电机、5 千瓦功率以及出水量800 升/小时以上的清洗消毒机，以满足猪舍栏位、缝隙、地面、车辆轮胎等物体的清洗要求。

清洗机选择时还应注意，出水量选择应综合考虑猪场的污水处理压力，过大的出水量会给污水处理造成浮点。

二、常用消毒方法的特点与应用范围

（一）常用消毒方法

1. 喷雾消毒　喷雾消毒适用于舍内消毒、带猪消毒、环境和车辆消毒等。消毒液需采用规定浓度的化学消毒剂，用喷雾装置进行消毒。

2. 浸泡消毒　浸泡消毒适用于器具、手、工作服、胶靴等，需用有效浓度的消毒剂浸泡消毒。

3. 煮沸消毒　煮沸消毒适用于手术器械、玻璃器皿、工作服等的日常消毒，煮沸消毒时，可在水中加入一定量的碱性消毒剂，并且煮沸 30 分钟以上。

4. 熏蒸消毒　熏蒸消毒适用于消毒间、传递间、更衣室的空气消毒及工作服、鞋帽等物体表面的消毒。熏蒸消毒时需保证门窗紧闭，在容器内加入适量的高锰酸钾或福尔马林溶液，通过加热产生蒸汽进行消毒。

5. 紫外线消毒　紫外线消毒适用于消毒间、传递间的一般性消毒，紫外线开启时需注意保护人员的眼睛与皮肤。

6. 喷洒消毒　喷洒消毒适用于场地、外墙等环境消毒，喷洒消毒需使用合规浓度的消毒剂，注意避免对人与环境造成伤害。

7. 火焰消毒　火焰消毒适用于工具、器械、可燃烧垃圾等的消毒与处理，避免使用酒精、汽油等可爆燃燃料，建议使用液化气喷灯进行火焰消毒。

（二）影响消毒效果的因素与预防措施

在消毒过程中，不论是基于物理原理、化学原理或是生物学原理，消毒效果均会因为内在与外在因素的改变而受到影响，其中主要的影响因素有稀释浓度与处理时间、病原微生物载量、温湿度、有机物质拮抗、表面张力、稀释液（水）的质量等。

1. 消毒剂浓度与处理时间　属于人为因素，各类消毒剂出厂前均提供了建议使用剂量与使用方法，一般而言消毒剂的浓度不是越高越好，但工作人员在使用过程中往往忽视这一特点。因此在消毒剂的配制和消毒时间的把控上，应严格遵照消毒剂说明书使用，不可随意更改浓度或减少使用时间。

2. 病原微生物载量　由于病原微生物污染程度越重，消毒剂就越难以达到最佳消毒效果，整体的消毒效果将越差。因此对于圈舍或环境中地面、排水沟等处消毒时应对环境中微生物载量或消毒区域的干燥情况有初步预判。对于污染程度较重、吸水性较强、杂物较多的地点进行消毒时，可适当加大消毒液使用量，并增加消毒时间，以确保污染区域可被消毒剂全部浸润，并可保持足够的时间。

3. 温湿度　环境温度、湿度对消毒效果有较大的影响，如环境温度或稀释液温度过低，会直接阻碍消毒剂效果的发挥。一般情况下温度较高则消毒效果越好，且春夏的消毒效果要明显好于秋冬季。因此在天气寒冷时进行消毒操作，应使用适当方法提高环境温度。空气湿度的影响主要有两方面，对于喷雾或喷洒消毒以及喷洒干粉消毒时，较高的空气湿度可减少蒸发、促进消毒剂在物体表面浸润。但对于紫外线消毒时，较高的湿度则会影响紫外线穿透，降低消毒效果。

4. 有机物质拮抗　有机物质的拮抗作用可很大程度抵消消毒剂的作用。在自然环境下，微生物会与所处环境中的蛋白质、脂类、糖类等物质混合在一起，这些大分子物质可对微生物形成保护层，阻碍水性消毒剂接触到微生物，并且过氧乙酸、碘伏类消毒剂本身就会与大分子有机物质发生反应而被消耗。因此，在猪场消毒时，前期的彻底清洁非常必要，甚至直接决定了消毒的效果。

5. 表面张力　由于环境中有机物质的存在，添加表面活性剂从而增加消毒液的表面张力，可以在一定程度上增加消毒剂的穿透力。常用的方法可以选择在消毒前清洗过程中，利用1∶100倍稀释的洗衣粉水对物体表面进行清洁，之后在消毒液中添加少量季铵盐表面活性剂，可有效地提高消毒效果。

6. 稀释液（水）的质量　消毒剂的稀释液、水的硬度与酸碱度也会对消毒液产生影响。如果水的钙、镁等离子强度较高，会进一步降低消毒液的表面张力，使消毒效果下降，同时也会与部分酸性消毒剂发生反应，使效果消失。同时，水的酸碱度对消毒剂的效果也存在较大影响，如季铵盐类在碱性溶液中作用较强，pH 为 3 时杀灭微生物所需剂量较 pH 为 8 时大 10 倍左右。戊二醛水溶液在 pH 由 3 提高到 8 时，对微生物的杀灭作用逐渐增强。但氯制剂与酚类制剂正好相反，在酸性条件下消毒效果较好。因此在配制消毒液时，尽量使用 pH 中性、离子强度较低的自来水，避免使用井水与地下水。

三、常用消毒方法的操作要点

（一）常用消毒设备设施的建设要点

猪场门口要建有宽、长为机动车车轮 1 周半的消毒池，消毒池应为防渗硬质水泥结构，深度为 15 厘米左右，消毒池上部可修盖遮雨棚，池四周地面应低于池沿，池内消毒液应保持有效浓度。生产区门口设置消毒池、消毒间，消毒池长、宽、深与本厂运输工具车辆相匹配。生产区门口还应设有消毒室、更衣室，消毒室必须具有喷雾消毒设备或紫外线灯，更衣室内需有更衣柜、洗手池，地面需有消毒垫、更衣换鞋相应设施等。如条件具备，可设置沐浴室。猪舍门口需设置消毒池、消毒垫及消毒盆。生产区各区域间需设置消毒池，设置标准与生产区门口消毒池一致。

（二）养殖环境消毒的操作要点

（1）消毒池管理　场门口及场区内的消毒池中需保持消毒液的最低量，并且每周更换 2～3 次，圈舍门口消毒池的消毒液需每天更换，消毒液应轮换选用碱性消毒液与过氧化物类消毒液。

（2）场区道路地面消毒　场区道路地面消毒前应清扫干净，之后用 3% 来苏儿或 10% 石灰乳喷洒消毒。

（3）排污沟、下水道出口、污水池消毒　排污沟、下水道出口、污水池应定期清理，并用高压水枪冲洗，去除淤泥与腐殖质，之后用3％来苏儿或10％石灰乳喷洒消毒，每月至少消毒1次。

（4）圈舍消毒　应选用10％漂白粉或0.5％过氧乙酸等消毒剂进行喷洒。如圈舍内部为非洁净墙面，应在气温变化较大、呼吸道疾病高发期，在墙壁上涂刷10％～20％的新鲜石灰乳。

（三）空圈舍消毒的操作要点

养殖舍清空生猪后，先将垃圾杂物等清理干净，之后用高压水枪彻底清洗，确保污物、粪便、灰尘均被清理干净且无死角。选用碱性、酸性或季铵盐类消毒液，自上而下、自里而外地对养殖舍进行喷雾消毒。消毒后需保持通风，使养殖舍内彻底干燥。对于发生过疫病的养殖舍，按上述方法消毒并干燥后，密闭所有门窗，之后用甲醛熏蒸消毒，保持门窗密闭24小时之后，开窗通风，同时注意保证工作人员的安全，避免直接接触甲醛蒸汽。

（四）带动物消毒的操作要点

将圈舍内粪便、污物、杂物等打扫干净，用清水冲洗地面，除去灰尘。之后关闭门窗，选用温和型消毒液进行喷雾消毒，操作时按照从上到下、从左到右、从里到外的原则对环境喷洒到位。为减少猪只的应激反应，喷雾消毒时应与猪只保持一定距离，尽量避免直接对猪只喷洒。喷雾消毒结束后，即刻清理圈舍内的积水，打开门窗通风。带动物消毒应选择天气较好、温度适宜的中午开展，且消毒后更换新鲜饲料，饮水中应添加适量的电解多维。

（五）疫情时紧急消毒的操作要点

养殖舍内发生疫病甚至生猪死亡后，病死生猪尸体按生物安全制度转运养殖舍内特定区域，由舍外人员接应运出，并对工作人员的一次性防护用品进行无害化处理、对解剖器械等工具进行火焰消毒。解剖后的生猪尸体、内脏需紧密包裹后进行集中无害化处理。其他发病或病危生猪按病死动物处理方法转运至养殖舍外，在确保生物安全防护的条件下，由专人进行隔离饲养。疫情发生后，对受到污染的地方和用具要进行紧急消毒，清除剩料、杂物及污物，墙体地面不可用水冲洗，采用 10％～20％的石灰乳、1％～3％氢氧化钠溶液、或 5％～20％漂白粉等喷洒消毒。之后按带动物消毒方式，每日消毒 2 次，直至疫情得到控制。

参考文献

本刊综合，2021. 促进生物技术健康发展实现人与自然和谐共生——《中华人民共和国生物安全法》解读 ［J］. 中国科技产业，5（5）：10-11.

蔡辛娟，肖红波，2021. 养猪场生物安全防控评价体系研究进展 ［J］. 现代畜牧兽医，13（2）：85-88.

曹彦君，2021. 生物安全是防控禽流感的关键措施 ［J］. 兽医导刊，10（7）：24.

陈守亮，2021. 家庭农场非洲猪瘟的生物安全防控 ［J］. 畜牧兽医科技信息，15（1）：31-32.

程广强，2021. 新时期规模场如何破解防控动物疫病难题 ［J］. 中国畜禽种业，17（3）：82-83.

迟兰，刘爱国，薛忠，等，2021. 徐州某规模猪场防疫措施的建立与实施——"五流"生物安全防控 ［J］. 猪业科学，38（4）：90-94.

付静，2021. 浅谈中小养殖场非洲猪瘟的综合防控 ［J］. 中国动物保健，23（5）：17-18.

高文财，2021. 中小规模养猪场常态化防控非洲猪瘟措施 ［J］. 福建畜牧兽医，43（3）：32-33.

高志峰，杨作丰，赵宝凯，等，2021. 非洲猪瘟感染场恢复饲养技术的研究及应用 ［J］. 黑龙江畜牧兽医，20（7）：63-66.

古红英，2021. 猪场消毒药选择及使用［J］. 吉林畜牧兽医，42（5）：
15-17.

国家非洲猪瘟参考实验室，2021. 养猪场非洲猪瘟变异株监测技术指南
［J］. 四川畜牧兽医，48（5）：36.

衡德茂，2021. 猪场生物安全防控设施的构建与应用［J］. 中国畜牧业，
20（2）：67-68.

姜学良，孙考仲，姜学武，等，2020. 如何构建规模化猪场生物安全防控
体系建设［J］. 吉林畜牧兽医，41（12）：118-119.

靳登伟，2021. 非洲猪瘟防控下规模化猪场的生物安全措施［J］. 国外畜
牧学（猪与禽），41（2）：56-58.

孔令萍，谢伟，纪雯雯，2021. 生猪养殖生物安全与综合防疫技术分析
［J］. 中国畜禽种业，17（4）：144-145.

李丛丛，沈美艳，杜燕，等，2021. 不同消毒剂对养禽场车辆消毒效果的
研究［J］. 中国家禽，43（3）：103-107.

李华忠，2021. 生猪规模养殖场疫病防控面临挑战与对策［J］. 畜牧兽医
科学（电子版），（4）：28-29.

李洁，李文钢，杨颖，等，2021. 规模化猪场非洲猪瘟的防控［J］. 兽医
导刊，5（9）：23，89.

廖楚蕊，2021. 规模化猪场生物安全问题与对策［J］. 畜禽业，32（4）：
33-35.

刘光宇，付宏，李辉，2021. 情报视角下的国家生物安全风险防控研究
［J］. 情报杂志，5（1）：1-7.

刘菊枚，戚南山，廖申权，等，2021. 猪场重要虫媒及其传播病原研究进
展［J］. 中国畜牧兽医，48（5）：1725-1734.

刘亮，2021. 规模化猪场疫病防控体系初探［J］. 今日畜牧兽医，37
（5）：22.

刘斯贞，隋金伦，张维峰，2021. 规模化猪场提高母猪繁殖能力的技术措
施［J］. 今日畜牧兽医，37（5）：60.

邱国斌，2021. 规模化猪场猪瘟防控净化建议［J］. 今日畜牧兽医，37
（5）：28，30.

任云波，2021. 规模化种猪场的饲养管理规程［J］. 四川畜牧兽医，48（5）：43-45.

石彦丽，赵建国，韩谦，2021. 海南省不同模式猪场蚊虫种群密度及活动规律调查［J］. 中国媒介生物学及控制杂志，12（6）：45-46.

司林波，裴索亚，2021. 国家生物安全风险防控和治理的影响因素与政策启示——基于扎根理论的政策文本研究［J］. 中共天津市委党校学报，23（3）：61-71.

孙爱军，王芮，朱潇静，等，2021. 非洲猪瘟相关检测及猪场生物安全防控研究进展［J］. 中国兽医学报，41（5）：1023-1030.

汪一平，2020. 非洲猪瘟防控生物安全关键因素分析［J］. 中国畜禽种业，16（12）：120-121.

王闯，刘建，孙勇，等，2021. 非洲猪瘟环境下规模化猪场"六部曲"生物安全体系的构建［J］. 黑龙江畜牧兽医，15（4）：18-21.

王辉，2021. 如何加强动物养殖场生物安全体系建设［J］. 吉林畜牧兽医，42（4）：97.

魏玲，杨国淋，2021. 浅谈非洲猪瘟生物安全防控策略［J］. 猪业科学，38（3）：70-72.

伍少钦，肖有恩，邓福昌，等，2021. 浅述生物安全体系建设对规模猪场的影响——以良圻原种猪场为例［J］. 畜牧与兽医，53（5）：143-150.

闫利兵，2021. 加强生物安全措施对养猪场防控非洲猪瘟的影响［J］. 今日畜牧兽医，37（3）：13.

杨景晃，王世玉，王贵升，等，2021. 养殖场生物安全管理要点浅析［J］. 中国动物保健，23（5）：108-109.

叶苹苹，2021. 生猪规模养殖场环境污染及疫病防控［J］. 畜禽业，32（3）：30-31.

尹星，2021. 非洲猪瘟常态化防控背景下规模养殖场生物安全措施［J］. 畜牧兽医科学（电子版），12（6）：159-160.

张丹英，赵冉，陈琼，等，2021. 某地区养猪场生物安全调查分析［J］. 福建畜牧兽医，43（1）：14-16.

张宏初，2021. 猪场外围防控非洲猪瘟技术之管见及体会——以建瓯市 4

个猪场生物安全工作为视角 [J]. 福建畜牧兽医，43 (2)：40-41.

张勇，唐书辉，2021. 规模化猪场保育猪养殖技术要点 [J]. 今日畜牧兽医，37 (5)：58.

章园，2021. 非瘟下中小规模猪场生物安全防控措施 [J]. 今日畜牧兽医，37 (3)：26.

赵静，2021. 浅谈养殖场的消毒方法 [J]. 畜牧兽医科技信息，12 (2)：58-59.

赵振冰，刘忠献，2021. 规模化牛羊养殖场疫病防控措施 [J]. 畜牧兽医科学（电子版），15 (3)：52-53.

郑举，刘红云，陈静，等，2021. 消毒剂的作用机理及在养殖业中的应用 [J]. 现代农业科技，5 (10)：179-181.

周鹏，2021. 消毒在生猪疫病防控中的重要性 [J]. 今日畜牧兽医，37 (3)：66.

朱中平，朱敏，2021. 猪场真消毒——如何选择有效消毒剂 [J]. 今日养猪业，10 (3)：68-71.

Alehosseini E，Jafari S M，Shahiri T H，2021. Production of D-limonene-loaded Pickering emulsions stabilized by chitosan nanoparticles [J]. Food Chemistry，35 (4)：74-79.

Binesh N，Farhadian N，Mohammadzadeh A，2021. Enhanced stability of salt-assisted sodium ceftriaxone-loaded chitosan nanoparticles：Formulation and optimization by 32-full factorial design and antibacterial effect study against aerobic and anaerobic bacteria [J]. Colloids and Surfaces A：Physicochemical and Engineering Aspects，6 (18)：153-156.

Chetawan W，Saritpongteeraka K，Palamanit A，et al，2021. Practical approaches for retrofitting plug flow digester and process control to maximize hydrolysis and methane yield from piggery waste [J]. Journal of Environmental Chemical Engineering，9 (4)：55-57.

Didier F，Astrid C，Laurence V，et al，2021. Understanding the role of arthropod vectors in the emergence and spread of plant, animal and human diseases. A chronicle of epidemics foretold in South of France [J].

Comptes Rendus Biologies，343（3）：122-129.

Lian R，Cao J，Jiang X H，et al，2021. Physicochemical，antibacterial properties and cytocompatibility of starch/chitosan films incorporated with zinc oxide nanoparticles［J］. Materials Today Communications，27（2）：123-126.

Shankar S，Khodaei D，Lacroix M，2021. Effect of chitosan/essential oils/silver nanoparticles composite films packaging and gamma irradiation on shelf life of strawberries［J］. Food Hydrocolloids，12（4）：117.

第七章
猪舍舒适环境营造技术要点

第一节　温热环境调控技术

一、猪舍温热环境要求

温热环境是影响猪只健康和生产性能的最基本因素，舍内温热环境发生变化时，可直接对猪只的采食量、消化代谢、产热性能以及生长发育、繁殖性能产生影响，同时还可改变机体对能量的分配和利用效率，导致猪只对饲料中营养成分的需求发生变化，进而影响猪只的健康和生产性能。因此，在猪只生活区域提供适宜的温热环境条件，能有效改善动物的生活条件并提高生产性能。

（一）母猪的温热环境要求

母猪包括空怀妊娠母猪和哺乳母猪。

1. 空怀妊娠母猪的温热环境要求

温度：①舒适范围：15～20℃；②高临界值：27℃；③低临界值：13℃。

相对湿度：①舒适范围：60%～70%；②高临界值：85%；③低临界值：50%。

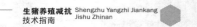

通风量与风速：①冬季：每千克活猪 0.30 米³/时，0.30 米/秒；②春秋季：每千克活猪 0.45 米³/时，无；③夏季：每千克活猪 0.60 米³/时，1.00 米/秒。

2. 哺乳母猪的温热环境要求：温度：①舒适范围：18～22℃；②高临界值：27℃；③低临界值：16℃。

相对湿度：①舒适范围：60%～70%；②高临界值：80%；③低临界值：50%。

通风量与风速：①冬季：每千克活猪 0.30 米³/时，0.15 米/秒；②春秋季：每千克活猪 0.45 米³/时，无；③夏季：每千克活猪 0.60 米³/时，0.40 米/秒。

（二）仔猪的温热环境要求

仔猪包括哺乳仔猪和保育猪。

1. 哺乳仔猪的温热环境要求

温度：①舒适范围：28～32℃；②高临界值：35℃；③低临界值：27℃。

相对湿度：①舒适范围：60%～70%；②高临界值：80%；③低临界值：50%。

通风量与风速：①冬季：每千克活猪 0.30 米³/时，0.15 米/秒；②春秋季：每千克活猪 0.45 米³/时，无；③夏季：每千克活猪 0.60 米³/时，0.40 米/秒。

2. 保育猪的温热环境要求

温度：①舒适范围：20～25℃；②高临界值：28℃；③低临界值：16℃。

相对湿度：①舒适范围：60%～70%；②高临界值：80%；③低临界值：50%。

通风量与风速：①冬季：每千克活猪 0.30 米³/时，0.20 米/秒；②春秋季：每千克活猪 0.45 米³/时，无；③夏季：每千克活猪

0.60 米³/时，0.6 米/秒。

（三）生长育肥猪温热环境要求

温度：①舒适范围：15～23℃；②高临界值：27℃；③低临界值：13℃。

相对湿度：①舒适范围：65%～75%；②高临界值：85%；③低临界值：50%。

通风量与风速：①冬季：每千克活猪 0.35 米³/时，0.30 米/秒；②春秋季：每千克活猪 0.50 米³/时，无；③夏季：每千克活猪 0.65 米³/时，1.00 米/秒。

二、温热环境调控技术

（一）加热保温调控技术

1. 局部采暖

（1）红外线保温灯　利用红外线灯热辐射，为仔猪保温取暖。

适用对象：产房仔猪保温箱及保育仔猪舍。

特点：保温效果好、设备简易、安装使用便捷，但使用寿命较短，易损坏。

技术要点：当仔猪保温箱下面有加热地板时，产后最初几天的仔猪每窝应有功率为 250 瓦的红外线灯；无加热地板时，每窝仔猪应有 650 瓦红外线灯，灯悬挂在链子上，红外线灯应离仔猪活动区地板 0.45 米以上。观察仔猪躺卧姿势及时调整保温灯高度，以疏散侧卧姿势为宜，其中躺卧姿势为零星侧卧、零星趴卧时，说明局部过热，需调高保温灯高度；躺卧姿势为疏散趴卧、密集趴卧或层叠扎堆时，说明局部供热不足，仔猪有寒冷感，需

生猪养殖减抗 Shengzhu Yangzhi Jiankang
技术指南 Jishu Zhinan

降低保温灯高度。

（2）加热地板　根据供热方式不同，分为电热式和水热式。

适用对象：产房、妊娠舍、保育舍内根据需要铺设。

特点：优点是舒适安全，高效节能，热稳定性好，使用寿命长；缺点是水管末端温度较低，维修困难，易引起水分蒸发增加室内湿度（母猪活动区不应有加热地板）。

技术要点：电热式地板内置发热材料，外加工程塑料或金属板，板面附防滑棱条，通电可加热，功率以 7～23 瓦/米为宜，安装在水泥地面下 3.75～5 厘米；水热式地板将水管铺设在水泥地面下，通过锅炉加热水并循环，将热量传递到地面达到保温目的，地板下传感器将所测温度反馈至恒温器来启动或停止水泵；水热式和电热式加热地板控制温度用的传感器应在加热地板表面以下 25 毫米处，距热水管 100～150 毫米，或距电热线 50 毫米，应将一弯曲的适宜大小的管子埋在相应深度处，以方便传感器插入或取出保养。加热地板适用范围如表 7-1 所示。

表 7-1　加热地板适用范围

猪体重（千克）	加热地板面积	地板表面温度（℃）	热水管间距（厘米）	电热功率（瓦/米²）
出生～13.6	0.67 米²/窝	29.5～35	每侧仔猪活动区 1 根	333～444
13.6～34	0.09～0.18 米²/头	21～29.5	12.5	278～333
34～68	0.18～0.27 米²/头	16～21	37.5	278～333
68～100	0.27～0.315 米²/头	10～16	45	222～278

2. 全舍采暖

（1）热水采暖系统　以热水作为热媒的采暖系统，主要由热水锅炉、热水输送管以及散热设备等组成。

适用对象：密闭式猪舍。

特点：舍内温度的稳定性和均匀性较高，运行成本较低。

技术要点：应在易聚集空气的地方设置集气罐，以避免管道中空气聚集形成气塞，影响水的正常流动。系统工作期间也应定期打开放气，在散热器上设置放气阀也起同样作用。系统运行过程中应根据舍外气象条件的变化进行调节，使散热器的散热量与热负荷的变化相适应，以提高舍温精度，节约燃料。热水采暖系统管路水力计算可以采用较简单的允许流速法，确定各管段管径大小，热水采暖管内最大允许流速见表 7-2。

表 7-2 热水采暖管内最大允许流速

管径（毫米）	15	20	25	32	40	≥50
最大允许流速（米/秒）	0.5	0.65	0.8	1.0	1.0	1.5

（2）低温热水采暖系统　以温度低于 60℃的热水为热源，在暖管内循环流动，通过地面辐射和对流向室内供热，使室内保持一定的温度，以创造猪舍适宜的温度环境。

适用对象：封闭式猪舍。

特点：节能、舒适、卫生、无障碍设计、不占用使用面积，降低室内供暖热负荷。采暖能耗，舒适卫生、热稳定性好、使用寿命长。

技术要点：低温热水供暖系统地面传热管道一般设计为蛇形，地板结构层从上到下为水泥砂浆（20 毫米厚）、水泥基防水涂料、混凝土填充层、18 号镀锌低碳钢丝网与 PB 管、真空镀铝聚酯薄膜层、聚苯乙烯泡沫板保温层、水泥基防水涂料、水泥砂浆、混凝土垫层、素土夯实，根据《低温热水地板辐射供暖应用技术规程》，通过计算确定单位地面散热量，可以确定平均水温、室温和供暖管间距的设计标准。当猪舍室内温度设为 22℃，在设计时采用平均水温为 35℃（进回水温差为 10℃）、布管间距 300 毫米的设计形式，能使猪舍内温度维持在 22℃。由于施工厚度、材料质量等各种因素影响，这些因素增大了热阻，降低了传热能力，进而大大减少了盘管的散热量，使得低温热水供暖系统实际运行的供水温度为35℃，但猪舍室内温度可能达不到20℃，因此供回水平均温度可根据建成后实际状况进行调节。

（3）热风采暖系统　利用热源将空气加热到要求的温度，然后用风机将热空气送入猪舍。主要有热风炉式、空气加热器式、暖风机式和加热器管道风机式。

适用对象：仔猪舍、密闭舍。

特点：舍内温度的稳定性和均匀性较高，运行成本较低，便于实现自动控制；但系统停止工作后余热小，室温降低较快。

技术要求：热风采暖的主要参数是送风温度和送风量，需通过热负荷的计算来确定，美国畜禽舍采用的热风机管道送风采暖，其热风机部分的温升为22～39℃，如果利用室内空气环流采暖，则热风机出口气流温度为35～60℃。我国工业民用建筑提出热风送风温度以不超过45℃为宜，暖风机送风温度为30～50℃，但对送风量无具体规定，建议尽量减小送风量以减少能耗。由于动物生理需求，仔猪舍的环流量每平方米面积不大于45米³/时。

（4）温室效应增温技术　温室效应的形成是太阳辐射热通过玻璃或塑料薄膜进入到畜禽舍内，舍内物体获得太阳短波辐射的热量，光能变为热能，使太阳辐射的热量一部分被贮藏，一部分以长波辐射释放，由于玻璃和塑料薄膜能让短波辐射进入，阻止长波辐射射出，故这部分辐射热阻留在舍内，使舍内环境温度升高。

适用对象：冬季光照好的地区可采用。

特点：利用太阳能给猪舍加温，清洁无污染。

技术要求：猪舍建筑的形式与方位、采光面积大小等都会影响到接收太阳能的多少。夜间应在采光面加盖保温垫，增大北墙、屋顶及地面结构的热阻，可减少夜间失热。同时，内墙宜选用蓄热系数大的建材，使其白天吸热蓄存，夜间放热以缓和舍内温度的下降，还应堵塞各种缝隙减少缝隙放热等。

（5）火炉火墙法　利用煤球、煤炭或木材燃烧产热，适当提高舍温。

适用对象：北方地区中小型猪场。

特点：供热不均匀，燃烧产生粉尘影响舍内空气质量，舍内温度较难控制，但操作简单、成本低廉。

技术要求：炉芯的数量应根据室内空间大小来设置，火墙长度根据猪舍大小而定，火墙越长则热效率越高。火墙应砌于火炉一侧，且错开位置，方便管理。火炉底层应顺砖平放，根据炉芯数量测定长短，中间留出通风道，上放炉芯；中间三层砌顺砖包严炉芯，连接火墙；上部为盖火铁板或盖火水槽（增加猪舍相对湿度）。

（二）降温调控技术

1. 通风降温

（1）自然通风　利用舍内外温度差或风压使空气流动以达到降温目的。

适用对象：开放舍、半开放舍。

特点：优点是低能耗、低造价、低维护；缺点是通风效果不稳定、不连续，受环境因素影响大。

通风换气量的确定：在生产中，有时采用"换气次数"来表示通风量的大小，换气次数可按下式计算：

$$n = L/V$$

式中，n——换气次数，次/时或次/分钟；

　　　L——通风量，米³/时或米³/分钟；

　　　V——设施内部空间体积，米³。

（2）机械通风　利用风扇、风机、冷风机等动力设备扰动舍内气流、使舍内外形成压差产生气流、形成一定量冷风等使舍内温度降低。机械通风分为正压通风、负压通风和混合通风。

适用对象：密闭式猪舍。

特点：优点为通风效果好，通风量可控；缺点为投资较大、需专人管理、会产生噪声。

技术要点：通风机是机械通风系统中最主要的设备。农用低压大流量轴流风机系列产品的叶轮直径范围为 560～1 400 毫米，适用于工作静压为 10～50 帕的工况，单机的风量达 8 000～55 000 米³/时，其单位功率所能提供的通风量达 35～60 米³/(时•瓦)，噪声一般在 70 分贝以下。一般采用多台风机分组配置，风机应不少于 4 台，分为 4 组，每组 1 台或多台，4 组风机的总风量应不小于夏季最大通风量。

（3）夏季地道风降温　利用一定深度地道周围的土壤作为冷源对空气进行降温处理。

适用对象：高温高湿地区猪舍。

特点：具有降温效果好、节省能源、使用寿命长、运行管理和维护简单等优点，同时还可用于猪舍冬季加温。但由于地道风降温系统为保证地道壁面与空气间有足够且稳定的温差及换热面积，使足够多的地下土壤参与蓄、放热过程，其地道需埋设较深，并具有足够的长度，因此工程量大，建造费用高。

技术要点：一般来说，地道的埋深（指中点）应在 4～6 米，在恒温层之上，属于浅地层。有学者根据我国南方地区需要降温的 6—9 月期间的地温分布情况，认为地道埋深可在 3.2 米左右，若小于该深度，则降温效果无法保证。在满足地道深度的同时还需满足地道长度，根据分析，为保证地道冷却效率 η 达到 0.55 左右，在一般条件下，地道壁面面积 F（米²）与地道中空气流量 G（千克/时）的比值应为 0.04～0.06。

2. 蒸发降温

（1）湿帘风机降温系统　利用负压风机使空气进入舍内时与湿帘中的水分进行热交换，水分蒸发吸热而使进入猪舍的空气温度降低。

适用对象：规模猪场及密封性较好的猪舍。

特点：优点为降温效果好；缺点为耗水量较大，湿帘易收缩变形，产品价格较高。

技术要点：湿帘的主要技术性能参数——降温效率与通风阻力由生产厂家提供，湿帘越厚、过帘风速越低，则降温效率越高。为使湿帘具有较高的降温效率，同时减小通风阻力，过帘风速不宜过高，但也不能太低，一般取过帘风速为 1~2 米/秒。当湿帘厚度为 100~150 毫米、过帘风速为 1~2 米/秒时，降温效率 η 为 70%~90%，通风阻力 Δp 为 10~60 帕。

（2）雾化蒸发降温　通过高压喷雾设备向空气中喷射细小雾粒，水雾蒸发带走空气中热量，降低环境温度。

适用对象：高温期间歇使用。

特点：投资较低，安装使用灵活，喷雾设备还可兼用于喷洒药剂

技术要点：雾滴要尽可能小，以保证有尽可能大的表面积，使其落到地面前蒸发完毕，不会淋湿动物身体和地面及其他设施。据测试，在喷雾后舍内温度可迅速降低 2~3℃，但相对湿度上升速度较快且接近饱和，而停止喷雾后，舍内温度迅速回升，相对湿度下降较缓慢，因此在采用雾化蒸发降温时应注意合理调节喷雾强度与舍内的相对湿度。

（3）喷淋降温　将较大水滴喷淋到猪体表，水分蒸发带走动物体表热量从而降低猪的体感温度。

适用对象：群养母猪舍或育肥猪舍。

特点：优点为装置结构简单，降温效果明显；缺点为持续使用会增加舍内湿度和污水量。

技术要点：喷淋降温装置安装在猪栏上方、排粪区域，喷头形成的雾锥以能覆盖猪栏 3/4 宽度为宜，每头猪的喷雾量约为 0.4

生猪养殖减抗技术指南　Shengzhu Yangzhi Jiankang Jishu Zhinan

升/时，在地板上方约 1.8 米设置。喷头喷雾量见表 7-3。

表 7-3　猪舍喷头喷雾量

每栏猪数量	喷头喷雾量（米³/分钟）
10	0.001 7
20	0.003 4
30	0.005 1

（4）滴水降温　将水滴到猪血管分布多的肩颈位置，水分蒸发带走热量，同时吸收猪体部分热量，从而达到降温效果。

适用对象：单体限位栏母猪、公猪。

特点：降温效果好，经济实惠。

技术要点：滴水位置应设置在距前栏门 50 厘米左右的位置，要间歇运行，水分打湿猪的体表不能带走热量，水分从猪体表蒸发才是带走热量的关键。

第二节　猪舍空气质量调控技术

一、空气质量要求

猪舍会产生氨气、硫化氢、二氧化碳、气载病原微生物、粉尘等，虽然浓度低，但流量大、持续时间长，长期接触会危害人畜健康，引起生猪应激，同时使居民生活环境受到污染。不同生长阶段的猪只对空气质量需求不同。

（一）猪舍氨气要求

氨气易溶解在猪只呼吸道黏膜和眼结膜上，使黏膜充血、水肿，引起结膜炎、支气管炎、肺炎、肺水肿等；也可通过肺泡进入血液，与血红蛋白结合成碱性高铁血红蛋白，降低血液的输氧能力，导致组织缺氧。低浓度的氨气可使呼吸和血管中枢兴奋，长期作用可导致猪只抵抗力降低、发病率和死亡率升高、生长变慢、生产性能下降等，高浓度的氨气可引起中枢神经麻痹、中毒性肝病和心肌损伤。当舍内氨气浓度为 35 毫克/米^3 时猪只出现萎缩性鼻炎，浓度为 50 毫克/米^3 时猪只增重下降 12%，浓度为 100 毫克/米^3 时猪只增重下降 30%。各类猪舍的氨气浓度应满足以下要求。

种公猪舍：≤25 毫克/米^3。

空怀妊娠母猪舍：≤25 毫克/米^3。

哺乳母猪舍：≤20 毫克/米^3。

生长育肥猪舍：≤25 毫克/米^3。

保育猪舍：≤20 毫克/米^3。

（二）猪舍硫化氢要求

硫化氢是一种无色、易燃、带有臭鸡蛋气味的酸性气体，其易溶于水、易挥发、毒性大。硫化氢能快速通过肺泡进入血液内，与氧化酶中的三价铁结合，使酶失去活性，以致影响细胞的氧化过程，造成细胞缺氧窒息死亡。长期处在低浓度硫化氢环境中会使得猪只出现神经紊乱、体质变弱、抗病力下降；长期处在高浓度硫化氢环境中，猪只呼吸中枢会被抑制，严重时引起窒息和死亡。当猪舍内硫化氢浓度达到 0.002% 时，会影响猪的食欲。猪舍内的硫化氢浓度不应超过 0.001%。各类猪舍的硫化氢浓度应满足以下要求。

种公猪舍：≤10 毫克/米^3。

空怀妊娠母猪舍：≤10 毫克/米^3。

哺乳母猪舍：≤8 毫克/米^3。

生长育肥猪舍：≤10 毫克/米^3。

保育猪舍：≤8 毫克/米^3。

（三）猪舍二氧化碳要求

二氧化碳本身无毒，但空气中二氧化碳含量过高时会造成动物缺氧，而猪只长期在缺氧环境下，会呈现精神不振、食欲减退、生产水平下降的状态，且对疫病的抵抗力减弱，特别是容易感染结核病等传染病。猪在二氧化碳浓度为 2% 时无明显症状，10% 时呈昏迷状态，体重 68 千克的猪只要在二氧化碳浓度为 10% 的环境中超过 1 小时，就有死亡的危险。一般猪舍的二氧化碳浓度很少引起猪只中毒，但猪舍内二氧化碳浓度与氨气、硫化氢和微生物含量成正相关，在一定程度可以反映猪舍的空气质量。各类猪舍二氧化碳浓度应满足以下要求。

种公猪舍：≤1 500 毫克/米^3。

空怀妊娠母猪舍：≤1 500 毫克/米^3。

哺乳母猪舍：≤1 300 毫克/米^3。

生长育肥猪舍：≤1 500 毫克/米^3。

保育猪舍：≤1 300 毫克/米^3。

（四）猪舍粉尘要求

猪舍内的粉尘主要由饲养管理操作引起，来源可分为以下四类。

1. 饲料粉尘　主要由饲喂干粉料产生。干粉料中大量的饲料粉末在填料及猪只采食的时候会飘散到空气中，形成饲料粉尘。由于其粒径小、质量轻，长时间飘浮在空气中，成为猪舍粉尘的主要来源。

2. 卫生粉尘 猪场在清洁卫生时，会通过清扫粪便及地面、翻动垫草等产生大量粉尘。清洁卫生的粉尘中有洒落地面的饲料、尘土、猪只排泄的粪便等。

3. 猪体粉尘 猪只在咳嗽、气喘时，会有飞沫飘入空气中，称为微小粉尘。猪只在运动、争斗、蹭痒时，猪体表脱落的皮屑飘浮在空气中，称为猪体粉尘。

4. 气体粉尘 部分猪场采用发酵床模式养猪，猪舍内的垫料易产生大量粉尘飘浮在空气中。猪舍内空气中的真菌及其孢子在繁殖过程中，长时间飘浮在空气中成为气载微生物粉尘。

猪舍内粉尘对猪的健康有直接影响，其降落在猪体表面上，可与皮脂腺分泌物及细胞、皮屑等混合黏结在皮肤上，使皮肤发痒、发炎，并使皮肤散热功能下降；降落在眼结膜上，会引起尘埃性结膜炎；当空气中粉尘过多时，会对猪只肺部造成刺激和伤害，附着有微生物的粉尘被猪吸入呼吸道，易诱发呼吸道炎症，特别是直径在5微米以下的微小尘埃，可达到细支气管以至肺泡，使肺炎的发病率显著增加。猪舍内的粉尘常携带大量病原体，通过猪呼吸道黏膜感染导致疫病，造成疫病的传播。例如猪喘气病、流感、口蹄疫等病原均以粉尘作为载体。各类猪舍粉尘浓度应满足以下要求。

种公猪舍：≤1.5毫克/米³。

空怀妊娠母猪舍：≤1.5毫克/米³。

哺乳母猪舍：≤1.2毫克/米³。

生长育肥猪舍：≤1.5毫克/米³。

保育猪舍：≤1.2毫克/米³。

（五）猪舍气载微生物要求

养殖场微生物气溶胶含量高、流动性强、种类多，主要由非致病细菌微生物、致病性细菌微生物和选择性致病的细菌微生物构成。当空气质量恶化，尤其是当空气环境发生生物污染时，它们不仅会造成猪只健康水平和生产性能下降，还会造成气源性传染病的发生和流行。各类猪舍气载微生物浓度应满足以下要求。

种公猪舍：≤6 万个/米^3。

空怀妊娠母猪舍：≤6 万个/米^3。

哺乳母猪舍：≤4 万个/米^3。

生长育肥猪舍：≤6 万个/米^3。

保育猪舍：≤4 万个/米^3。

二、空气质量调控技术

（一）猪舍空气质量监测要求

1. 监测布点的原则

（1）代表性　能客观反映该集约化猪场内空气质量水平和变化规律。

（2）可比性　同类型监测点设置条件应尽可能一致，使各个监测点获取的数据具有可比性。

（3）整体性　集约化猪场空气质量评价的监测点应考虑整个猪场的地理、气象等综合环境因素，从整体出发合理布局。

（4）稳定性　监测点位置一经确定，不应变更，以保证监测资料的连续性和可比性。

2. 监测布点的要求

（1）监测点数量　猪舍环境内应有不得少于 4 个监测点（进风口、出风口、舍区代表点）。此外，当猪舍安装有风机时，应对风机排风风速进行测定，并在猪舍进风口和出风口设置采样点。

（2）布点方式　舍区多点采样时，重点是猪活动区，应按照对角线或梅花式均匀布点，同时避开栏体密集区与食槽区。

（3）采样点高度　舍区采样点高度与猪舍内猪只或人的呼吸高度一致，高度为 0.3～0.9 米或 1.4～1.7 米。场区采样高度与人的呼吸高度一致，相对高度为 1.4～1.7 米，有特殊要求时可根据具体情况而定。

（二）养殖场气体的现场采集技术及设备

现场气体采集方式根据采样设备的覆盖空间大小，可分为封闭式、点位式和开路式三种（图 7-1）。封闭式气体采集是在封闭空间进行气体样品的收集，而点位式和开放式则是分别针对三维空间内一特定点和两点式光路中的气体进行采集。

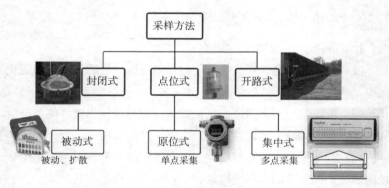

图 7-1　气体采集方式

1. 封闭式　封闭式采集法是通过一个密封性的外壳或桶，覆盖在监测点位的上方而形成一个密闭采样室，可消除外界环境对样品的影响。这种密闭采集室的底部一般是敞开的，并配备有一个或多个空气出入口，以用于气体检测和装置内部空气环境的清洗。大多数采样室为箱体，其体积为 0.02～7 米^3，见表 7-4。

表 7-4　采样室的规格及用途

名称	形状	尺寸	使用地点
林德瓦尔盒	长方体	（1.50×1.00×0.40）米^3	猪舍
风道	—	2 个，单个 0.5 米^3	水泥地
排放盒	—	体积：7 米^3	运动场粪污
动态箱	长方体	（0.4×0.4×0.6）米^3	粪污处理

2. 点位式　点位式采样是在养殖场内的一个或多个点位置进行气体采集，可以采集养殖舍内不同高度、进出风口以及场区上风向、下风向的气体。

点位式采样根据采样设备的不同，可分为主动式和被动式。

主动式采样：利用一个或者多个气泵对监测位置的气体样品进行采集。其中，原位式主动采样的气泵和检测设备在同一位置，如××公司生产的气体检测管（图 7-2），就是采用抽气泵将气体吸入检测管中进行检测，操作简单，且测定及时。

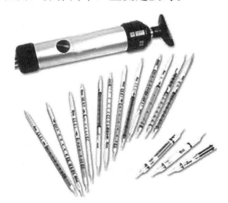

图 7-2　气体采样泵

集中式主动采样：一种相对复杂的多点位式采集系统（图 7-3），由气管、气泵及自动控制设备组成，监测点的气体由自动系统控制通过气管输送至检测设备，能实现多点位、长距离的气体采集和监测，但系统中气管需要进行隔热或加热处理，以防止气体传输过程中的温度差异造成管内局部冷凝。

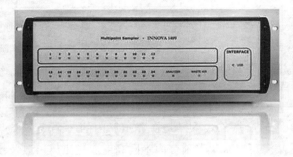

图 7-3 多点式采样仪

被动式采样通常采用传感器设备，气体通过扩散方式进入设备，同时完成气体浓度的检测，如被动式气体探测管，就是通过使待测气体扩散至管内进行的采集和测定。

3. 开路式 开路式采用由光源发射器、接收器/传感器组成的光学探测装置进行气体采集检测。由光源发射器向远方发射紫外或红外光束，形成一条开放式光路径，将气体传输至光源接收器/传感器内进行浓度检测。由于光学探测设备的性能差异，光源发射器和接收器之间的开放路径长度介于 100～750 米之间。

（三）污染气体浓度现场检测技术及设备

早期养殖场气体检测主要采用湿化学法和嗅觉法等传统方法，随着气体传感器和分析技术的提升，许多高精度的气体检测技术被引入畜禽空气质量检测中。目前，关于畜禽养殖领域的气体检测方法主要分为光学法、嗅觉法和化学法三大类（图 7-4）。

污染气体浓度现场检测技术及设备主要有电化学传感器、气体检测管、光学气体分析仪，其检测范围、测定精度、运行成本等方面性能见表 7-5。

生猪养殖减抗
技术指南
Shengzhu Yangzhi Jiankang
Jishu Zhinan

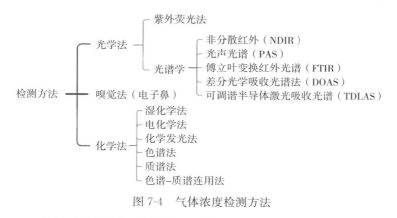

图 7-4　气体浓度检测方法

（四）猪舍空气质量处理技术

1. 应用除臭剂改善猪舍空气质量　根据除臭原理不同，除臭剂主要可分为吸附型、微生态型以及饲料添加型等。

（1）吸附型　吸附属于一种传质过程，物质内部的分子和周围分子有互相吸引的引力，但物质表面的分子相对物质外部的作用力没有充分发挥，所以液体或固体物质的表面可以吸附其他的液体或气体，尤其是表面面积很大的情况下，这种吸附力能产生很大的作用。

优点：吸附型除臭剂表面积大、孔容大，通常能吸附空气中的恶臭分子，降低恶臭浓度，达到除臭目的。

缺点：吸附剂饱和后再生难度大，处理价格较高。

（2）微生态型　微生态型吸附剂是指利用正常微生物或促进微生物生长的活性微生物制剂。即一切能促进正常微生物群生长繁殖或抑制致病菌生长繁殖的制剂都称为"微生态制剂"。

优点：使用方便，可加水稀释后直接使用。

缺点：活菌保存时间较短，运输不便。

（3）植物型　禁用抗生素之后，植物型除臭剂成为与吸附型和微生态型等并列的重要添加剂，是一种无抗药性、无残留、无毒害作用的环保型添加剂。它可降低饲料在动物消化道中的 pH，为动

表 7-5　污染气体浓度现场检测技术及设备

检测原理	设备名称	检测内容及范围	精确度及响应时间	特点	成本预算
光谱学	红外光声谱气体检测仪	NO_2、NH_3、CO_2、CH_4、C_2H_5NO	±1ppb；1种气体27秒，5种气体60秒	抗干扰、可靠、稳定，精确度高	99万~110万元
	便携式环境空气分析仪	CO_2、CO、甲醛和其他有机挥发物质	±1ppb；18秒	快速连续监测	40万~50万元
	NDIR分析仪	NH_3、CO_2	±1 ppm；时间<2秒到60秒可调	测定简便且不破坏被测物质	130万元
	空气质量自动监测系统	NH_3、SO_2、NO、O_3	1~10秒	多点位连续监测，无需采样系统	125万元
	开路气体探测器	NH_3、CO_2、CH_4、H_2S	±20 ppb；1秒	最大测量路径可达1千米，响应速度快	5万~10万元
电化学	电子鼻及各种气体传感器	NH_3、CO_2、CH_4等	±1 ppm至±1 ppb；30秒至2分钟	可灵活组合	800~20 000元
线性比色	各种气体检测管	NH_3、CO_2、CH_4等	从0.000 001到0.01	单一测量，需对气体采样测量，一次使用	50~70元
微量震荡	TEOM (R) RP1400a	粉尘	0.01微克/米³	操作简单，精度高	10万~20万元
撞击式	ANDERSEN-6	大气微生物	—	操作简单	2万~8万元
冲击式	AGI-301	大气微生物	—	精确度高、噪声低	2万~8万元

注：NO_2为二氧化氮，NH_3为氨气，CO_2为二氧化碳，CH_4为甲烷，C_2H_5NO为乙酰胺，CO为一氧化碳，SO_2为二氧化硫，NO为一氧化氮，O_3为臭氧，H_2S为硫化氢，ppb为十亿分之一，ppm为百万分之一。

物提供最适的消化道环境，已在国内外得到广泛应用。

优点：构建肠道微生态平衡，提高饲料转化率，改善养殖环境。

缺点：无法从根本去除有害气体。

（4）其他添加型　在猪日粮中添加油脂酸、非金属盐和纳米微粒后，一方面未被消化的油脂酸、非金属盐和纳米微粒会降低粪尿的 pH，使氨以 NH_4^+ 的形式存在于粪尿中，从而减少氨气的产生，另一方面是其比表面积大，有利于吸附氨气。

优点：新兴的添加剂，有利于多学科交叉发展。

缺点：对于猪的生长性能影响有待研究。

吸附型、微生态型、植物型及其他添加型除臭剂主要应用效果见表 7-6。

表 7-6　除臭剂主要应用效果

除臭剂类型	添加剂	使用方式	添加量	减排效果
吸附型	沸石	育肥猪饲料	5%	氨气降低 21%
微生态型	枯草芽孢杆菌	断奶仔猪饲料	1%、2%、3%	2% 的枯草芽孢杆菌氨气排放量最少，为 44%~60%
	枯草芽孢杆菌、嗜酸乳杆菌、酿酒酵母	断奶仔猪饲料	0.4%	氨气浓度降低 18.98%
	益生菌	保育、育肥和妊娠饲料	1:1 000	氨气排放较对照组降低 40%~50%
植物型	丝兰提取物	妊娠母猪饲料	200 克/吨	氨气排放较对照组降低 93%
	植物精油	断奶仔猪饲料	0、100、200 毫克/千克	氨气排放呈递减
	中草药	育肥猪饲料	0.5%	氨气比对照组减少 75.46%
	饲料纤维	长育肥猪饲料	5%、10%、15%	含量每增加 5%，氨气的排放量就减少是 14%

除臭剂 类型	添加剂	使用方式	添加量	减排效果
其他 添加型	非金属盐	仔猪饲料	添加氯化钙	氨气减少了 11％
	油脂酸	仔猪饲料	1％	氨气排放较对照组降低 94％
	纳米微粒	生长猪饲料	0.3％	早、中、晚氨气浓度比对照组分别降低了 20.08％、23.10％、21.19％

2. 采用发酵床模式改善猪舍空气质量　猪舍地面类型包括实心地面、漏缝地面和生物发酵床。最常见的是漏缝地面，漏缝地面占总面积的比例影响粪尿流速，影响污染物形成。当漏缝地板面积占总面积的比例从 50％减少到 25％，氨气释放量从 6.4 克/天减少到 5.7 克/天。研究表明实心地面猪舍、半漏缝地面猪舍、生物发酵床猪舍内氨气平均排放系数分别为 11.23、9.47、4.27 克/（天·头）。

发酵床模式利用有机垫料建成发酵床，并添加微生物，猪的排泄物被垫料掩埋，水分在发酵过程中蒸发。利用生猪的拱翻习性，使粪、尿和垫料充分混合，通过土壤微生物菌落的分解发酵，使粪、尿中的有机物质得到充分分解和转化，达到无臭、无味、无害化的目的。

（1）发酵床建设选址　发酵床的选址要求符合防疫要求、不影响生产生活、方便日常管理，应设置在粪污处理区、下风口且地势开阔处，且与猪舍有一定距离，但又不宜太远。禁止设置在低洼积水处、猪舍内及远离猪舍的高地。

建筑材料：红砖或水泥砖、水泥、PVC 阳光瓦。

建设规格：异位发酵床的建设根据不同动物粪便等废弃物产生量的不同，发酵床的面积也不同，一般生猪为 0.2 米²/头。

建设要求：①水泥打底——发酵床底部用水泥打底，防渗漏。

注意底部应水平，不能凹凸不平或有坡度，否则影响翻耙机和旋耕机的使用。②红砖砌墙——使用红砖或水泥砖砌墙。使用人工或旋耕机翻耙的，墙高应为 1.2 米，墙宽应为 12 厘米；使用翻耙机翻耙的，墙体高度依翻耙机而定，以耙齿与地面垂直时离地 5 厘米为宜，墙宽应为 24 厘米。③搭建"阳光棚"——以防止雨水进入发酵床。使用 PVC 阳光瓦搭建"阳光棚"，棚体采用钢架或木材结构，且所选钢材应为耐腐蚀材料，有延伸 30 厘米的雨披结构。④安装喷淋设施。注意使用排污泵抽取污水，不能使用清水泵，且应放置在有过滤作用的筐内，如竹箩、金属滤网等，防止毛发、植物茎秆等阻塞喷淋设施。

（2）发酵床管理技术要点

①微生物采集。发酵床菌种的来源主要有两种：采集自然界土著菌作为发酵剂和甄选功能性有益微生物复配生产的发酵剂产品。一般常用的益生菌有枯草芽孢杆菌、蜡样芽孢杆菌、地衣芽孢杆菌、放线菌、酵母菌等。其中以光合细菌按一定最初数量比与芽孢杆菌、放线菌、乳酸菌、酵母菌和丝状真菌群等多种有益微生物复配生产的复合体型发酵剂的效果显著。

②垫料选择。垫料是发酵床的主体，应是吸水性强、易干燥、来源经济的物质。一般发酵床垫料主要采用锯末、稻壳、玉米秸秆、棉秆等。普遍使用的为锯末与谷壳，也可使用粉碎后的秸秆代替锯末，不能使用刨花，刨花吸水性差。也可用秕谷、花生壳代替谷壳，且使用秕谷的量应比谷壳多 1/3。花生壳与谷壳相比，不耐翻耙，在使用过程中应注意添加量。锯末与谷壳的用量按每头猪10 千克锯末（干）＋5 千克谷壳配备，比例是 2∶1。

不同地区气候不同，垫料厚度不一致。浙江地区发酵床垫料厚度一般不高于 100 厘米，最佳厚度为 60 厘米。江苏南京地区的自然发酵床垫料厚度约为 50 厘米。新疆地区发酵床总厚度约 90 厘米。西南地区发酵床应在排便区加铺 5～6 厘米厚的木屑，每隔 2

周添加一次垫料。不同地区养殖户应添加的垫料厚度，需进一步根据发酵效果和发酵床造价进行调整。

③发酵床日常管理。发酵床的温湿度控制是管理的重要环节。当夏季发酵床温度超过 55℃时，应采用通风或翻堆的方式加以控制，发酵床温度高于 70℃时，微生物将进入休眠状态或大量死亡，使发酵缓慢甚至停止。发酵床的湿度一般应控制在 50%～60%。当冬季温度较低时，舍内外温差较大，造成发酵床湿度增大，需进行通风换气来降低湿度，而通风量太大会使舍内温度降低，不利于微生物繁殖。

3. 采用空气净化系统改善猪舍空气质量　空气净化系统是将猪舍污浊的空气通过负压风机抽入空气净化器，污浊空气通过与净化器中填充物相互作用得到净化。根据填充物质及净化原理不同，可分为空气电净化技术、生物空气净化系统及光催化空气净化系统等。

（1）空气电净化技术　是利用空间电场防病防疫技术原理，通过直流电晕放电对空气污染物进行净化的过程，包括正电晕放电效应和负电晕放电效应。高压产生的空间电场环境中充满正负离子或正负电荷，空气中的尘埃、细菌、病毒等与正负离子或正负电荷结合后，在空间电场力的作用下，被吸附到放电器周围，电离空气同时产生臭氧，臭氧可灭活部分空气中的微生物以及物体表面的微生物。

①电净化设备。3DDF-450 型畜禽舍空气电净化自动防疫系统由主机、绝缘子、电极线等部件组成。

②配置方案的确定。

A. 一般规则。按养殖面积大小选配空间电场自动防疫机型号和数量，适用于养殖场、养殖舍、牧场。比如，1 000米² 的育肥猪舍（地面养殖）可选用 3 套 3DDF-450 型空间电场自动防疫机（每套最大控制面积为 450 米²）。

B. 立体规则。猪舍地面以上按照上述"一般规则"选配设备型号和数量。地面以下的粪道按照粪道长度选配 3DDF-150 型空间电场自动防疫机的安装数量。粪道需用 3DDF-150 型畜禽舍空气电净化自动防疫机（粪道专用）设备数量可按照 1 台/6 米的布设方式进行安装，多台机器以并联方式连接到交流电压为 220 伏的电源上。

C. 强化规则。此规则通常用于防疫技术示范和科研单位以及 SPF（无特定病原体）舍。对于地面养殖模式的猪舍，空间电场自动防疫机的控制面积以最大控制面积的一半进行计算，比如 500 米^2 的猪舍可选用 2 套 3DDF-450 型空间电场自动防疫机。粪道控制则按每 4 米悬挂 1 台 3DDF-150 型空间电场自动防疫机。

③处理效果。设备使用 4 小时后，硫化氢浓度最大可降低 80%，恶臭气体浓度降低 14%～76%，PM2.5 浓度降低 18%，PM10 浓度降低7%～50%。

（2）彩用生物空气净化系统改善猪舍空气质量　生物空气净化系统是一种简单、有效地去除恶臭气体的工艺。将处理气体吸收在过滤介质表面的生物膜中，利用微生物分解污染物而产生无机小分子，其运行系统见表 7-7。

表 7-7　生物空气净化系统运行及优缺点

运行条件	处理对象	处理效率	优点	缺点
喷淋量为 8.0 升/小时，气流量为 0.4 米^3/小时	氨气、硫化氢	均可达 90%	操作、运行及维护简单	生物过滤介质很容易饱和，压降增大
常含水量要在 40%～65%，温度要在 25～50℃，介质孔隙率应该在 40%～60%	恶臭气体	78%～80%		

当进气的氨气浓度低于 1.1 毫克/米^{3}时，通过以堆肥和木屑为介质的生物过滤器，氨气减排效率可达到 90%。当过滤基质使用年限超过 3 年时，需要测试其压降性能。

（3）采用光催化空气净化系统改善猪舍空气质量　光催化空气净化系统主要由空气导入口、空气导出风口、导流回旋风道、谐振光源和控制电路组成。优点是反应彻底，恶臭物降解效果突出；缺点是光催化材料大多数为粉末状，回收困难、浪费大。光催化主要应用效果见表7-8。

表7-8　光催化主要应用效果

光催化材料	反应条件	处理对象	处理效果
铜/二氧化硅/二氧化钛	175瓦紫外灯	氨气	降解率可达95%
硫化镉/氮-二氧化钛	175瓦紫外灯	硫化氢	分解速率可达10 327.4微摩尔/（小时·克）
铂铜合金/二氧化钛	300瓦氙灯	二氧化碳	转化率可达100%
银-氮-二氧化钛	可见光	大肠杆菌	抗菌率可达96.50%
		金黄色葡萄球菌	抗菌率可达99.95%

第三节　猪舍空间环境布局

在生猪集约化饲养条件下，为猪只营造适宜的空间环境，可以保障猪只基本的生理生长和行为表达需求，避免或降低打斗、咬尾和咬耳等异常行为的发生，提高猪只的健康水平，是生猪减抗养殖环境营造的重要内容之一。本节主要介绍猪只对空间大小、声音、光照等参数的要求，以及猪舍空间功能布局、空间设施设备配置等猪舍空间环境的构建与管理措施。

一、空间环境要求

（一）猪只对空间大小的要求

猪只对空间大小的要求即猪只对享有的圈栏面积大小的要求，猪圈空间大小应满足对应体重阶段猪只的躺卧、采食、饮水、排泄、站立、行走和活动等行为表达的需求。

猪只对空间大小的要求分为三部分：①静态空间——猪只肢体所占据的空间。②活动空间——猪只采食、饮水、排泄等功能区划分所需的空间。③社交空间——猪只表达正常群居习性和社会行为所需的空间。

猪只对静态空间的要求主要由猪只的体尺和体重（W）决定：

侧卧静态空间＝体长×体高＝$0.3W^{0.33}×0.156W^{0.33}＝0.047W^{0.66}$

俯卧静态空间＝体长×体高＝$0.3W^{0.33}×0.064W^{0.33}＝0.019W^{0.66}$

猪只对活动空间的要求主要体现在料槽宽度和饮水器数量，分别按料槽宽度＝猪头数×$0.064W^{0.33}$、每个猪群中至少安装2个饮水器计算。

猪只对社交空间的要求主要是体现在猪群分群、并群后，猪群通过激烈争斗重新建立社会等级的过程中，需为弱势猪群提供充足的躲避空间。

不同体重猪只个体对不同空间大小的理论需求见表7-9。

表7-9　不同体重猪只个体对不同空间大小的理论需求

| 猪群类别 | 体重（千克） | 基本生活空间（米²/头） | | | | | 活动空间（米²/头） |
| | | 躺卧 | | 采食 | 饮水 | 排泄 | 站立/行走/活动 |
		侧卧	俯卧				
初生仔猪	2	0.03	0.08	0.03	0.03	0.03	0.03
28日龄仔猪	8	0.08	0.20	0.08	0.08	0.08	0.08

猪群类别	体重（千克）	基本生活空间（米²/头）					活动空间（米²/头）
		躺卧		采食	饮水	排泄	站立/行走/活动
		侧卧	俯卧				
70 日龄断奶仔猪	25	0.17	0.43	0.17	0.17	0.17	0.17
生长育肥猪	60	0.31	0.76	0.31	0.31	0.31	0.31
	90	0.40	1.00	0.40	0.40	0.40	0.40
	110	0.46	1.14	0.46	0.46	0.46	0.46
母猪	150	0.56	1.41	0.56	0.56	0.56	0.56
	200	0.68	1.70	0.68	0.68	0.68	0.68
公猪	200	0.68	1.70	0.68	0.68	0.68	0.68
	250	0.79	1.98	0.79	0.79	0.79	0.79

1. 集约化养殖中母猪对空间大小的最低要求　母猪可分为空怀妊娠母猪、哺乳母猪。

（1）空怀妊娠母猪应采用群体饲养　包括初产母猪、经产母猪。

①对于初产母猪，不同饲养规模下，对空间大小的要求不同：

群体规模为 6～40 头——每头猪无障碍饲养面积最小为 1.64 米²。

群体规模＜6 头——每头猪无障碍饲养面积最小为 1.8 米²。

群体规模＞40 头——每头猪无障碍饲养面积最小为 1.48 米²。

②对于经产母猪，不同饲养规模下，对空间大小的要求不同：

群体规模为 6～40 头——每头猪无障碍饲养面积最小为 2.25 米²。

群体规模＜6 头——每头猪无障碍饲养面积最小为 2.48 米²。

群体规模＞40 头——每头猪无障碍饲养面积最小为 2.03 米²。

（2）哺乳母猪应采用单栏饲养　哺乳母猪的空间大小要求为 4.2～5.0 米²/头。

2. 集约化养殖中仔猪对空间大小的最低要求　仔猪分为哺乳仔猪、断奶仔猪。

哺乳仔猪——与哺乳母猪共同在分娩栏中饲养。

断奶仔猪——每栏饲养8～12头,每头猪占栏面积为0.3～0.5米²。

3. 集约化养殖中生长育肥猪对空间大小的最低要求　生长育肥猪在不同体重阶段,对空间大小的要求不同:

体重 10～20 千克——每头猪无障碍饲养面积最小为 0.2 米²。

体重 20～30 千克——每头猪无障碍饲养面积最小为 0.3 米²。

体重 30～50 千克——每头猪无障碍饲养面积最小为 0.4 米²。

体重 50～85 千克——每头猪无障碍饲养面积最小为 0.55 米²。

体重 85～110 千克——每头猪无障碍饲养面积最小为 0.65 米²。

体重大于 110 千克——每头猪无障碍饲养面积最小为 1.0 米²。

（二）猪只对空间内噪声的要求

猪舍空间内的噪声应不超过 85 分贝,且应避免持续、突然的噪声。

（三）猪只对空间内光照的要求

猪舍空间内的光照应不低于 40 勒克斯,每天持续光照不小于 8 小时。

二、空间环境构建与管理

（一）猪舍空间布局

1. 空间布局　猪只的空间环境首先应满足空间大小的要求,在此基础上,从空间布局的角度,猪只圈栏应至少包含采食区、排泄区、躺卧区、活动区。

（1）采食区　此区域应设计在圈栏一侧,远离排泄区,并设置专用供料设备,保证饲料的清洁卫生。推荐采用自动落料的自由采食料槽，让猪只自由采食，减少因采食而引起的争斗行为。

（2）躺卧区　此区域应干燥舒适，建议采用非漏缝地板的地面形式，此外，可在该区域铺设垫草、木屑等材料。冬季气温较低时，根据猪的生长阶段，在躺卧区增加保温灯等采暖设施，或在躺卧区上方增加保温罩。

（3）排泄区　猪只不在采食和休息的地方排粪、排尿，这是祖先遗留下来的本性。排泄区应在圈栏内远离躺卧区、采食区的地方，采用漏缝地板的地面形式，以满足猪只的需要。

（4）活动区　此区域应设置福利玩具和躲避墙等抗应激设施设备，以满足猪只的行为需求，减少猪群之间的争斗、咬尾、咬耳和拱腹等异常行为，降低猪只对料槽和圈栏地玩耍、拱啃，减少饲料的浪费和圈栏的损害，增加猪群之间的和谐程度，提高猪的行为福利水平。

2. 布置原则　同一栋猪舍中多个圈栏的布置应符合以下原则：

（1）单个圈栏的长宽比以（1.5～2）：1为宜。

（2）相邻圈栏排泄区之间的隔栏宜采用开放式栅栏，其他区域宜采用实体隔栏。

（3）猪舍走道应设置在圈栏排泄区一侧。

（二）空间设施设备配置

1. 地面设施配置

（1）猪舍地面的常规配置为实体地面、漏缝地板地面。

在饲养妊娠母猪的猪圈中，实体地面应不少于相应限值：初产母猪——每头猪占有的实体地面不少于0.95米²；经产母猪——每头猪占有的实体地面不少于1.3米²。

（2）在群体饲养的猪圈中使用混凝土漏缝地板时，漏缝地板的最大缝隙宽度和最小板条宽度应符合以下要求。

生猪养殖减抗
技术指南
Shengzhu Yangzhi Jiankang
Jishu Zhinan

①不同阶段猪只要求的最大缝隙宽度：哺乳仔猪为 11 毫米；断奶仔猪为 14 毫米；生长育肥猪为 18 毫米；初产母猪和经产母猪为 20 毫米。

②不同阶段猪只要求的最小板条宽度：哺乳仔猪和断奶仔猪为 50 毫米；生长育肥猪、初产母猪和经产母猪为 80 毫米。

2. 环境富集材料配置　为了满足猪只正常的探索、觅食和操纵等行为习性的表达需求，猪舍空间内应配置稻草、干草、木屑等环境富集材料。

环境富集材料应安全卫生，并符合以下要求：①可以食用——保证猪只可以闻或吃，也可具有一定的营养价值。②可以咀嚼——便于猪只啃咬。③可以探索——满足猪只的探索习性。④可以操纵——使猪只可以改变材料的位置、外观和结构。

根据符合要求的程度，可以将环境富集材料分为以下几类：①最优材料——符合上述全部要求，可以单独使用；②次优材料——符合上述大多数要求，需与其他材料配合使用；③不适材料——对猪只吸引有限，需与最优或次优材料共同使用。

常用环境富集材料的适用性见表 7-10。

表 7-10　猪舍常用空间环境富集材料

材料种类	用途	适用性	附加信息	风险
谷物秸秆/干草	卧床垫料	最优	符合环境富集材料的所有要求，作为卧床垫料具有热舒适和物理舒适感	供应不足可能引起猪群争斗；可能变脏或潮湿，需要定期补充
青贮料/根茎类蔬菜	新型饲料	最优	该材料在持续补充的情况下可作为最优材料	超量供应会导致过度采食，供应不足会导致猪群争斗，需适量供应
谷物秸秆/干草	配发材料	次优至最优	在持续补充的情况下为最优材料。相比用于卧床垫料更加卫生	分配设施数量或材料不足会引起猪群争斗

材料种类	用途	适用性	附加信息	风险
木屑/锯末	卧床垫料	次优	可能需要与可食用/可操纵的材料配合使用	必须确保材料安全，且不含金属
砂土	卧床垫料	次优	可能需要与可食用/可操纵的材料配合使用	必须确保材料安全
碎纸	卧床/筑巢材料	次优	可能需要与可食用/可操纵的材料配合使用	必须确保材料安全，且不含金属。由于墨水中含有毒素，不建议使用打印纸或回收纸
天然柔软木材/纸板/天然绳子/粗麻布袋	福利玩具	次优	可能需要与可食用/可操纵的材料配合使用。使用绳索时应在中间打结	供应不足可能引起猪群争斗
桶装压缩秸秆	福利玩具	次优	可能需要与可食用/可操纵的材料配合使用	供应不足可能引起猪群争斗
木屑饼块（悬挂/固定）	福利玩具	次优	可能需要与可食用/可操纵的材料配合使用	供应不足可能引起猪群争斗
链条/橡胶软塑料管/玩具球/硬质塑料/硬质木材	福利玩具	边际利益材料	必须与最优或次优材料配合使用	猪对该类材料的兴趣会快速消失。建议采用悬挂方式，避免材料脏污。需经常更换材料

3. 圈栏内部设备配置　不同猪群圈栏内部的采食槽、饮水器等设备配置推荐方案见表 7-11 所示。

表 7-11　不同猪群圈栏内部设备配置推荐方案

猪群类别	饲养头数	设备配置	躺卧区域配置
种公猪	1	1 个饮水器，1 个采食槽位	不少于 1.40 米²/头的躺卧面积
后备/空怀母猪	4~6	2 个饮水器，4~6 个采食槽位	
妊娠母猪	8~12	3 个饮水器，8~12 个采食槽位	

猪群类别	饲养头数	设备配置	躺卧区域配置
哺乳母猪 （含哺乳仔猪）	1（10）	1 个母猪饮水器，1 个仔猪饮水器，1 个母猪采食槽、1 个仔猪补料槽	1 个仔猪暖床或保温箱
保育仔猪	40～80	4～8 个饮水器，4～8 个采食槽位，2 套福利玩具和蹭痒架	4～8 个暖床，或不少于 0.15 米^2/头的躺卧面积
生长猪	20～40	3～4 个饮水器，4～6 个采食槽位，4 个蹭痒架	不少于 0.35 米^2/头的躺卧面积
育肥猪	20～40	3～4 个饮水器，6～8 个采食槽位，4 个蹭痒架	不少于 0.50 米^2/头的躺卧面积

 参考文献

毕小艳，张彬，2010. 发酵床生态养殖模式在养猪生产中的应用研究进展 [J]. 中国动物保健，12（9）：50-51.

冯卫，赵子刚，李顺琼，2013. 生物发酵床在养猪生产上的应用研究进展 [J]. 农技服务，30（11）：1212-1215.

高航，袁雄坤，姜丽丽，等，2018. 猪舍环境参数研究综述 [J]. 中国农业科学，51（16）：3226-3236.

高岩，2018. 浅谈猪舍滴水与喷淋降温系统 [J]. 今日养猪业（4）：44-46.

郭军蕊，刘国华，杨斌，等，2013. 畜禽养殖场除臭技术研究进展 [J]. 动物营养学报，25（8）：1708-1714.

胡彬，2015. 基于群体大小与饲养密度的保育仔猪空间环境需求试验研究 [D]. 北京：中国农业大学.

黄武光，2020. 智能化猪场建设与环境控制 [M]. 北京：中国农业科学技术出版社.

李丽，2014.3DDF-450 型畜禽舍空气电净化自动防疫系统在设施养殖中的

试验示范 [J]. 新疆农机化 (2)：41-42.

李少宁，何贝贝，宋春阳，2016. 国内规模猪场猪舍降温系统的应用现状 [J]. 猪业科学，33 (6)：90-91.

李雪，陈凤鸣，熊霞，等，2017. 饲养密度对猪群健康和猪舍环境的影响，29 (7)：2245-2521.

李永振，2019. 育成和育肥猪适宜饲养密度研究 [D]. 北京：中国农业大学.

林玉，2021. 微生物发酵床建设与使用技术 [J]. 广东畜牧兽医科技，46 (1)：16-18.

刘鸫，2014. 复方除臭剂的研制及其应用效果研究 [D]. 长沙：湖南农业大学.

马承伟，2005. 农业生物环境工程 [M]. 北京：中国农业出版社.

孟宪华，李广东，颜国华，等，2019. 寒冷季节，猪舍如何保暖？[J]. 北方牧业，570 (2)：20.

苗玉涛，李广东，王健诚，等，2015. 猪舍降温方式的研究进展 [J]. 北方牧业，495 (23)：25.

蒲施桦，李厅厅，王浩，等，2019. 畜禽养殖污染气体监测技术综述 [J]. 农业环境科学学报，38 (11)：2439-2448.

施正香，2014. 健康养猪的空间环境构建与养殖技术模式研究 [D]. 北京：中国农业大学.

汪桂英，2016. 夏季猪舍降温措施 [J]. 畜禽业 (329)：18-19.

汪开英，代小蓉，李震宇，等，2010. 不同地面结构的育肥猪舍 NH_3 排放系数 [J]. 农业机械学报，41 (1)：163-166.

王建彬，张会萍，2009. 利用枯草杆菌降低猪排泄物氨气产生量的试验 [J]. 猪业科学，26 (4)：72-74.

王香祖，席继锋，韩学平，2013. 发酵床养猪技术应用进展 [J]. 上海畜牧兽医通讯 (4)：16-17.

王新颜，姜秀华，李翠玲，等，2019. 日粮中添加益生菌对保育仔猪生长性能及畜舍环境影响 [J]. 畜牧兽医科学 (19)：15-16.

王雅平，2016. 猪舍保温的常用方法 [J]. 中国畜禽种业 (5)：80-81.

生猪养殖减抗
技术指南
Shengzhu Yangzhi Jiankang
Jishu Zhinan

王哲奇，2020. 温热环境对绵羊增重性能及生理指标影响的研究［D］. 呼和浩特：内蒙古农业大学.

吴胜，彭艳，2019. 植物精油制剂对断奶仔猪生长性能及舍内空气中微生物气溶胶、氨气浓度的影响［J］. 动物营养学报，31（10）：326-333.

夏根水，杨卫平，刘仁鑫，等，2019. 浅析猪舍有害物质种类及其防治措施［J］. 南方农业，13（7）：57-60.

张立，任国祥，李孔飞，2002. 煤球炉火墙（道）供暖育雏方法介绍［J］. 河南畜牧兽医，23（3）：39.

郑教雀，2017. 夏季猪舍降温的几点措施分析［J］. 猪业科学，34（10）：136-137.

周学光，张胜斌，黄克宏，等，2015. 丝兰属提取物对降低封闭式妊娠母猪舍氨气浓度的试验［J］. 猪业科学，32（7）：87-88.

朱安民，边青青，董保民，等，2019. 十味散添加剂对养猪减排的试验研究［J］. 畜禽业（1）：9-10.

朱叶萌，张亚丽，谢正军，等，2010. 载铜硅酸盐纳米微粒对生长猪舍内氨气和粪便菌群的影响［J］. 中国畜牧杂志，46（11）：59-62.

Department for Environment Food & Rural Affairs，2019. Code of practice for the welfare of pigs［S］.

European Commission Council，2001. Council directive 2001/88/EC of 23 October 2001 amending directive 91/630/EEC laying down minimum standards for the protection of pigs［J］. Official Journal of the European Communities，88：1-4.

I M Kleiner，Z F Mestric，R Zadro，et al，2001. The effect of the zeolite clinoptilolite on serum chemistry and hematopoiesis in mice［J］. Food Chem Toxicol，39：717-727.

M Guarino，A Costa，M Porro，2008. Photocatalytic TiO_2 coating to reduce ammonia and greenhouse gases concentration and emission from animal husbandries［J］. Bioresource Technology，99：2650-2658.

R B Manuzon，L Y Zhao，H M Keener，et al，2007. A prototype acid spray scrubber for absorbing ammonia emissions from exhaust fans of animal buildings [J]. Transactions of the ASABE, 5 (4): 1395-1407.

T T Canh, A J A Aarnink, J B Schutte, et al, 1998. Dietary protein affects nitrogen excretion and ammonia emission from slurry of growing-finishing pigs [J]. Livestock Production Science, 56 (3): 181-191.

T T Canh, A J A Aarnink, J W Schramaet, et al, 1997. Ammonia emission from pig houses affected by pressed sugar beet pulp silage in the diet of growing-finishing pigs [C] . Processing of International Symposium on Ammonia and Odour Control from Animal Production Facilities, NVTL: 273-281.